My Life
as an Explorer
II

我的探险生涯 II

〔瑞典〕斯文·赫定 著　李宛蓉 译

人民文学出版社
PEOPLE'S LITERATURE PUBLISHING HOUSE

图书在版编目（CIP）数据

我的探险生涯. Ⅱ/（瑞典）斯文·赫定著；李宛
蓉译.—北京：人民文学出版社，2016
（远行译丛）
ISBN 978－7－02－011676－8

Ⅰ.①我…　Ⅱ.①斯…　②李…　Ⅲ.①探险-亚洲-
近代　Ⅳ.①N83

中国版本图书馆 CIP 数据核字（2016）第 117390 号

出 品 人　黄育海
责任编辑　朱卫净　潘丽萍
封面设计　汪侍诗

出版发行　人民文学出版社
社　　址　北京市朝内大街 166 号
邮政编码　100705
网　　址　http://www.rw-cn.com
印　　刷　山东临沂新华印刷物流集团
经　　销　全国新华书店等
字　　数　227 千字
开　　本　890 毫米×1240 毫米　1/32
印　　张　12　插页　5
版　　次　2016 年 11 月北京第 1 版
印　　次　2016 年 11 月第 1 次印刷
书　　号　978-7-02-011676-8
定　　价　42.00 元

如有印装质量问题，请与本社图书销售中心调换。电话:01065233595

目　录

第三十四章
与冰奋战

十一月二十四日，我们经历了一场有可能导致悲惨后果的惊险事故。这次舢舨一反常态，航行在小船的前头，河面很狭窄，水流却十分湍急，当船刚通过一个急转弯，倏地发现前方不远处有一株巨大的胡杨树横倒在河中央，树的根部在河流的冲击下腾空拔起，树干已经倾倒，像桥梁一样横跨三分之一的河面，而此处的水流仍然又急又快。横躺的树干离水面约有四英尺，这样的高度足以让小船从树干与枝叶底下轻易穿过，可是对正以全速冲向这障碍的大舢舨来说，情形就不同了；舢舨上不但有帐篷和家具，还有一间暗房，要是勉强通过必然会被树干冲毁，更糟的是，暗房撞上树产生的阻力将使舢舨整个翻覆，那么我所有的行李和资料就会全部泡汤，而且是不可能再找回来了。由于情况惊险万分，每个人一边叫嚷着，一边又很有秩序地分工合作，这时长竿根本够不到河底，河面上处处是漩涡和翻腾的水泡，眼看就要撞船了，我十万火急地收拾起我的地图和所有散落在附近的东西。莱立克的水手临时抓起沉重的木板作桨，拼命逆向划船，但是强劲的急流依旧牢牢吸住舢舨，迅速将我们冲往胡杨树干，幸运的是，水手的努力不懈终于让船脱离水流，顺势进入环绕胡杨树枝叶部分的漩涡。阿利姆再度跳进冰冷的河里，拉起一条绳索游到河的左岸，然后奋力把舢舨拉了过去，结果舢舨除了被胡杨树最外层的枝叶刮了些伤痕外，帐篷和船舱只有轻微损坏。

假如这次事件是发生在晚上，又会是怎样的情况？我根本不敢想象那后果！

不久，伊斯兰拿来一些刚煮好的鱼、盐、面包和热茶，不料我才一开动，就听到河上传来求助的尖叫声，原来是小船撞上潜伏在水底的胡杨树干翻覆了，装着面粉、水果、面包、蛋糕的铁桶，以及木桶、箱子全散列在激流里载浮载沉，连水手的长竿和船桨也都落入水中，另一边独木舟上的罗布人则忙着打捞东西。卡辛设法抓住那根危险的胡杨树干，然后翻身坐在树干上，冰冷的河水淹到腰部，他大声向同伴求助。小船上的绵羊自己游上岸边，公鸡全身湿淋淋地

舢舨以全速冲向横倒河中的树干

栖息在翻覆的小船上，可是铲子、斧头和其他工具都沉进了水里。我一听到卡辛获救，就放心回头吃那条摆在眼前已经冷掉的鱼。上了岸，我们生起几堆旺盛的营火，当天晚上停止赶路，让大伙儿把所有的东西烘干。

河流与沙漠互相较劲

次日，一位长老指挥两艘独木舟前来加入我们的行列，目前我们的船队规模已经增加到十艘。船队浩浩荡荡朝托库斯库姆（或称"儿沙山"）大沙漠的一处分水岭漂流过去，在河右岸出现一座两百英尺高的沙丘，上面不见任何植物，沙丘底座则被河流切割，沙子一点一点滑落河里被水冲刷走了，直流到在较远处的下游冲积成河岸与沙洲。

我们在沙丘附近逗留了一个小时，而且登上沙丘顶，这么做并不容易，因为每走一步就陷入沙子里深一点。站在沙丘顶上眺望远方的河流和沙漠，景致着实壮观，河水和沙子相互较劲，

一位长老乘着独木舟前来

争夺主控权；这里还可见到生命迹象，因为河里鱼群丰富，河边也有树林，可是一到南边，就只剩下一片死寂干枯的沙漠。

我们的罗布朋友说，从河上开始出现浮冰那天算起，再过十天河流就会结冰了。十一月二十八日，我被船缘一阵奇怪的叮咚声和嘎嘎声吵醒，原来第一批多孔的浮冰正舞动着顺流而下。

"日出前起锚！在后甲板上生火，在我的帐篷里放一个烧煤的铁钵，免得我的手在写字桌上冻伤了！"我急忙下令。

下午一点钟浮冰已消失，但是夜间温度计的指标却降到零下十六点一摄氏度。早晨我起床时，河面上浮满了大大小小的冰块，由于彼此擦撞，看起来像是镶白边的圆盘，它们令我联想到丧礼的白色花环，仿佛在寒冷与死亡将河流完全封冻之前，有一股看不见的力量为河流送来白色的悼念花环；水晶似的冰块在旭日中闪耀出钻石般的璀璨光芒，互相推挤时便发出如同瓷器碰撞的清脆琮玲声，同时磨出细糖一般的冰屑。河的两岸很快就结起坚实的冰层，面积一天天加宽，在我们扎营的地点，浮冰猛力撞击舢舨，使得舢舨的骨架为之摇撼。一开始，小狗会对着浮冰和冰块推挤时发出的声音吠叫，久而久之也就见怪不怪了，有时甚至跳到船舷边与船一起漂流的浮冰上跑一跑。当舢舨碰到沙滩停下来时，细细端详小狗坐在浮冰上继续往下漂流，那感觉很奇怪，也很逗趣。

我们再次沿着巨大沙丘的底部滑行，此地可以见到的鸟类只剩下鹭鹰、雉鸡和大乌鸦，野鸭和野雁早就不见踪影了。夜晚航行时，小船高高挂起中国灯笼和火把为我们照明，直到夜深了才停泊。在我的写字桌上也点了一盏灯笼，以便在夜间也可以工作。河岸上的沙地戛然终止，代之而起的是茂密的黄色芦苇丛地。天气冷得刺骨，迫使我们不得不扎营休息，可是水流太过强劲，我们无法在黑暗中辨识何处适合扎营，于是我指挥一条小船先到前面放火烧芦苇丛。不久，整个河岸像着了火似的，一片奇妙、苍野、壮阔的景致陡地开展于眼前，红黄色的火光使河流完全换了个样，仿佛一条熔化的黄金带子，几叶小舟和船夫的墨黑色剪影在火光蒙眬的衬托下，线条显得十分突出。芦苇在火舌下烧得噼里啪啦响，我们挑了一个不会被火延烧的地方靠岸扎营。

水上之旅即将结束

十二月三日，我们经过一个地点，岸上的骑士点燃火光作为信号引导我们着陆，他们是哥萨克骑兵遣来的使者，通知我们旅队已经在距离数天行程外的地方扎营。

第二天，河水流速很快，船顺势漂浮在浮冰之间，偶尔会擦撞到河岸，搁浅在岸边冰层的边缘。到了卡拉乌尔，我看见伊斯兰和一位蓄着白胡子的男子站在岸上交谈，原来是老朋友帕尔皮，他曾经是我在一八九六年探险队的一员；这天他穿着一袭深蓝色长袍和皮毡帽，我们把船靠岸，请他一起上船。帕尔皮很激动地和我打招呼，而且很快便加入我们的行列，再次成为我忠实的手下。

塔里木河还是以每秒两千立方英尺的流量继续向下游流泻，不过河岸边的带状冰层越来越宽敞。我们在一处水浅的地方撞上隐藏在水中的胡杨树干，若非船后有块庞大的浮冰推着前进，我们的船肯定就卡死在那里了。浮冰把船头推离水面，然后又重重地跌回河里，发出一声轰然巨响。

这天是十二月七日，也是这趟壮丽的水上之旅的最后一天。我们晓得旅队已经安顿好在新湖等候，而塔里木河从那里往下游不远处也已经完全结冰。我们船一抵达新湖，三位长老率同一队数量惊人的骑士沿着河岸一路跟随我们，不过我们只邀请新湖的长老上船，他微笑着坐在我的帐篷前面，仿佛这是他一辈子最光彩的一刻。

河水向东南潺潺而流，左岸是一片大草原，其间夹杂稀疏的胡杨树和草丛，右岸则是巨大的沙丘，沙丘之间有浅浅的湖泊。有些地方的河道非常狭窄，因此每当船通过击碎河岸冰层的边缘，便会发出嘈杂的声音。

切尔诺夫、尼亚斯和法伊祖拉加入其他骑士的队伍。在逐渐低垂的暮色中，我们点起灯笼和火把继续前进，大家决定非抵达旅队扎营的地点绝不停下来。终于我们看到河的左岸出现一堆偌大的营火，那正是旅队所在的位置。我们最后一次抛下船锚，赶紧上岸去取暖，因为我们的四肢都快冻僵了。

五脏俱全的小庄院

接下来的半年时间，我以新湖为总部，它占有地利之便，骑马只需三天就能到达库尔勒镇，向西、向南均是大沙漠，邻近则有相当多的聚落。

隔天，我让自己彻彻底底休息了一个早上，然后检查一遍所有的骆驼和马匹，再把两艘船移到一个圆形、有天然屏障的内湾；冬天时，湾内的水结冻成冰，船就像停放在一块花岗岩床里。接下来，我们还有许许多多的事情等着去处理。来自喀什的信差为我带来一整叠我引颈企盼许久的家书，因此我的第一件工作就是写信，随后请信差送回去。然后我们到库尔勒采购粮食、蜡烛、毛毯、衣服、帆布等。我支付双倍酬劳给莱立克的水手，并且亲自安排他们安全返乡；尼亚斯因为偷窃被我开除；伊斯兰则升任旅队的领队；图尔杜和法伊祖拉负责照顾骆驼；帕尔皮除了擅长放鹰之外，还负责看管马匹。我另外派了十六岁大的库尔班替他跑腿；罗布人奥迪克管理饮水、柴火和向邻居买来的粮秣；哥萨克骑兵负责督导一切事宜；至于会读会写的西尔金则在我的教导下学习观察气象。

翌日，在新湖的营地俨然变成一座不错的农场，手下竖起柱子，为八匹马搭建一个用芦苇铺顶的马厩，原有的两艘独木舟刚好充当马儿的饲料槽。我的帐篷在地上搭了起来，火炉也架好了，不过他们还替我建造了另一间芦苇小屋，里面有两个房间，地板上铺盖干草和毡垫，我的箱子全部搬进草屋里。有了帐篷、随从的草棚、马厩、骆驼、柴堆，再加上我的小屋，一座有模有样的院子于焉诞生，正中央还挺立着一棵胡杨树。随从在树下生起一堆持续燃烧的营火，四周铺上垫子，如此，有客人来访就可以坐在这里喝茶，不管什么时候，我们都可听到从这里传来聊天、说笑和交易的声音。这里的狗除了水上之旅全程陪伴我们的尤达西、多夫雷和哈姆拉，以及和旅队同行的尤巴斯之外，库尔勒的长老又送给我们两只猎狼犬，它们的美丽与聪慧均属难得一见，我叫它们玛什卡和泰嘉。这两只猎狼犬个头高大，动作敏捷，毛色白中透黄，然而对夜晚的酷寒却十分敏感，因此我们为这两只狗缝制了一些毛毡外套。玛什卡与泰嘉很快就获得了旅队众成员的宠爱。晚上，它们睡在我的帐篷里，看着我将毛毡外套塞在它们身体四周保暖时，它们都表现出一脸的感激。和其他的狗儿相较之下，这两只猎狼犬的体形显得更加纤细、脆弱，但是它们在很短的时间内就赢得了众家狗兄弟的领导地位，方圆几里内的狗一概不放在眼里；它们天赋的战斗力令人叹为观止，打起架来，白森森的牙齿又快又准地咬住对手的后腿，然后拖着对手兜圈子，兜转到极速再猛然放开被它们咬住的对手，这时，被狠狠摔出去的对手只有连滚带爬哀号的份儿了。

轮值守夜的人必须在帐篷和草屋之间来回巡视，并且注意不让营火熄灭，事实上，这堆营火一直烧到次年五月才熄灭。我们的庄子顿时变得远近驰名，商家和旅人无不大老远前来观赏这项奇迹，同时和我们做生意。当地的罗布人给我们的营地取了个名字——土拉沙艮屋，亦即"上帝营造之屋"。我天真地想象，即使在我离去多年之后，这个名字仍将随着这个地点一直流传下去，可是就在我们离开后的那年春天河水泛滥，暴涨的洪水冲走了一切东西，连我们遗留下来的草屋也无法幸免，因此这个过渡时期的小站只留在我的回忆里，即便是回忆也随时间的消逝而逐渐模糊。

水晶般的蓝色冰湖

我渴望一睹西南方沙漠的庐山真面目，也花了很多时间向这个地区的老人请教，有些老人告诉我关于古城和沙下宝藏的鬼怪故事；回想那些关于塔克拉玛干沙漠的故事，我至今记忆犹新啊！也有一些老人完全不晓得沙漠埋藏着任何东西，只知道一进沙漠必死无疑，在他们的语言里，除了"沙地"之外，没有其他名称可用来指涉那片神秘的荒地。

在正式带骆驼出发冒险横越沙漠之前，我决定先进行一趟实验性的旅行，时间只要几天。现在塔里木河的河面已经全部结冰，可是冰层仍然过于单薄，无法承担骆驼的重量，于是我们只好在两岸之间开辟一条通道，利用大船载运牲口过河；这次同行的是哥萨克骑兵、几名当地土著，以及猎狼犬玛什卡与泰嘉，倒是没有携带帐篷。我们检查巴什湖和新湖已经冻实的湖面，并横越位于两座湖泊中间一处三百英尺高的广大沙丘，这些奇怪的支流湖泊形状非常狭长（巴什湖长达十二英里），而且两座湖泊均呈东北向西南方向延伸，湖与湖之间被三百英尺高的沙丘阻隔，而湖泊本身则经由一些小水道与塔里木河衔接。两座湖的西南顶端都崛起一条低矮的沙槛，过了沙槛又是另一片像湖泊似的凹地，只是里面没有水，我心里盼望着，也许借道这些凹地，我们横越沙漠的旅程将不至于太艰困。

湖泊上的冰层恰似水晶清澈明润，也像窗玻璃一样闪闪发亮，当我们垂直看进湖水深处时，湖水呈现宝蓝的色泽；在清亮湛蓝的湖水中，黑背大鱼慵懒悠闲地在水藻间游来游去。西尔金用两把刀为我做了一双溜冰鞋，我穿上溜冰鞋在深蓝色的冰上划出白色的数字，罗布人看得瞠目结舌，他们从来没见过有人这样子做。

两个手下站在结冰的湖面上

我回到"上帝营造之屋"之后，有一天，一个当地土著骑快马奔进我们的庄子，交给我一封信，发信人是著名的法国旅行家查尔斯·博南，他此刻正在我们北方六英里外的一个村子扎营，我即刻骑马前去探望，并将他带回我们的庄子。我们共度一天一夜的时光，那段快乐的日子令人难以忘怀！博南穿着一件红色长外套和红袍，看起来像是正要去朝圣的喇嘛；他为人亲切又博学，是这趟旅程中我遇到的唯一一位欧洲人；而除了博南之外，我是这片位处亚洲最内陆旷野荒地上绝无仅有的欧洲人。

第三十五章
横越大沙漠

十二月二十日，我又展开新的沙漠旅程，假如不幸蒙厄运眷顾，那么结果有可能像上次寻访和田河一样悲惨，因为从我们目前位于塔里木河畔的总部走到南方的车尔臣河 ①，距离将近一百八十英里远，况且这片沙漠里的沙丘远高于塔克拉玛干沙漠的沙丘。

这次我只带四名手下同行：伊斯兰、图尔杜、奥迪克、库尔班。至于牲口，我们带了七峰骆驼、一匹马，还有小狗尤达西和多夫雷。在行程的前四天，有一小支队伍护送我们，成员包括帕尔皮和两个罗布人，以及他们带领的四峰骆驼；这四峰骆驼只驮载两样东西，就是装在袋子里的大冰块和柴火。由我带领的七峰骆驼里，也有三峰载运冰块与柴火，其他则驮运粮食、被褥、仪器和厨房用具；在这趟沙漠之旅，由于打算整个冬季露天睡在苍穹下，所以我并未携带帐篷。按照估计，我

_____

① 南疆东部的一条河流。

们携带的冰块和粮食可以维持二十天之久，万一横越沙漠需要三十天，那么我们必死无疑，因为在这个地区根本甭想找到一滴水。

我们沿用老办法用舢舨先带领骆驼渡过塔里木河，到了河右岸（或西岸）再把物品装在骆驼背上，然后让图尔杜带领他们走到塔那巴格拉第湖边，当抵达这座小湖南端时，我们在厚达一英尺的冰层上切割洞口，让骆驼最后一次尽情畅饮湖水。

短暂停留之后，我们开始翻越第一条低矮的沙脊，这条沙脊将湖泊和西南方的第一片凹地阻隔开来；我们称沙漠里这种无沙的椭圆形凹地为"巴依儿"，我们碰到的第一个巴依儿北边仍然长着芦苇，所以骆驼不必挨饿。

第二天，我们经过四个巴依儿，底部是柔软的尘土，每当骆驼走过陷进的脚印足有一英尺以上的深度，遇有阵风刮来，旅队就会被漩涡状的浅灰色尘云团团笼罩住。走在旅队最前面的领队最吃力，殿后的人就轻松多了，因为前面的骆驼已经踩实了尘土，形成的硬实步道正好方便后来的人马。我骑在马上慢慢落到队伍最后面，骆驼颈上的铜铃在我的耳边叮叮咚咚响了一整天。

沙漠里的景观像月球表面一样死寂，见不到一片被风吹落的叶子，也见不到任何走兽的足迹，显然过去人类从未涉足此地。强劲的风从东方席卷而来，我们躲在陡峻如山的沙丘旁，沙丘的这一面仿佛一堵沙墙，角度为三十三度，可是靠巴依儿西方迎风的一面，沙丘坡度却相当和缓，只是缓缓升起，延伸至下一条沙脊。只要我们尽可能沿着平坦的巴依儿凹地行进，一切都好办，然而峭斜的沙丘即使骆驼攀越起来也疲惫不堪，因此问题来了：这一长串的巴依儿会延伸多远？每次爬上巴依儿南端的一条新沙脊，我们都会焦虑地找寻下一个巴依儿，因为那是攸关生死的关键。

当天晚上，我们在第四个巴依儿的南端扎营。由于燃料必须省着用，所以晚上只能燃烧两块木头，早上用一块。夜里毛皮披风底下已经够冷了，早晨爬出披风时更是酷寒无比，我把盥洗后的水喂给马喝，为此，我克制自己不去使用肥皂。

在下一个巴依儿，我们发现野骆驼惨白、脆弱、带有孔隙的骸骨破片，这些遗骸在沙丘移位而祖露在外之前，不知道已经埋在沙底下几千年了。

在巴依儿之间行进

在圣诞节前一天的早晨，月亮仍然高挂天空俯瞰着我们，空气清澈几近无尘；当血红色的朝阳升起，荒凉的沙丘被日光染红，犹似流泻的火山岩浆。骆驼和人在沙地上拉出长长的黑影，我遣回帕尔皮所率领的副队，致使留下来的七峰骆驼现在负担更沉重了。

我一马当先。地面越来越难走，沙子越来越多，而巴依儿凹地的面积则越来越狭小。我从一个巴依儿爬上一处似乎高不见顶的突地，最后终于攀到顶峰，往下眺望，在更多高耸的沙丘间我见到下一个巴依儿，也是我们遇到的第十六个，看起来像是阴黑、龇牙咧嘴的地狱入口，四周还围着一圈白色盐巴。我从松软的沙坡上往下滑，在凹地底部等候旅队前来。手下们意气都相当消沉，他们认为继续往沙漠里走将会碰到更多的困难；我们在原地扎营，圣诞夜并没有圣诞天使来为我们祝福。现在我们的存水还能支撑十五天，柴火足够十一天的量，可是大家仍觉得必须更加节省，因此早早就卷起毛皮披风睡觉了。

圣诞节早晨，我们被一场暴风惊醒，四面八方的沙丘掀腾起滚滚黄沙，天地之间只剩下蒙蒙的灰色，什么都看不见，飘沙渗入一切的东西；两年半后的某一天，我为了修订一些记录，便把当时的笔记拿出来查阅，书页之间仍然落下沙漠来的黄沙，甚至钢笔在纸张上书写时也还是沙沙作响。

我们见到一只野雁的骨骸，它必然是在飞往印度途中力竭而死。环绕在我们白天所搭建的帐篷四周尽是高如山岳的沙丘，沮丧的气氛弥漫整个营地，让人产生想提早放弃的冲动。

横亘在巴依儿之间的沙脊越来越高，朝南的沙坡以三十三度角倾向下一处凹地，整支旅队溜下陡坡的景观十分怪异。骆驼的脚步天生就很牢靠，它们滑下沙坡的同时一并把沙层的表面刮下来，落地之际仍然保持四脚稳稳站立的姿势。

眼下冰块的存量相当于两峰半骆驼的负载量，不过柴火已经快使用殆尽，等最后一块木柴也烧尽时，我们也没办法融解冰块了。危急情况和以前发生的一模一样：骆驼的驮鞍率先牺牲，填充的干草被拆下来当作骆驼的秣料，木头框架则拿来充当燃料。

我们连一半路途都还没走到！可是十二月二十七日我们获得意外的鼓舞，经过无止境的攀爬后，我们来到一条沙丘棱线的顶端，这时我们望见第三十个巴依儿，凹地上依稀还有干草似的晕黄色彩，那是芦苇！这意味着沙漠中央有植物！下一个巴依儿也有芦苇，我们为了骆驼设想在那里扎营，也为了骆驼牺牲一整批冰块，希望这些坚忍的牲口能因此胃口大开，毕竟旅队的一切都得仰赖它们。我们还收集干燥的芦苇生起营火，这对于节省已经近乎枯竭的燃料不无帮助。

夕阳西沉的景色耀眼极了，和先前一样，天空的背景是浓郁的深红色，使得蓝紫色的云朵更显突出，云彩上缘镶着一道闪烁的金边，下半边则呈现沙漠般的黄色。沙丘弯弧的棱线仿佛海里的波浪，衬着火红的夜空，烘托出近乎黑色的剪影。东方极寒之夜的脚步日渐逼近，夜色漆黑，熠熠生辉的星斗慢慢升上沙漠的上空。

冰天雪地

气温下降到零下二十一点一摄氏度，我领先走在前面探路，一方面也借此暖暖身体。昨夜的美景消失得无影无踪，此刻仅有灰暗、不祥的荒野环伺着我们，同时还刮起了一阵强风。我在一个新的巴依儿里找到一株枯死的柽柳，便用它生起一簇小火堆。有一峰骆驼疲倦了，库尔班领它走在旅队后面，可是天黑时只见库尔班一个人赶上我们；当晚，伊斯兰和图尔杜拿了干草赶到骆驼那儿，然而它已经死了，嘴巴还张开着，图尔杜忍不住哭了起来，他是个很爱骆驼的人。

我们又发现一些柽柳，于是大家开始在平坦的巴依儿底部挖掘水井，挖到四英尺半深时，果真有水涌出来，水质虽然适合饮用，可是流出的速度十分缓慢，因此我们继续往下挖，出水量总算多了一些，每一峰骆驼都喝了六桶水。这地方实在太吸引人了，所以我们又在原地整整多待了一天；这当儿，我们发现狐狸与野兔的脚印，还看见一头几乎全黑的野狼，它蹑手蹑脚地爬上一座沙丘顶端，之后便消失在我们眼前。骆驼的饮水量增加到十一桶，现在它们可以不必喝水再走上十天之久。

十九世纪的最后一天，我们走了十四英里半的路程，这是我们在沙漠里单日行程最长的纪录。路虽然难走，但是没有沙子的巴依儿凹地却助了我们一臂之力。这天我们在第三十八号巴依儿扎营，夕阳在云彩之间降落，次日清晨朝阳初升时，我在日记上写下"一九〇〇年一月一日"。

在沙漠重新恢复寸草不生的面貌前，我们每天的行程不超过八英里半，夜晚天上飘落雪花，等早晨醒来，沙丘上像是覆盖了一层轻薄的白色床单。南方呼啸地刮来一阵强风，到了下午，一场真正的暴风雪降临，雪花如同垂挂在乌云下的白色幔帐，我们可能命丧干渴的危机顿时完全解除。

我们再度找到一株新的柽柳，骆驼也享受了一天的休息；我们必须多礼遇它们一些，因为它们真的步步走得辛苦。雪不断地下着，我的头上却没有帐篷遮蔽；晚上我躺在营火边读书，但是得不时把书拿起来抖一抖，否则字都被雪花给遮盖了。直到翌日清晨，大伙儿几乎被雪花所淹没，伊斯兰用一把芦苇将我的毛皮和毯子掸了掸。现在的气温是零下三十摄氏度，我们坐在火边盥洗、着装时，靠近营火的一边身子是三十度，背部却是零下三十度。

下一次扎营时，我们用掉最后一块木头，大伙儿冻得全身僵硬，心里怀念着秋天在塔里木河畔所燃生的熊熊营火。早晨的骆驼全身雪白，好像是大理石雕成的塑像，鼻子下方垂挂长长的冰柱，是呼吸时的水汽凝结而成。覆满雪花的沙丘在清澈的空气中透着诡异的蓝色调。

一月六日，位于西藏极北方的山脉出现了，它清晰而细腻的轮廓出现在南方。我们的营地景况极为凄惨，柴火完全没有了，放眼看去没有任何东西可以充当燃料；我的钢笔墨水结成冰块，只好用铅笔写字。晚上睡觉时，大家紧紧挤在一起取暖，希望借此尽可能保持体温。

第二天状况有了好转。我们来到一个地方，沙子里矗立着许多干枯的胡杨树，我们停下来就地生了一个大火堆，焰火之旺连大象都可以烤熟；空洞的树干在火舌的舔舐下噼啪作响、扭曲爆裂。夜里，手下在地上掘洞，然后把燃烧的炭火填进洞里，再盖上沙子，我们睡在上面，暖和得像是躺在中国客栈里的炕床。

一月八日早上，我向手下承诺我们的下一处营火将在车尔臣河畔点燃，他们对我说的话感到怀疑，因为干枯的树林已经到达尽头。没想到才没走多远，我们就发现南方的白色沙丘上出现深色的线条，手下们想在第一处树林扎营，可是我坚持继续走，等到暮色掩近，我们已经抵达河岸了。这地点的河流宽达三百英尺，结冰的河面上披覆白雪，这天晚上星光灿烂，月色皎洁。

我们在二十天之内成功横越大沙漠，而且只损失一峰骆驼。

再向前行进几天，我们到达且末，这是一个拥有五百户人家的小镇。我借宿在珂帕结识的老友托克塔梅长老的家里，七十二岁的长老现在是且末这个地方的首领。

休息几天之后，我出发往西小游一番，以前我不曾见过此地与沙漠接壤的部分，但皮耶弗佐夫和洛伯罗夫斯基都曾亲历其境，它是我这趟旅程中唯一没有抢先探勘的地方，来回共要两百一十英里。我只带三名随从同行，分别是奥迪克、库尔班，另有一位叫穆拉的汉子，他曾经在利特代尔的探险队里当过差；此外我们还带了七匹马、尤达西、食物和御寒衣物，不过仍然没有携带帐篷。

一月十六日出发那天，天气又干又冷，有时马蹄踏在光秃的地面上，有时则踩在积雪上，沿路经常像走廊一般在柽柳之间蜿蜒前进，杂乱纠结的柽柳好似全身倒刺竖起的豪猪，我们不时会停下半个小时，生火烤暖身子。

行进的路线带我们穿越干涸的喀拉米兰河^①河床，跋涉过依附在山脚下的滔滔江河莫立札河^②。我们遇到一位流浪汉，他带着一条被野狼攻击导致重残的狗。一月二十二日，我们醒来时发现身体几乎被雪完全覆盖，接着在积雪盈尺的状况下艰辛地策马前行。原本奥迪克在我头上撑起一条毛毯以资保护，可是夜晚雪下得太大了，毛毯被压垮，难怪我醒来时觉得脸上好像有个冷冷的身体压着。

我们来到一些古老的废墟，随即进行测量工作，废墟当中有一座塔楼，高三十五英尺。在安迪尔^③附近，我们开始回头折返且末，那里的气温已经降到零下三十二点二摄氏度。

返回总部的漫长旅途一开始即沿着车尔臣河前进，有时走在封冻的河面上，有时则改走两边俨然废弃的河床。夜里野狼在营地外号叫，我们必须看好马匹，由于穆拉的加入，使得小小的旅队实力大增，整个回程他一直伴随着旅队。在这条路上，

---

① 南疆河流，呈南北走向。
② 南疆河流，与喀拉米兰河近乎平行。
③ 塔里木盆地南方的城镇，紧临安迪尔河。

我们经常可见老虎的足迹。

有一次，一个牧人指给我们看一处诡异的墓穴，那既不是伊斯兰教，也非佛教信徒的殓葬方式。我们掘出两具古老的棺木，材料是平凡无奇的胡杨木板，其中一具是个白发老翁，脸部干枯像羊皮纸，身上的衣服几乎裂成碎片；另一具棺木里是个女人，头发用一条红色缎带扎在后面，她穿着连身衣裙，袖子是紧身的式样，头上绑着一条围巾，脚穿红色长裤。牧人告诉我们，树林里有许多这样的墓穴，可能是十九世纪二十年代从西伯利亚逃出的俄国旧教异议分子（Raskolniki）埋骨所在。

车尔臣河畔有些胡杨树的圆周达到二十二点五英尺，高度为二十英尺，它们的枝叶向四面八方扭曲，好似乌贼的触角。

离开车尔臣河以后，我们进入塔里木河的旧河道，现在改名叫艾提克塔里木河，河岸两旁树林夹道，再往西去是高达两百英尺的沙丘，过了那一段路，我们找到比较好走的路线，刚好沿着现在塔里木河的河道前进。

在杜拉尔村北方的森林地带，我们巧遇猎骆驼的阿卜杜勒，他来自北边的辛格尔，这一趟是与弟弟马雷克护送妹妹和嫁妆前往杜拉尔，现在妹妹已经与当地长老成婚，两兄弟正要打道回府；他们住在库鲁克山（又称"干山"），也就是天山山脉面向戈壁沙漠最突出的脉系。整个新疆地区只有两三个猎人知道"六十泉"，阿卜杜勒正是其中一位，几年前，他曾经伴随俄国旅行家柯兹洛夫上尉到过那里。我的下一个计划是穿越罗布沙漠，希望能解答罗布泊移位的谜题，而穿越罗布沙漠的最佳起点莫过于六十泉了，阿卜杜勒和弟弟都不反对陪我前去，我也同意雇用他的骆驼进行这项探险。

"上帝营造之屋"

二月二十四日，我们回到自己的庄子"上帝营造之屋"，当队伍走到离庄子几英里外的地方时，西尔金已经等候在那里。两个新来的哥萨克骑兵夏格杜尔和彻尔东也在旁边，他们身穿深蓝色制服，肩上挂着弯刀，头戴高顶黑羊皮帽，足蹬发亮的靴子；他们骑在西伯利亚骏马上向我行军礼，同时报告他们的行程。这两位军人四个半月前从外贝加尔湖的赤塔① 驻地动身，经由乌鲁木齐、焉耆和库尔勒来到此处。夏格杜尔和彻尔东都是二十四岁，也都信奉藏传佛教，隶属外贝加尔湖哥萨克陆军麾下。我向他们致上欢迎之意，希望他们喜欢跟随我完成探险任务。在此先提一下，这两位骑兵的举止极令人赞赏，他们和另外两位信奉东正教的哥萨克骑兵一样，都是我最杰出的手下。

稍后我们骑马进入庄子时，很惊讶地发现院子中央站着一只活生生的老虎，不过它一点也不危险，因为几天前它中枪之后就一直站在那里，以同一个姿势冻成了一尊"冰老虎"，它的

---

① 亚俄南方的城市，位于贝加尔湖东方，接近蒙古北方的外兴安岭。

毛皮后来也成了我的收藏。

在我离开的这段时期内，庄子的规模扩充不少，几顶新帐篷搭建起来，来自俄属土耳其斯坦的一位商人还开了一片店铺，卖起纺织品、衣服、长袍、帽子、靴子等货物；庄子里的穆斯林和哥萨克人经常到商人的店里走动，就像是某种俱乐部，他们喜欢聚在那里喝茶聊天。还有一些商人来自库车和库尔勒，他们卖的是茶叶、糖、茶壶、瓷器，和所有旅队用得到的东西。铁匠、木匠、裁缝都来到"上帝营造之屋"开店，我们的庄子俨然发展成一个远近闻名的交易中心，主要道路甚至岔出一条支线，特地弯进我们的庄子里来。

我们的小型动物园也添了新成员，就是两只新生的幼狗，它们有毛茸茸的长毛，颜色是黑白花点相间，我为它们取名为默兰基和默其克，是旅队所有的狗中最长寿的两只。

马匹和骆驼因为得到充足的休养，每只都变得丰满、强壮且健康。此时是骆驼的交配季节，所以都疯疯癫癫的，必须随时拴好，否则会踢人和咬人。其中有一峰单峰骆驼特别具危险性，我们为它戴上口罩，还将它的四只脚用链子绑在铁柱上，它的嘴边满是白涎，看起来像是准备要剃胡须的模样。

我们出游时，有一峰骆驼甚至引起很大的骚动。有一天晚上，我的手下将骆驼全部赶到草原上吃草，结果这峰骆驼挣脱缰绳逃逸无踪，两个守卫和哥萨克骑兵立刻上马追赶，从骆驼留下的蹄印明显看出，它渡过结冰的河流，跑进塔里木河东边的沙漠，往库鲁克山的方向窜逃。我的手下找来一些人组成一支搜索队，他们发现骆驼又从沙漠的山脉上跑下来了，像一阵风似的穿过库车方向的荒地，接着又折返，最后终于进入尤尔都斯河谷；搜索队在那里失去线索，没有人知道这峰骆驼究竟发生了什么事，它的下落就像传说中"飘泊的荷兰人"①，变成永远无解的谜团。一个有智慧的邻居老翁告诉我，驯养的骆驼有时候会发疯，变得和野生骆驼一样怕生，这时，它只要看见人类就会跑向沙漠，而且日以继夜地奔跑，好像被鬼附身般，跑到心脏无法负荷了，最后衰竭倒地而亡。另一种说法是，骆驼在树林里见到老虎，因此才发疯的。

相较之下，被我们驯养的野雁就好多了，它每天像名警察，在帐篷间来回巡逻，相当自我，它的野雁族群在印度度过四个月之后，很快又成群结队地飞回老家来，我们日夜都可听到野雁在天上聒噪的叫声，它们在回到古老的繁殖地安顿下来之前，彼此热烈地交谈。我不得不相信，这些飞鸟族群对于栖息地疆域所坚持的法则与习惯，和各罗布民族对于捕鱼地范畴的态度，肯定是同样根深蒂固。

---

① 传说中的一艘鬼船，由于荷兰籍的水手亵渎誓言，而被诅咒永远在好望角一带航行。另一个版本是一位船长和魔鬼掷骰子，输掉自己的灵魂，因此必须在北海漫无目的地不断航行下去。

第三十六章
发现古城

　　三月五日，我们再次整队准备离开总部。这次与我同行的有：哥萨克骑兵切尔诺夫和法伊祖拉、骆驼驭手奥迪克和荷岱、两个罗布人、猎人兄弟阿卜杜勒和马雷克；两兄弟骑着他们自己的骆驼，另外带来六峰骆驼供我租用。除此之外，我们还带了六峰自己的骆驼和一些马匹，马儿交由马夫穆萨和一名罗布人照料，要是沙漠太难走，我们会把马儿遣回；陪伴我们的两条狗是来自欧希的尤达西和猎狼犬玛什卡。在物品方面，我们携带足够的粮食、两顶帐篷和七只盛装冰块的充气羊皮。

　　旅队的其他成员留在总部，由魁梧、矫健的帕尔皮和哥萨克人、穆斯林一起留守，没想到这次分别却是我与帕尔皮的永别，他在我离开庄子十二天后去世，同伴将他埋葬在新湖附近的墓地，傍着荒凉的沙丘和塔里木河。

　　春天重回大地，白天气温上升到十二点七摄氏度，晚上也不会降到零度以下。我们跨过孔雀河上厚实的冰层，在河对岸发现整排的石堆与塔楼，显示此处曾经是中国通往西方的古路线。

　　我们从单调平坦的大草原转往库鲁克山的方向，眼前干枯、贫瘠的山脉呈现棕色、紫罗兰色、黄灰色、红色等不同色调，向东方延伸下去，最后消失在远方的沙漠尘雾中。每走完一段长路，我们就会碰上泉水，其中一潭泉水位于库尔班其克峡谷中，深达一百三十英尺；另一个叫布延图泉。平常我早上起床，切尔诺夫都会帮我生起小火炉的火，可是这天早上在布延图泉的帐篷里，强风把帆布吹到火炉的排气管上，霎时帐篷着了火，我只来得及救出珍贵的文件。这场小火导致帐篷严重缩水，不过我们还是尽可能把剩下的部分拼凑起来。

　　我们告别了孔雀河和河岸边的树林，接下来的几天路程仍然看得见南方的地平线上，植物所构成的深色带状线条，但是

在孔雀河岸附近扎营

不久之后，就被黄灰色的沙漠完全取代了。

这趟探险的目标之一是描绘孔雀河曾经流淌过的古河床，这条河道在一千五百多年前即已干涸。最早发现这条古河床的是柯兹洛夫，可惜他没有机会深入探访，只指出有这么一条河床存在；我们在以前中国商旅路线上的一个古老驿站营盘（位于库鲁克山南麓，铁干里克城北方）找到古河床的两段弯道，那里仍残留一些废墟，我们都加以测量与拍照。还有一座塔楼高二十六英尺，圆周达到一百零二英尺，另外有一圈庞大的圆形城墙，上有四个城门，并有很多毁坏的屋舍与墙垣。有一处台地曾经是墓地，里面的骷髅头像是在偷窥似的从窄孔中向外窥探。

三月十二日气温升到二十一点一摄氏度，马夫穆萨带着所有马儿从这里折返，唯一留下的是我的灰色坐骑。另外，我们也把大多数冬天的衣服交给穆萨带回去，后来，很快地我们就后悔了。

在营盘，我们仍可发现生机盎然的胡杨树，但再往东走不远，树林变得越来越稀疏，仅剩的胡杨树干好像墓园里的墓碑。

黑色沙漠风暴

沿着干河床的岸边继续前进，泥土沙漠向我们的四周延伸出去，完全看不到任何植物的踪影，土壤也被风力刻蚀出奇形怪状。此时天空十分晴朗，热度越来越高了。

东方地平线上突地出现棕黑色的线条，宽度迅速增加，看似朝着天外射出枝干与树丫。

"黑风暴！黑色的沙漠风暴！快停下来！"

旅队立刻骚动起来，我们的位置毫无屏障可以躲避，大家尽快寻找比较合适的扎营地点；直扑过来的第一场暴风贴着地面呼啸而至，看来朝向西南方的地面比较平坦，于是我朝那个方向移动了一些，这时新一波的狂风又卷起了整片沙尘，我迅速转身以免失去其他人的踪影，就在这个时候，暴风像子弹一样凌厉扑来，以不羁的飙劲横扫干燥而温暖的沙漠，我差点为之窒息，登时疑惑不知该转向何方，继而想到先前有片刻时间风吹在我的背上，因此我认为应该赶紧转过来迎着风向；随风舞动的沙子刮着我的脸，我提起手臂遮住脸庞，试图看穿把白天变成黑夜的蒙眬尘雾，可是我什么也看不见，也听不见任何叫声，除了呼号的风声以外，任何声响都被声势浩大的风暴压过去，包括我手下可能击发的步枪响声在内。我鼓起一切力量与暴风奋战，同时必须时时停下脚步，转向背风的方向吸一口气；如此挣扎了半个小时，我相信自己已经和旅队擦身而过，而所有的脚印都已被风沙破坏无疑。

我思考着："如果不赶快找到他们，而风暴又持续不停，那么我一定会彻底迷失方向。"

就在我决定停在原地不动时，切尔诺夫纯属巧合地抓住我，将我引导回旅队的位置。

我的帐篷支柱断成两截，因此只能使用缩短成一半的支柱，手下千辛万苦才在一小处泥土堆的屏障下把帐篷撑起来，我们用绳索和沉重的箱子压住帐篷边缘借以固定。骆驼的负载通通卸下来，它们伸展四肢，背对风向趴下来，脖子和头部都平贴在地上；大伙儿将自己牢牢裹在外套里，整个人全缩在撑不起来的帐篷布底下。地面风速每秒八十六英尺，而离地十二英尺的空中风速必然两倍于此。飘扬的沙粒扑打在帐篷布上，细小的颗粒钻了进来，覆盖着帐篷布底下所有的东西；我一向把床直接铺在地上，现在已经整个被沙子掩埋，全部的箱子也布满黄灰色的沙尘。每样东西都沾满沙粒，我们的身体被沙子刮挠着很难受，在这种风势下根本不可能生火煮饭，我们只好吃面包充饥。这场风暴持续了一天一夜，次日上午还流连不去，不过最终还是狂暴地向西席卷而去，沙漠里再度恢复平静，大伙儿好像熬过了一场大病似的，觉得怪异而惶惶然。

我们缓慢向东前进，干河床两岸立着灰色多孔的树干，看似树木的木乃伊，令人奇怪的是，它们多年来竟然没有因飘沙的侵袭而瓦解。

再遇野骆驼

三月十五日我们离开河床，前往雅尔丹泉，现在野骆驼的脚印越来越多，这是我在亚洲极中心地带第三度碰到这种高贵的动物。野骆驼是沙漠的君主，在这片最为荒凉难行的土地上，它们过着几乎完全不受侵扰的生活。切尔诺夫开枪射中一峰年轻的母骆驼，大伙儿得以开心地打打牙祭，因为我们的存粮已经不多，加上预定在雅尔丹泉和我们会合的罗布族老猎人戚尔贵很可能在沙暴中迷失方向，当然，他准备带来的几只绵羊也是下落不明。

野骆驼变成大家共同的话题，阿卜杜勒已经猎了六年野骆驼，期间射杀过十三峰，我们由此得知，野骆驼并没有那么容易捕捉。不过，我们的向导对野骆驼习性的了解并不亚于驯养骆驼的；夏季野骆驼每八天需要饮水一次，冬季则十四天才需要喝水一次，它们对泉水的位置了若指掌，好像能够凭借航海地图横渡沙海一般容易，远在十二英里外出现人迹，野骆驼立刻察觉得到，然后就像一阵风似的逃逸。野骆驼会躲开人类营火的烟迹，只要某处搭建过帐篷，它们就会远离那个地方很久；驯养的骆驼也是它们躲避的对象，不过它们偶尔会接受年幼的驯养骆驼，因为这些年幼的骆驼还没有被人类驱使过，致使驼峰尚未因负载和驮鞍的压力而变形。野骆驼只喝泉水，沉滞的死水则不肯碰，它们的活动绝对在芦苇生长区方圆三天可到的范围内。交配季节一到，公骆驼便像疯了一样拼命打架，赢家可以独占所有的母骆驼（有时多达八峰），不幸落败的一方只好忍受孤独，这样的爱情打斗在所有公骆驼身上均留下触目惊心的疤痕。

离开雅尔丹泉之后，我们携带的七只充气羊皮全装满了冰块，另外在一峰骆驼背上装载两大捆芦苇。目前行进的方向是东南方的库鲁克河（原意是"干涸的河床"），阿卜杜勒骑骆驼走在最前方，忽然间他轻巧地滑下坐骑，打手势叫我们停住，只见他像只豹子似的蹑手蹑脚溜到一处小泥土坡后埋伏，我和切尔诺夫随即跟上前去；原来几百步外有一峰公骆驼趴在地上反刍食物，离它不远的地方则趴着三峰母骆驼，另外还有两峰骆驼在吃草。公骆驼的颈子向我们这边伸了伸，张开鼻孔，连嘴巴的咀嚼动作也停了下来，突然它站起来四下顾盼，看来它已经嗅到我们了——这一切我都是透过望远镜看见的。一颗子弹呼啸窜出，躺在地上的三峰母骆驼像弹簧似的一跃而起，然后是整群野骆驼疾奔而去，在它们四周扬起一阵浅色的尘雾，一分钟之内，这群骆驼的身影缩小成一个小黑点，除了沿路留下的淡淡尘云之外，什么也看不见了，阿卜杜勒断言，它们这一跑大概要三天才会停下脚步。

过了一会儿，我们惊吓到一峰落单的公骆驼，可能因为体力不济才脱队，猎人向它射出第一枪，它立刻惊跳起来，像变魔术一般转眼就消失无影。

干涸的库鲁克河在这处地点均宽达三百英尺，深度有二十英尺，我们在河岸上发现千百万个贝壳、土制容器碎片、石斧，偶尔可见依然挺立但已枯萎的胡杨树。有一只土制的大瓶子不但上了釉，还有花纹装饰；有一些蓝色容器的破片上面尚留有小小的圆形把手。在旷古岁月中，当河水仍旧在这河道里奔流时，人类必定曾经在此处定居过。

现在我们的饮水已经告罄，还好六十泉就在不远处，我们长途跋涉回到库鲁克山脚下，发现尘雾中有黄色的芦苇丛和浓密阴暗的柽柳树林。旅队在漂有巨大浮冰的泉水边安顿下来，阿卜杜勒肩扛步枪轻巧地摸进绿洲的东面边缘，他看见一群数量与前次相当的野骆驼——一峰深色的公骆驼，加上五头年轻的同伴。在此之前，我从未尝试在沙漠里观察这种奇妙动物的生活与习性，所以我尾随其后，不过我倒是同情骆驼多一点，因此默默祈祷阿卜杜勒的子弹错过目标。唯当我们需要肉类时，猎杀是可以容许的，更何况阿卜杜勒原就以捕杀骆驼为业，这是他擅长的工作。我们的位置在下风处，因此正在吃草的骆驼一点也没有疑心有人埋伏在附近。话虽如此，我们的距离还是太远，阿卜杜勒采取迂回战术，悄悄掩近射程范围内；在此同时，我静静坐在原地，拿着望远镜一边观察一边在心里记下这些高贵动物的形态与动作。骆驼安静地吃着草，偶尔会昂起头来扫视地平线，它们咀嚼干草的速度虽然缓慢，但是力道相当大，我们甚至可以听见它们用牙齿咬磨芦苇秆时发出的嘎嘎声。

阿卜杜勒的步枪响了，整群骆驼像闪电一般笔直朝我冲了过来，可是它们很快就急转弯逆风逃走，中枪的是四岁大的年轻公骆驼，它跑了一会儿便跌倒在地上，当我们赶到它身旁时，它的嘴仍然在咀嚼，虽然挣扎着想要爬起来，终究不支而以侧面跌卧在地上，阿卜杜勒见状动手宰杀，并在前面的驼峰里发现以前猎人留下的子弹。

现在大家又有肉可以吃了。在我们再度横越沙漠之前，牲口可以好好地养精蓄锐，眼看它们满足地吃着草，夜里嚼着冰块解渴，真是令人感到愉快；泉水虽然是咸的，冰块却甘美无比。暮色掩近时，一群野骆驼前来喝水，约有八峰所幸它们及时察觉危险，立刻在夜色的掩护下像影子般逃走了。

处处是废墟

三月二十七日我们出发向南走，所有的充气羊皮都装满冰块，阿卜杜勒养的骆驼里有四头负责驮载芦苇，至于他自己则只敢再陪我们两天，之后将自行返家。走了十八英里路之后，我们脚下踩的变成黄土沙漠，上面布满一条条的深沟和小峡谷，深度从六英尺到九英尺不等，是被永不停息的东北风和东风刻蚀而成；这段路大家都走得很沮丧，因为土坡阻挡了两边的视线，有时候还会遇上比它们更高的泥土坡脊。

这里完全不见任何生机，但是第二天我们再度发现枯死的树林，以及被沙粒吞没的灰色多孔树干，有些泥沟里露出被风收集来的贝壳，当我们走过，贝壳即像秋天的落叶在我们脚下碎裂。

领着骆驼行过风蚀的深沟

切尔诺夫和奥迪克率先出发，他们要找寻骆驼最容易行走的路线，因为这处罕见的西南、西南偏南走向的沟堑实在不好走。约摸下午三点钟，他们突然停下脚步，我怀疑他们是不是又看见野骆驼了，可是这次的发现不一样，而且更有价值：他们站在一个小土丘上，赫然发现丘顶有几间木造房子。

我下令旅队暂停，当旅队成员稍作休息之际，我测量了三栋房子。到底这些基座以此样貌维持多久了？我无从得知，但房子坐落在八九英尺高的土丘上，显然它们以前是在平地上，长久以来，厉风逐渐蚕食房屋周遭的土壤，而基座下的土壤则因为房子的保护才没有流失。

迅速检视一下现场，我发现好几枚中国钱币、几把铁斧、一些木雕；木雕所描绘的是一个男子手持三叉戟，另一个男子戴着一个花环，还有两人手拿着莲花。我们只有一把铲子，它不断地挖掘，一刻也没有停下来。

一座泥土塔楼矗立在东南方相当远的距离外，我和切尔诺夫、阿卜杜勒趋前探勘，等爬到塔楼顶，又发现另外三座塔楼，我们无法判断这些塔楼是为防御而建，抑或战争时用来施放烽火以传递讯息，也许它们像印度的窣堵波（即舍利塔）①一样，具有宗教上的意义。

天色漆黑之后我们才抵达营地，法伊祖拉为我们架起一支导引方向的火把，因此我们很容易就找到了目的地。

第二天，我很遗憾必须离开这个有意思的地方，我们不能再作逗留，因为温热的季节快来了。白天行进途中，充气羊皮不断滴水，令我们心生警惕。

我付给阿卜杜勒一笔丰厚的酬赏，让他先行离去。接着，我命令仆人荷岱带着两峰骆驼、所有的木雕和其他的发现物，直接返回我们的总部。

切尔诺夫、法伊祖拉、奥迪克和我带着四峰骆驼、一匹马和两条狗，继续向南穿越泥土沙漠，大约走了十二英里路后，我们来到一处凹地，里面有几株活的柽柳，由此可见，附近一定有地下水源！我们必须挖一口井！但是铲子呢？奥迪克马上承认他将铲子忘在了废墟处，他自愿赶回去把铲子带来，我心里觉得不忍，铲子对我们而言虽是攸关生死的东西，但他这番前去并非没有风险，万一起了风暴就更凶多吉少了。

我叮咛他："如果你找不到我们的脚印，就一直往南方或西南方走，这样你迟早会抵达喀喇珂珊湖（即罗布泊）。"

奥迪克休息几个小时之后，在午夜时分启程，我把自己骑

①　印度墓冢或坟墩，最初建来放置帝王或佛陀等伟大人物的骨灰，后来专门用作安置佛教僧侣的骨灰与圣物。

的马借给他，他和马都喝足了水才上路。

奥迪克消失在黑暗中两个小时以后，东方开始刮起风暴，我希望他能立刻折回我们的营地来，可是直到天亮仍然没有见到他的踪影。我们出发往西南方走，拜暴风之赐，天气没有平常那么酷热。

翻越了一连串低矮的沙丘，我们在一块贫瘠的土地上发现几块木头，大伙儿便在这里扎营。而出乎大家意料的是，奥迪克安然无恙地回来了，不仅人马安全，连铲子也带了回来。他娓娓道来自己的遭遇：

奥迪克在风暴中失去我们的足迹，完全迷失了方向，这时刚好出现一座泥土塔楼，他还在附近发现废弃的几间屋子，那里有美丽的雕刻木板半埋在沙堆里；他拾起一些钱币和两块木雕带在身上。经过长久的搜寻，奥迪克终于找到我们先前的营地和铲子，他打算把木板放在马鞍上，但是马儿尖声嘶叫，把木板甩在地上，奥迪克只好把木板带到我们遗下铲子的地方。那些木板太过沉重，他不可能扛着走，于是他又试了一次，这次马儿甚至脱缰逃走，奥迪克费了九牛二虎之力才把马抓回来，最后他不得已舍弃那些战利品，上马一直骑回我们的新营地。

这么看来，废墟比我所见到的还多！我先派奥迪克回去把木板带回来，在我们启程之前，他顺利完成了这项任务。这些艺术气息浓厚的木刻令我目眩神迷，雕琢的漩涡花饰和树叶无不精美无比；奥迪克表示那里还有许多，他不过是随便拿两块罢了。我想转回去，可是这太愚蠢了！我们的存水只够用两天，而我所有的旅行计划也会因此打乱！明年冬天我必须再回沙漠来！奥迪克自愿领我去他找到木雕的地点。这把铲子忘得多么幸运！如果奥迪克没有忘记带走铲子，我就不可能有机会回到这座古城，完成这趟探险之旅最重要的发现，由于这座古城的发现，后代对亚洲核心古代史的认识才露出新的曙光。

然而此刻我们不能不考虑到自己和牲口的性命，因此我们赶紧向南方走。有时越过泥土地，有时翻越二十英尺高的沙丘；我打赤脚走路，太阳虽然把沙地晒得发烫，不过跟着骆驼的脚印却相当凉快。晚上扎营时，每峰骆驼都分到一桶水，最后一袋干草也喂给了它们，过去五天它们滴水未进；现在我们仅存的水只够再撑一天，而这些接触到羊皮的水喝起来还残留一股臭气。

戏水取乐

第二天我走在前面，到喀喇珂珊湖应该还有三十八英里路，我攀上一座沙丘，用望远镜扫视远方，眼帘所及，除了低矮的沙丘之外一无所有。不过，东南方那片发亮的东西是什么呢？是水吗？还是盐地上的海市蜃楼？

我们快马加鞭地赶了过去，是水！纯净的水！虽然有点臭味，但是绝对可以喝；看到骆驼畅快喝水的模样真叫人开心！

接下来我们还得为它们找草料，也必须为我们自己找吃的东西。现在，我们的存粮只剩余一袋白米和一点茶叶。

大伙儿继续沿着湖岸前进，四月二日，我们抵达了喀喇珂珊湖，湖水从东方延伸到西南方，南岸是丛生茂密的芦苇，湖水非常甘美，野鸭、野雁、天鹅在湖心悠游，可惜离岸太远，我们的枪打不中。

次日大家全心休息，也让牲口饱餐一顿芦苇。清新的东北风刮了起来，我克制不住到湖里泡泡、洗涤满身沙土的欲望，可是没有船怎么办？这好办，我们自己造一艘。所谓有志者事竟成！天无绝人之路！我和切尔诺夫、奥迪克向东北方走了很远的路，可是见不到树木，湖面上也没有浮木，不过我们有充气羊皮，还有驮鞍上一直绑着的木头梯子。

我们在一条狭长的岬地上停下来，奥迪克对着羊皮吹气，直到羊皮胀得像皮鼓一样，再用绳子绑紧木梯当骨架，然后把羊皮扎紧在骨架下方，当东北风稳定地吹拂时，我们也许可以飘到远远的营地边，顺道也应该能够进行一系列的水深测量。太阳炽热无比，能跳到凉快的水里多好！切尔诺夫一"上船"，筏子差点翻转过去，我们坐在筏子边缘，双脚在水里悠哉游哉地划着。

风从我们背后吹来，将筏子推离岸边，浮满泡沫的浪头一波波推进，每一次浪头打来都浸到我们的腰部，溅起的水花更波及我们的帽子。我发现湖水最深不过十二英尺，野雁和天鹅聒噪着振翅起飞，野鸭飞得很低，翅膀尖都碰到浪花了。这趟航行花了我们两个半小时，帐篷逐渐变近、变大，我们被冻得脸色发紫，渴望赶快回到陆地；当奥迪克在营地接到我们时，我们几个人已全身僵硬，几乎无法上岸走到营火边。我冷得半死，身体猛烈颤抖，直到灌了好几杯热茶、上床取暖之后，我的体温才慢慢恢复正常。

夕阳余晖中，天空、土地和湖面染满了奇妙的色彩，太阳在沙丘上洒下绯红色的光芒，但急速向西南方滚动的尘云底下却焕发出深色的焰火色泽，这幅景象妙不可言，直令人肃然起敬。湖水变成蓝黑色，白色的浪花被夕阳的反光晕染成紫色，不过浪头像打雷似的猛烈拍击湖岸，我们不得不把帐篷往内陆移动一些。

第三十七章
塔里木河上的最后时光

我们顺着荒凉的湖岸又走了两天，见不到丝毫人类的足迹，由于此趟旅程所携带的补给品均已用尽，大伙儿饿得发昏。第二天晚上，南方出现一团烟云，平常在陆地上快如蜥蜴、在水中疾如游鱼的奥迪克，立刻半泅半走地渡过湖中芦苇，回来时带了八名渔夫，还有三只野雁、四十颗雁蛋、鱼、面粉、白米和面包，及时让大家脱离饿死的危机。

我们在堪姆恰克潘遇到老朋友，康切勘长老已经过世，不过他的儿子托可达却成为我们的挚友。我们将四峰骆驼和一匹灰马交代给这里的长老努梅特，请他把牲口带到米兰的草原，不久，我们会有一支旅队先行前往西藏，届时再到米兰取回牲口。

我和切尔诺夫、法伊祖拉、奥迪克搭乘独木舟返回总部，趁出发之前的空当，我乘独木舟很快地重游了喀喇珂珊湖，湖面的芦草（其实更像沼泽）比我四年前造访时更为浓密，最深的地方勉强只达十七英尺。我们轻快地掠过宽阔的湖面，无意中闯入一幕具戏剧性的画面，令我终生难忘。靠近芦苇丛边缘的湖面上躺着一只已经死亡的母天鹅，它的配偶一直在附近游动。我们的桨手使劲摇着桨，但觉独木舟像箭矢似的往天鹅的方向迅速滑近，但公天鹅并未飞走，反而扇动翅膀增加游水速度，然后抵达芦苇丛边缘，一头钻进干枯的芦苇秆中，可是一钻进芦苇丛，它的翅膀再也无法开展，一位罗布人见状跳进湖中，游泳尾追公天鹅，天鹅虽然潜入水中，由于水底芦苇丛生，它只好又在同一个地点浮出水面，罗布人猛扑向前捉住它，同时扭断它的颈子。这一切全发生在短短的一分钟之内。公天鹅不肯舍弃死去的伴侣，我只有自我安慰它的悲伤终于可结束了，如此我才不会因它的死去而太过感伤。

塔里木河在下游岔出一条新的支流什尔吉恰克潘河，形成了塔里木河下游的北方盆地，我希望精确画出这条支流的位置，并且记载它的规模，怎奈没有船。我们还有四峰骆驼留在身边，于是手下将它们两两成对绑在两艘独木舟上，就此把船经由陆地拖到新的河道里。

于是我们搭乘独木舟向北行驶，穿越新的水路和湖泊。有一天我们在塔里木河上遇见了彻尔东，他正带领三十五匹马、六头骡子、五只狗，以及粮食与人手往藏北山脉前进；先前我们已约定好，几支分队都将在藏北高原的孟达里克河谷会合。

前往藏北

总部的所有东西都整整齐齐地放着，舢舨已经准备就绪，原本搭在前甲板的帐篷已成了一间舱房，是手下用木条和毛毯搭盖而成。该做的事多如牛毛，如今总部已经发展成罗布地方不折不扣的新首府，当地土著遇有口角会跑来要求我们主持公道，仿佛是当地法庭似的，而我们也着实替他们排解争端。

现在仅剩的骆驼将启程到藏北进行新的探险，切尔诺夫、伊斯兰、图尔杜和荷岱骑马。肚子被一只野猪严重戳伤的小狗尤巴斯，也在其他狗儿的陪伴下同行；尤巴斯虽然伤势不轻，却是旅队横越沙漠抵达藏北山麓时唯一存活下来的狗。

旅队启程出发时声势极为壮观，在叮当的铜铃声中，队伍浩浩荡荡穿过稀疏的树林，自此"上天营造之屋"便空无一人，成了荒凉的废墟。所有的商人和工匠都收拾起货物离开，空荡的庭院里只有几只乌鸦聒聒叫着，草棚厨房最后一次生火所留下的余烬仍然扬起袅袅轻烟。

西尔金、夏格杜尔、哥萨克骑兵和其他忠仆仍然跟随着我，在他们和四个新加入的罗布人陪伴下，我于五月十九日离开总部，此后再也没有回去过。这地区的所有居民全聚集在岸边向我们依依道别，塔里木河暌违半年的劲流推动舢舨，将我们带往下游。

我们走走停停，目的是测量河右岸的湖泊。有两座湖中间夹着一座沙丘，我测量沙丘的高度，发现它比河面高出二百九十三英尺，邻近的其他沙丘又比它高出四五十英尺。罗布人经常在连接河、湖的水道上建筑水坝，这样鱼就被牵制在湖泊里面，湖水也会变得带点咸味，使鱼的滋味更可口。渔人使用长达六十英寻（一英寻为六英尺）的曳网捕鱼，渔网两头各以一艘独木舟拖曳着。

几天之后，我们的老朋友猎人戚尔贵也上船来，他号召一群人和整支独木舟队伍协助我们横越新生成的湖区。这里芦苇茂密难行，只好放火烧掉一部分才能通过。

五月二十五日，我们到塔里木河右岸的大湖贝格里克湖探勘。我们有两艘独木舟，一艘载着夏格杜尔和两名船夫，另一艘上面是戚尔贵、另一位船夫和我自己。这天湖泊非常平静，像一面镜子静静地躺着，沙丘的倒影清晰无比，和真实的沙丘毫无二致。我们向南划了三个小时，进行一些测量工作，炽烈的太阳当空照，大家不时舀起湖水洒在衣服上冲凉。

当天晚上我们抵达西岸中点，休息了一会儿，这时戚尔贵指着湖泊东岸的沙丘棱线，喊出最令人沮丧的字眼："黑风暴！"

忽然，整片沙丘的上空升起黑暗的线条与红黄色的云雾，迅即扩散成一幅帘幕，船夫想要在原地扎营过夜，可是我必须赶回舯舨去为测量仪器上发条。

"再划出去，拼命划！"

如果我们能及时赶到水道入口便能平安无事，可是在抵达入口以前，我们必须先横越一处向西延伸的宽阔湾口。

湖的上空目前依然平静，湖面也像玻璃一样平滑，船夫跪在船底，船桨在他们用力的划动下几乎弯曲成弓形。如果桨不折断，我们就能幸运地逃过狂飙的风暴，否则两分钟之内必然浸满水而沉没，到时候我们根本不可能游泳上岸。

"噢，安拉！"戚尔贵闷声喊叫。

"风暴已经到达沙丘了！"他补充最新情势。漩涡似的黑色沙云即将横扫湖面。

与风暴的拉锯战

下一刻，沙丘和整个湖泊东岸都将消失在尘云之中。

远方传来隆隆巨响，风暴来势汹汹，速度极为骇人，并夹带震耳欲聋的怒吼；飓风已经扫到湖面，第一波风势直朝我们扑来。

"快划，快划！"戚尔贵喊着，"吾信真神！"

我们的速度加快了，独木舟像刀子一样切过水面，船头经过之处激起嘶嘶响的泡沫。我们全身紧绷地戒备着，离北岸还有一英里远。可是不到一分钟，整个北岸和西岸都将会笼罩在暴风范围内。

浪头以极高的速度向上冲起，掀涌的波峰冒着细白而狂乱的泡沫，独木舟被波澜举起又抛下，一波又一波的猛浪打在船上；我们仿佛坐在洗澡盆里，积水在船里前翻后搅，我们的身体也跟着晃动。戚尔贵试图把独木舟导向浪头，希望利用波浪顺势推动船身，而我只看得到这艘船和周遭的滔滔白浪，湖水已经浑浊到近乎黑色了，其他东西在浓烈的风暴中完全消失不见。四周呈现一片黑暗，气氛诡异，夜晚正逐渐逼近。我把笔记本和仪器包裹起来，开始脱掉身上的衣服，这会儿，再多几波风浪打来，我们必沉没无疑，独木舟狭长的船缘现在只比水面高出两英寸了。

忽然，奇迹发生了！风浪变小，船身也不再颠簸，哈！右舷附近出现一些深色的东西，原来是北岸突出的一块岬角，上面生长浓密的柽柳，这正是天然的防波堤！我们得救了！上岸停留了好一会儿，把独木舟里的积水倒空，之后，我们继续穿过水道，但天色已经黑透了，挡路的芦苇秆鞭打着我们的脸部。经过漫长的摸索，幸亏风暴点燃了一场野火，我们凑着火光才很快找回舢舨。

塔里木河的水流继续托着我们往下游漂，戚尔贵手持长杆坐在我的工作桌前方，他是个开心果，不时会说些好笑的评语和奇怪的故事。天空里的恶魔再次偃旗息鼓，大地重回宁静，这时有艘独木舟全速向我们驶来，停在我们船边，从船上传出轻快的脚步声，原来是喀什来的信差穆萨，他来到我的桌前，把一大捆要给我的家书放在桌上，以及一些报纸、书籍。那天晚上，我躺着阅读到凌晨三点。

接下来的日子，风暴经常延误我们的行程，好不容易等到风势稍减，大伙儿又得趁夜晚赶路，这时，手下会擎着火把到最前面的独木舟为我们照路。

又有一位信差意外来到，他只带来一封信，发信人是彼得罗夫斯基，想必是重要的事！原来是俄国和亚洲边界发生骚乱，这位塔什干总督因此来信命令西尔金和切尔诺夫这两位哥萨克骑兵回喀什军营，不巧的是，切尔诺夫这时已经到达西藏北边，只能等他返回营地再说。于是，我请一位信差前去追赶他。

永无止境的旅程

到达渔村七吉里克时，由于水道过于狭窄，我们不得不舍弃那艘老舢舨。同时，我们另外造了两艘小一点的船，做法是将一块平台架在三艘狭长的独木舟上，然后在平台上竖起支架，表面覆盖毛毯；我住在其中一艘船上，另一艘则是西尔金和夏格杜尔的住所。趁着造船空当，我在大舢舨的暗房冲洗过去几周来拍摄的照片，这艘舢舨在塔里木河上漂流了九百英里，确实是恪尽职责。我把舢舨送给当地居民，任凭他们使用。

新船相当容易操控，不过当水流太湍急时，我们必须不断把积水舀出独木舟。最后，我们终于顺利抵达古老的捕鱼村落阿不旦，也就是这趟河流之旅的终点站。

几天之后，切尔诺夫、图尔杜和穆拉带着四峰骆驼和十匹马前来会合，引领我和行李前往山区里的新总部。出发之前，牲口必须好好休息。天气燠热难耐，连阴影下的温度也超过四十摄氏度，吸血的牛虻到处飞舞。对骆驼和马匹而言，牛虻是最可怕的瘟疫，白天如果任由牲口在草原上吃草，它们身上会叮满成千上万的牛虻，牲口失血过多就没救了，因此只要是白天，人们惯常把牲口关在茅草屋里，等到日落再将牲口牵到河里洗澡，晚上就可以放心任由它们在外面露宿。有一天夜里，我们的骆驼失踪了，从它们留下的脚印很容易就看出端倪：它们为了躲避牛虻而逃回山区，图尔杜只好骑马去把它们追回来。牛虻一样也会骚扰我们，从一间草屋走到另一间草屋的短短距离，就像在枪林弹雨中冒死突围。所以，我们无不渴望能快点呼吸到新鲜的高地空气。

六月三十日傍晚五点钟，我仅剩的行李都装上四峰骆驼和两匹马的背上，而当我们在捆装东西的时候，每峰骆驼两边各站一个人，只为了替骆驼杀死牛虻。一切安装妥当，旅队开始出发，夏格杜尔负责照顾随队的狗儿，也就是玛什卡、尤达西和两只乳狗默兰基、默其克；图尔杜受命将旅队带到喀喇珊湖南岸，找到一条最接近山中泉水的东南向导路。走到岸边这个据点将耗费整个晚上，我自己情愿搭独木舟前往，因此当旅队消失在暮色中以后，原地只留下我和西尔金、切尔诺夫，以及几名土著朋友。

我把所有信件交给这两位哥萨克骑兵，并且慷慨酬赠一笔赏金，感谢他们忠诚、周到的服务。在与他们最后一次握手道别之后，他们跃身上马，带着一小支旅队消失在暮色里，此去，他们将取道且末与和田，回到喀什营地。我们的离别充满哀伤与不舍。此刻我孤零零地站在亚洲的心脏地带，身边没有一个随从，除了口袋里的东西，也别无其他行李，因此等哥萨克人一离开，我毫不留恋地动身出发。我向阿不旦居民道别，跨进已在等候的独木舟，船上有两位罗布人将载我快速顺流而下。月亮一升上来便照得河岸通亮，可是才一会儿月亮又沉落不见，此刻河道逐渐变成长满芦苇的沼泽，天空漆黑一片。这些船夫究竟是如何在黑暗里认路的？我实在很困惑。他们并不交谈，只是毫不犹豫地往目标划去。星子在荡漾的水面上闪烁，时间一小时、一小时地过去，独木舟一刻也不停留地继续划行，我偶尔打打瞌睡，但无法入眠，这是我在塔里木河上的最后一段旅程，涨满的兴奋之情令我无法入睡。

当船夫靠岸时，天色仍然黑暗，他们说这里就是集合地点。我们走到岸边等候，一会儿远方便传来喊叫声，那是夏格杜尔带着马匹抵达了。我们生起营火，开始煮茶吃早点。

黎明时分，图尔杜也带着骆驼相继出现，他只道了声"主赐平安"，便迈开步伐走下去。我们向船夫道别，随即翻身上马跟上图尔杜。

太阳缓缓升起，光线、色彩、热度随着日升而洒遍旷野大地，紫罗兰色的薄云边缘镶着融金的光泽，漂浮在地平线上方，西藏最外侧的山脉围绕沙漠的边界，好似一块轮廓清晰的舞台幕布呈现在光影中。几百万只牛虻醒来了，它们像子弹一样嗡嗡叫着飞过我们身边，当它们迎着阳光飞舞时，身体里透露出偷来的血色，好像是一颗颗鲜红的红宝石。

我们在墩里克扎下第一个营地，这里的高度已经超出湖面六百五十英尺，不见人烟，不过我们发现一口泉水，以及可以放牧马匹和骆驼的草地。

第三十八章
西藏东部探险

离天亮还有几个小时，我们开始为这天横越贫瘠之境的冗长劳顿的旅程作准备，待牲口都喝足了水，我们为自己和狗儿的铜罐装满饮水。脚下的大地非常坚硬，遍地是碎石头和粗砂砾，北方的湖泊此刻看起来像是色调黯淡的缎带，此外，极目皆是黄灰色的土地。山脉的形状越来越清晰，突出的岩石、河谷的入口、凹陷的罅隙一时变得清楚可见。

经过七个小时艰困的跋涉，我们通过了一堆石头地标。

"我们已经完成一半路程了。"托可达宣布。

酷热加上干渴使得玛什卡和尤达西萎靡衰弱，我们停下来好几次，喂水给它们喝，但它们仍是远远落在旅队后面；这次，大家又停下脚步等候它们追上来，可是等了许久仍旧看不见小狗的影子。难道它们自己跑回湖边了？夏格杜尔带着一罐水骑马回去找它们，他回来时只见尤达西卧在马鞍上；他说玛什卡喝完水后就断气了，好像是中风致死。尤达西被包裹在毯子里，牢牢绑在一峰骆驼的背上，看起来极端无助。两只乳狗躺在另一峰骆驼背上的篮子里，骆驼行走时摇摇晃晃，小狗也被前后抛来甩去。

最后我们终于来到一座河谷入口，那里有一条潺潺的小溪流，大伙儿停下来休息。我们第一件事就是把三只狗放掉，它们几乎站不起身，可是一听到汩汩的水流声，便一溜烟冲上前去畅饮一番，体力马上恢复许多。狗儿喝了一顿水，停下来咳嗽咳嗽、清清喉咙，接着又继续喝水，最后干脆躺在小溪里欢畅地打滚。可怜美丽的玛什卡没有能够支撑到这里。再往河谷上游走一段，到处长满丰美茂盛的柽柳，当晚我们在塔特里克泉水井边扎营，这里标高六千三百英尺。

第二天，我们翻越这群山脉的前两座，分到是乌斯登山和阿卡多山，在阿卡多山的山口，我们看见位于南方的第三条山脉祁漫山，我们站立的位置和祁漫山之间有一处长条形开阔河谷，谷中有一座小湖，晚上，大伙儿就在小湖边扎营。

抵达铁木里克水井时，海拔已经达九千七百英尺，在这片荒凉的西藏高原上，我们正攀向越来越高的峰顶。白天在那里盘桓、让牲口休息时，一支规模相当大的旅队携带玉米前来，原来是我们先前在罗布泊西南方的小镇婼羌所订购的东西。

具神秘感的艾厄达特

孟达里克总部也来了信差，他们表示预先建立的总部一切安好，其中一位信差名叫艾厄达特，是伊斯兰所雇用，原因是他对这个区域的了解无人可及。艾厄达特拥有阿富汗血统，通晓波斯语，长了个鹰钩鼻，短短的络腮胡，眼神充满忧郁。他的职业是猎捕牦牛，一年到头独居在山中，平常以生的野牦牛肉为食，渴了则喝雪水，除了身上穿的衣服、一件皮袍、一把步枪和子弹外，可说身无长物；夏天来临时，艾厄达特的兄弟会带着驴子上山来收取他宰杀的牦牛毛皮，然后卖到克里雅的市集上。艾厄达特总是独来独往，头仰得高高的，姿态宛如君王般尊贵。

我问他："如果打猎失败，你怎么办？"

"那就饿到找着下一头牦牛为止。"

"冬天夜里那么冷，你在哪儿睡觉？"

"峡谷和山洞里。"

"你怕野狼吗？"

"不怕，我有步枪、拨火棒、打火石和火种；晚上都会生火。"

"当暴风雪狂肆时，你难道不会被雪深埋吗？"

"会，可是我总能设法跑出来。"

"老是孤单一人，你难道不感到难受吗？"

"不会，除了父亲和兄弟外，我没别的人可想，而他们每年夏天都会上山几天。"

艾厄达特的神秘感颇具吸引力，他好像神话故事里隐姓埋名的王子，不管问他什么问题，他的回答必定是简短而精确；若不是问他话，他就一个字也不吭。我们从来没见他微笑或开口大笑，也不曾看到过他与旅队里其他成员交谈，好像要逃出沉重的悲伤，也仿佛是为了对抗野狼和暴风雪，而必须以孤独、危险、艰困来锻炼自己。不过他终究是个凡人，偶尔还是会渴望见见其他的人类，因此当我问他愿不愿意和我到荒僻的西藏旅行时，他竟然答应了！我派给他的任务是打猎，以及带我去看翻越山脉的秘密山口。

七月十三日，旅队所有的小队在孟达里克的泉水与树丛间再度集合，我们在那里建立起第二个大型总部，作为我们未来探险之旅的起点。

探勘藏东高原

七月十八日，我们展开第一次探险，我的计划是绘制藏东高原的局部地图，这里过去从来没有人探勘过。我们携带足够八个人吃两个半月的粮食，彻尔东担任我的贴身随从和伙夫；图尔杜带领七峰骆驼；穆拉照顾十一匹马和一头骡子；另外，能干的罗布人库曲克担任船夫，一旦发现任何湖泊，他就能派上用场；我们的十六只绵羊交给克里雅来的金矿工人尼亚斯看管；艾厄达特担任向导和狩猎；托可达则协助照顾马匹。至于狗儿尤达西、默其克和一只蒙古犬（为东边某游牧民族的营区所遗弃）也和我们一起出发。

翻越两道山口之后，我们在标高一万三千英尺处扎了第一个营地，营地四周有许多邻居，包括野牦牛、野雁、土拨鼠和松鸡。炎炎夏日在几天前才被我们抛诸脑后，如今冬天已悄悄降临，气温下降到零下五摄氏度。七月二十二日，我们在纷飞的大雪中拔营，暴风雪彻夜肆虐，我们骑着马在雪地辛苦跋涉。

破晓时分我被营地里激烈的骚动吵醒，彻尔东向我报告：尼亚斯和十二只绵羊不见了，整个营地只留下四只绵羊。每个人都赶出去搜寻，连彻尔东自己也骑马去寻找。大约十点钟，尼亚斯回来了，他仅带回一只绵羊，满脸悲伤的表情，他说其他羊都被野狼咬死了，它们浑身是血的尸体七零八落地倒在雪地里，只有一只绵羊逃过狼口。原来尼亚斯昨晚睡在毛毡下，半夜突然被哒哒的脚步声和羊叫声给惊醒，他跳起身来，看见三头野狼正逆着风势在偷袭羊群，愚蠢的羊群在惊慌中跑向野地，尼亚斯抢出去追赶，一时忘了要叫醒其他同伴，野狼在半路拦截羊群得逞，并展开大肆杀戮，结果只有一只绵羊幸免于难。狡猾的野狼利用暴风雪作掩护，由于风雪的呼啸声过大，使得营地里的狗没有

出生一两个星期的野驴

察觉到异状。

野狼可能会等到我们离开后再回屠杀现场大啖一番，从现在开始，我们必须更依赖艾厄达特的步枪了。队伍开拔后不久，我们就看见那只脱队的绵羊疯狂而恐惧地跑下一处积雪的山坡，大伙儿对于这只羊大难不死的欣慰之情，远胜于哀悼失去的绵羊。

接下来的旅途中，白天我们艰苦地长途跋涉，翻越好几座遍布积雪的山脉，挖金矿的工人和猎牦牛的猎人称它们作祁漫山、阿喇山、卡尔塔阿拉根山；我们攀越的卡尔塔阿拉根山山口标高一万五千英尺，从那里向南方远眺，有分属四支不同山脉、积雪终年不消的山峰，再过去，靠近地平线的是阿克山（"远山"），是几年前我历经千辛万苦才征服的山脉。

我们在卡尔塔阿拉根山的南坡往下转进一座地势开阔的河谷，在那里沿着河谷地形向西走。目前我们所在位置仍然属于俄国旅行家们，以及邦瓦洛、利特代尔等人探勘过的区域。我们保持在河谷中央行进，途中到处是土拨鼠，它们在洞穴外探头探脑、吱吱啾啾，等到狗儿窜出追赶，便立刻一头钻进洞穴中。

河谷中有一群为数三十四头的野驴在吃草，彻尔东和艾厄达特骑马去追捕，一头母驴带着刚满四天大的小驴留在原地，其余的野驴全逃逸无踪，最后做母亲的也不得不独自逃走。艾厄达特将小驴放在马鞍上带回来，后来我们又捉到另一头小驴，并将它们裹在毛毯里，安置在一峰骆驼的背上，我们打算用面粉糊喂养它们，直到它们可以自己吃草为止。小驴果真舔光了面粉糊，可是却显得有些憔悴，我要手下将它们放回原来那片大草原，让它们的母亲能找回孩子。托可达向我保证，一旦人类的手碰触过小驴，母驴就会憎恶小驴，假如此话当真，那么小驴必然会沦为野狼的祭品，所以我们决定杀了它们。大伙儿意外地发现，小驴的肉质相当柔嫩、可口。

包围这座大河谷的南方山脉在山脚处是界限分明的飘沙地带，沙质地形依着整个山脉的基座延伸，上面有相当高耸的沙丘。这里经常可见一种马蝇，叫作"矣拉"，它们有个坏习惯，喜欢栖息在草食动物的鼻孔内；我们的马匹被这些爱折磨人的马蝇吓坏了，它们会突然打喷嚏、甩动头部，不管身上的负载和骑士，叹声气就倒在地上扭曲翻滚。野牦牛、野驴、羚羊应付马蝇的办法是白天爬到沙丘上，那里很安全，到了晚上才到河谷吃草，这样马蝇就无法骚扰它们了。离日落还有一段时间，我们注意到有三十头壮硕的牦牛正漫步离开沙地，朝河谷方向姗姗走来，这时它们看到旅队，便停在一座高耸的沙丘顶上，立时排成一长列站在沙丘上，鼻子不断嗅着，头则高高扬起，毛色漆黑的牦牛衬着背后黄灰色的沙子，搭配永不消融的雪原作背景，构成了一幅美妙壮观的景致。

我们已经接近普热瓦利斯基所发现的小湖巴什勘湖（意思是"上沙湖"）。湖畔有十四头牦牛正低着头吃草，彻尔东摸上前去攻击牛群里的一只老公牛，可是老公牛没有这么容易被吓住，它定定地看着彻尔东，甚至向彻尔东逼近几步，事实上，转身逃跑的反倒是我们的猎人。旅队成员全都站在一旁津津有味地观看，彻尔东想

一群"奥龙戈"羚羊

要挽回颜面，便转身追赶一头幼狼，随后将它带回营地；手下在幼狼的脖子上绑上缰绳，它就此成为我们的砧上肉。托可达深信，万一幼狼受到伤害，它的母亲一定会对我们的最后一只绵羊进行报复，没想到狡猾的小狼也不简单，它趁夜里用牙齿啃断绳索逃跑了。手下期待它颈子上的绳圈会使它窒息，我倒是感到怀疑，而且相信母狼一定有办法为它的孩子挣脱绳索。

翻山越岭路迢遥

攀上阿克山峰顶的路程迢遥又艰辛。我们在巨大且错综复杂的山脉间行进，天上时而下雨、时而下冰雹，出太阳时却又相当暖和，这时毛茸茸的大黄蜂便会出动，它们嗡嗡飞舞着，像在演奏风琴乐曲。走在河谷地，有时会惊吓到大批羚羊，我

很难想出还有什么比得上这群敏捷、优雅的动物，它们闪亮的羊角像刺刀似的在阳光下闪烁生辉。

艾厄达特对于地形的熟悉仅止于此，因此我遣图尔杜骑马上阿克山峰头找寻登山的山口，小狗尤达西跟着他一起去，途中尤达西看见一只羚羊，迅即穿过一条隘道追了过去，当图尔杜原路折返时，尤达西却失踪了。我们继续前进，心想它会自己找到我们的旅队。一场豪雨忽焉而至，我们立刻停队扎营，可依旧迟了一步，每个人浑身湿透。尤达西还是没有出现，一个山口和倾盆大雨阻断了它与旅队，图尔杜骑马翻过羚羊和小狗消失的山脊，终于找到孤零零的尤达西；它找不到自己的足迹，于是跑到一处我们从未经过的支流河谷寻找我们的踪影。

我们经由标高一万七千英尺的山口翻越阿克山，下到一座长长的大河谷，四年前，我就是在这谷地中发现二十二座湖泊的。现在伸展在我们眼前的南方是未经探勘的处女地，我们即将横越的路线过去只有两位探险前辈亲历其境；能够踏上这片新的处女地，让我油然兴起一股满足感。除了野牦牛、野驴和羚羊以外，地上没有任何足迹。艾厄达特猎杀两头羚羊，我们因此好几天有肉可吃，而不必牺牲旅队中剩余的绵羊。

夜晚的山林仍然呈现庄严的崇峻之美，镶着亮边的薄云飘过月亮，南边冰河延伸而成的大片积雪在月光中辉映出银色光芒，霎时四周充满了壮阔的孤绝与寂寥感。

旅队的牲口开始感到疲倦了。在如此高海拔的山上，牧草少得可怜，每逢夏季便脱毛的骆驼在雪地里冷得发抖，由于山里的西风强劲，形成了厚重的云朵，每天不是下雪就是下雨，而且风雨中夹带冰雹，所幸气候严寒也促使骆驼提早长出厚厚的长毛。

我们从北到南跨越西藏高原，必须翻过所有东西向的平行山脉，每攀登一座峰顶的山口，我们都可以望见南方新的山脉，以及山脉间宏伟、宽广、没有尽头的河谷。眼前又有一座新的山脉，看起来相当平坦，我一马当先走在前面，贫瘠的地面湿湿的，像玉米糊一样软，我下马牵着马前进，马儿每走一步脚就陷进一英尺深，骆驼也摇摇摆摆地慢慢跟进，蹄子走过之处陷下极深的凹洞，不过马上又被水填满了。我们实在不能继续在这危险的烂泥巴里走下去，在好不容易登上标高一万七千二百英尺之后，大伙儿颓然往回走。来到一处长着稀疏青草的河谷，我们让牲口休息两天，夜里用毛毯盖住骆驼以防它们被风雪冻僵。彻尔东的马儿死了，这个哥萨克好汉悲伤不已。他教会这匹马好多把戏，马儿会听话地躺下；彻尔东叫它时会乖顺地跑向他；当彻尔东用两手顶着马鞍倒立时，马儿还会又优雅又谨慎地走步。

八月十二日，我们试图走另一条路越过那片讨厌的烂泥地，地面和上次一样湿滑危险，骆驼和马匹一走过，泥巴哗啦啦、稀哩哩猛响，每个人的脚都浸湿了，一颗心也悬在半空中，好似随时会爆炸，最后终于攻抵一万六千八百英尺高的峰顶。

峰顶上有一头孤独的野狼正伺机守候猎物。就在我们攀上山峰之际，冰雹正好伴随着雷鸣呼啸而来，大地为之撼动，听起来好像战舰的炮弹齐鸣，或是一群巨人在玩击柱游戏①。我们的位置非常高，因此有一部分云朵事实上落在我们下方的河谷里，现在我们正好在风暴的中心点，冰雹打得人发疼，能见度是零，没有人知道要从哪个方向往下脱离这个可怕的山脊。我们别无选择，只好在风雨中扎营，骆驼被聚拢排成半圆形，身上覆盖毛毯；每样东西尽是湿答答的，帐篷、毛毯、行李全滴着水。旅队中有一峰骆驼在攻顶时倒毙，其他骆驼正好大啖它遗留在驮鞍里的填充干草。

我们又把一座山脉抛在身后，崇峻山岭开展成巨大的高原，这里的土壤很适合旅行。在远处的南方出现一座咸水湖，我们走到那里扎营在西北岸边。有一天深夜，手下听到远方传来奇怪的声音，他们感到很不安，因为那听起来像是人类的叫喊声，艾厄达特则认为是狼群，之前他射伤一头羚羊，最后还是被它逃脱了。后来艾厄达特发现羚羊被野狼啃得精光，只剩下一把骨头。我们的确需要肉类，不过至少还有足够的白米和面包。

享受难得的平静

八月二十二日，库曲克和我划船渡过湖面，目的地是湖

---

① 类似保龄球，但只有九个球瓶。

泊南岸的一处山坡，晚上旅队将到山坡上和我们会合，并生火引路。天气好极了，湖水很浅，因此有好几个小时库曲克只需拿桨在湖底推，就能使船前进。湖底有一层硬实的盐层，再深入一些，可见这座湖最深的地方，深度只有七英尺半，看来这座湖是浅浅的盆地上所积聚的一摊极薄的水。今天的天气晴朗，湖面平静无波，日光下湖水的色彩奇妙无比，靠近小船的湖水为浅绿色，较远一点则呈海蓝色，不论是天空、湖水、云朵或山脉，都在天上洒下来的光晕里焕发出变幻莫测的深浅色调。天气相当暖和，我们一身的湿气全都干了。湖水的咸度很高，沾上什么东西都会变成白色的，从各方面来看，它都像是死海①，只不过我们位于海拔一万五千六百英尺的高度。在水上划行的前几个小时，我们可以见到旅队在湖的左岸移动，但是后来距离太远就看不见了。

　　白天退去，暮色逼近，我们依然在湖上，既没有火光，也不见骆驼或马匹。登岸之后，我们站在山坡上东张西望，地上有一块野驴的头颅骨，还有一只熊刚印上的足印。库曲克和我大声吼叫，却得不到一点回应，心想旅队肯定出事了，否则至少该有一两位手下先骑马带些粮食、温暖衣物和被褥过来接应我们。

　　趁着天色尚未全黑，我们收集了一些燃料，唯一可用的是

---

① 位于以色列和约旦之间的咸水湖，面积约一万零四十平方公里，水平面比海拔低三百九十五米，是地球上最低的水面。

牦牛和野驴的干粪便。晚上九点钟，我们生起一堆火，坐着聊了一小时，然后准备睡觉，库曲克用船帆将我裹起来，再拿一只救生筏当枕头；可折叠的船身翻过来，一半覆在我身上，如同一口钟，而我像是躺在棺木里的尸体。库曲克还用双手捧起沙子堆在我的身体四周，借此挡住冷风，他的动作不禁令我想起掘墓人为坟墓覆土的样子。库曲克自己则蜷缩在另外半只船下，一场大雨打在绷紧的帆布船底上，声音十分吵人；也许那是为我们送葬的鼓声。无论如何，我还是很快就在这个"墓穴"里入睡了，一直到太阳升上地平线才又复活过来。

东方吹来新鲜的微风使我们的精神马上为之一振。我们沿着湖泊的南岸急切地向西前进，想知道我们的人马到底发生了什么事。库曲克和我把折成两半的船重新组合起来，架起帆柱、撑起船帆，之后三个小时的咸水湖之旅，令人心旷神怡。船身严重颠簸，库曲克晕船，终于我们看见岸上的帐篷了。彻尔东和艾厄达特踩进浅水里把我们拉上岸，饥饿的我们渴望吃一顿早餐，幸好艾厄达特猎到一头野驴，所以我们又有肉可吃了。

原来旅队被一条注入咸水湖的河流阻挡了去路，河水宽一百九十英尺、深十英尺。我们一起回到那河岸，这次我们利用绳索渡河，经过十四次的接驳，终于把所有的行李接到对岸。马儿可自行游泳渡河，但骆驼就麻烦了，最后我们想出用船来牵引它们的办法，骆驼到了水中便像死了一样趴着不动，直到双脚踩到坚硬的地面才又游起水来。

过了河之后我们继续向南走，几天以后来到另一座咸水湖边，其源头是南边两座景色优美的淡水湖。这里风景极为迷人，我很乐意地腾出一个星期来，让骆驼和马儿在湖岸上尽情吃草，我自己则利用这段时间朝不同方向横渡几个湖泊，测量湖水深度、描绘湖岸线条，更在垂直耸立的悬崖下捕捉鱼鲜；库曲克和我曾在风暴里经历过多次狂野的冒险，但是后来都平安脱险。

九月二日我朝南骑了十七英里路，经过之处有许多野牦牛、野驴、羚羊、野兔、田鼠、土拨鼠、野雁、野狼和狐狸，有些山坡上，牦牛甚至多到密密麻麻的地步。

当我们回到营地集合时，艾厄达特又猎到一头小牦牛和四头羚羊，这样一来足足有两个星期不用愁没肉吃了。不过我们已经离开孟达里克总部有一个半月之久，剩下的粮食仅够一个月，因此我们拿一部分面粉喂食旅队的牲口，自己以肉类为主食。目前一切都还顺利，可是我们必须绕一条更偏西的路径回去，那里也是未曾被人探勘过的领域。我的计划并未包括深入西藏，因为我想在今年冬天结束之前，再次拜访罗布沙漠的古城。

第三十九章
在死亡阴影中撤退

　　我命令图尔杜带领旅队顺着巨大冰川的北侧朝西走，我自己则在彻尔东与艾厄达特的陪同下绕行着冰川南侧；我们三人所携带的粮食足够维持三个星期。

　　在我们的第二处营地附近，有一头孤独的牦牛在山坡上吃草，艾厄达特像猫似的潜过峡谷与凹地，逼近离牦牛只有三十步的距离，我以望远镜追踪这场猎捕行动。只见艾厄达特冷静地把步枪架在一支带有缺口的木棍上，然后扣扳机发射子弹。牦牛蹦跳起来，走动几步，停下来，跌倒，又站起来前后摇晃几次，再次跌倒，之后就一直维持卧倒的姿势；艾厄达特握着步枪一动也不动，我和彻尔东手拿刀子走近牦牛，确定牦牛已经断了气，才加入剥皮、割肉的行列。我们割的牦牛肉都是最好的部分，包括通常由我独享的舌头、牛腰和牛心。

　　第二天早上，艾厄达特回到牦牛倒毙的地方多割了一些肉。我们眼下的位置是海拔一万六千八百七十英尺，西风极为强劲，而西边的一条山口已经隐约可见，我们必须翻过这条山口才能和图尔杜所带领的旅队会合。艾厄达特一去不返，彻尔东出发前去寻找，发现艾厄达特病恹恹地躺在他自己的猎物旁，彻尔东扶着他回到营地。年轻的艾厄达特患有严重的头痛，鼻血流不停，彻尔东和我为马匹装载好，将艾厄达特裹在他自己的毛皮外套里，然后帮助他坐上马鞍。

地上的土壤在马儿的重压下深深凹陷，马儿步履艰辛地攀登那座高达一万七千八百英尺的山口。艾厄达特病得很厉害，他在马鞍上前后摇晃得十分剧烈，我们只好用绳子将他绑在马鞍上。

又过了一天，我们和前来搜寻我们下落的图尔杜及库曲克不期而遇，他们引导我们抵达他们搭建好的营地，之后，我们再次合为一支旅队向西前进。艾厄达特躺在骆驼背上；我们用背袋和毛毯为它做了一张驼背上的床，平常沉默寡言的他此刻却躺着唱起波斯曲儿来。有一阵子，一头像煤炭一般黑、裙毛很长的老牦牛一直走在旅队前面，看起来像是披挂着丧服的战马。

我们又朝西北方走了几天，天气对待我们极端残酷，每天风雪不断，积雪已有一英尺深。土拨鼠的洞穴像陷阱似的埋在雪里，马儿经常因误踩这些洞穴而绊倒。夜里扎营的地方，牲口努力找寻埋在雪地里的稀疏荒草，却总是徒劳无功。

艾厄达特的病情更加严重了，他的双脚变黑，我为他按摩双脚几个小时以促进血液循环，并且拿温水浸泡他的脚部，如此可以减缓痛楚。我们理当为他多停留一会儿,可是粮食已经快吃完,而唯一能供应我们新鲜肉类的又只有猎人艾厄达特;彻尔东的枪法虽然很准,可惜他带的弹匣太少,最后一发子弹射倒一头年轻的牦牛,让我们又多了几天肉可吃。

九月十七日上午我被营地里的嘶叫和嘈杂声惊醒,我即刻冲出去,看见一头熊,它被狗儿追逐着,正在帐篷之间钻来钻去。

两天后,我们回到那片讨厌的泥泞山脉,也就是不久前,我们在东边费尽力气好不容易越过的同一座山脉。一峰骆驼因深陷烂泥巴而跌倒,我们必须将它背上驮载的东西卸下来,然后用力将它的脚一只一只挖出来,再覆上毛毯保暖,假如不这么做,这峰骆驼必死无疑。利用帐篷支柱和绳索,我们终于将骆驼挖了出来,它站在地上,看起来像是泥塑的模型,大伙得用刀子将它身上的深灰色泥巴刮下来。

两个月来,我们没见过一丝人烟,现在离铁木里克还有两百四十英里,我们的主要旅队受命在那里等候我们前去会合;每个人都渴望能尽快到达那里,脱离这片可恶又邪恶的杀人高原。

在一处营地上,艾厄达特病情恶化,因此我们多滞留了一天。彻尔东用艾厄达特的步枪射杀一头牦牛,后来又在营地附近杀了一头羚羊。这时队上的穆斯林用新的疗法为艾厄达特治病,他们剥掉羚羊的皮,把病人脱得精光,然后将仍然温暖的羊皮裹紧艾厄达特的身体。

小狗尤达西封死一只土拨鼠回洞穴的路径，一名手下马上抓住这只小家伙，然后将它绑在帐篷之间的一支棍子上；我们原想驯养这只土拨鼠，希望多一只可以逗弄的新宠物。但这只土拨鼠一直没被驯服，如果把一根棍子或帐篷支柱伸到它面前，它会张口用锋利的门牙把棍子咬掉一大块，每到一处营地它就开始挖新的地洞好逃走，但是每每洞穴还挖不到一英尺深，我们又出发找寻新的营地了。

晚上艾厄达特更加虚弱，他的呼吸急促，脉搏微弱到难以察觉，体温也降得极低，第二天早上我们准备离开时，大伙儿尽可能将他舒适地安顿在骆驼上，正当骆驼作势站起来的那一刻，艾厄达特被晒伤的脸上掠过一片奇怪的灰白色泽，他睁开眼睛，就这样咽下最后一口气。我们默默、哀伤地站在他旁边，他僵直而骄傲地躺在那儿，未瞑目的眼神直勾勾地瞪着西藏的天空。

虽然随从们都希望赶快让他入土，可是我实在无法驱使自己立刻埋葬艾厄达特，他的身体仍有余温；旅队的部分人马已经动身上路，我也让艾厄达特的骆驼起身追随旅队的足迹，这趟旅程弥漫着哀伤与凄恻，没有人开口说话或哼歌，只有铜铃当当作响，仿佛教堂举行葬礼时所敲的丧钟。两只大乌鸦在我们头上盘旋，牦牛、野驴、羚羊凝视着我们，它们比平常靠得更接近，似乎了解荒野的狩猎家已经辞世。

我们停在一座咸水湖附近的小河谷扎营，这里的湖岸未曾有欧洲人涉足。墓穴掘好了，艾厄达特的身体被放入墓穴，底下垫着他的外套，身上盖着他的毛皮毯子，然后我们将土填进墓穴，沉重的西藏土壤落在艾厄达特的胸膛上，他的脸被转向麦加的方向。我们也将他射杀的最后一头牦牛的尾巴绑在坟上作标记的柱子顶端，柱子上钉了一块小墓牌，我写下艾厄达特的名字、去世的日期，以及他为探险队牺牲生命的事实。

　　九月二十四日，每个人都迫不及待地想离开这个被死亡阴影笼罩的幽谷，等骆驼的装载就绪、一切准备妥当后，我们走到艾厄达特的坟墓前，每位穆斯林全跪下来祈祷，然后我们便离开这处伤心地。攀上邻近的山脊时，我从马鞍上回首眺望，牦牛尾巴迎风扑打，艾厄达特在卓绝的宁谧与孤独中永眠；我掉转马头继续前进，艾厄达特的坟墓就此消失在身后。

　　没有草！没有野生动物！一匹马气绝倒地，其他的马儿也都憔悴不堪；骆驼半睁着眼睛走路，仿佛在梦游。我们剩下的玉米只够吃两天，而且还得牺牲一份米粮分给牲口。这天扎营地点标高一万六千八百英尺，夜里我熄灭蜡烛后，帐篷突然猛地裂开来，顷刻间，一阵新的暴风雪夹带漩涡状的雪云卷进帐篷里来。

　　我们一一攀越来时的山脉，只不过上次是从东边，这次改在西侧。有一座山脉拔高耸立在我们的路线上，我们缓缓攀上山口，高度超过一万七千英尺，可是北方的坡度非常陡峭，从

西藏荒地上的艾厄达特之坟

山脊上望下去，坚实的地面似乎已经到了尽头，无垠的太空填满我们的眼前和脚下。河谷里一场暴风雪正在肆虐，雪花沿着山侧翻滚，好像巫婆熬毒药的锅鼎，马儿坐在雪地上直溜下山去，可是骆驼需要小心带领。

在最后一处营地，我们宰杀了最后一只绵羊，感觉上像是谋杀旅队的队友一样。我们继续向北前进，尤达西追上一头年轻的羚羊，并杀了它，因此我们又有口福吃肉了。眼前又得攀越另一个山口，两匹马在半路上倒地身亡，另外两匹在我们到达山顶前也不支气绝；其中一匹是我穿越沙漠到且末、穿越罗布沙漠和古城到六十泉时所骑的小灰马。第二天早上，又有一匹马倒毙在两顶帐篷间。

我们又回到了熟悉的地区。十月八日气温降到零下十八点三摄氏度，队上粮食只剩下六块面包和四天份的白米。我们穿越被花岗岩悬崖包围的河谷，谷地中散列金矿工人留下的物件，大伙儿均徒步前进。第二天晚上又死了一峰骆驼，它勇敢撑到最后一刻，临死仍然很有尊严而听天由命，现在它放弃找到水草的希望，除了一死别无选择。其他的骆驼分食它所遗留下来的驮鞍。

一线生机

河谷向下沉降，我们来到比较低的区域，在标高一万三千三百英尺的位置扎营。我在一块岩石的表层发现雕刻的痕迹，描绘的是猎人手拿弓箭在追逐羚羊；此地还有一座蒙古人用石头搭建的"欧玻"。彻尔东用艾厄达特的步枪猎杀一头野驴，我们再度得救。然而最值得喝彩的事发生在次日早上，穆拉在营地看管吃草的牲口时，见到两位骑着马的猎人，便赶紧向他们打招呼，并把他们带到我的帐篷；八十四天了，我们没有见过其他人类，大伙儿全为这桩巧遇兴奋不已。我劈头就买了他们的两匹坐骑和一小袋面粉，接着我委托其中一位猎人骑马去铁木里克，亲自带我的口信给伊斯兰，命令他速速带粮食和十五匹马前来奥援。我交给这个猎人两个空罐头作为信物，这位名叫拓格达信的猎人说不定会把我已经买下的坐骑偷走，然后消失无踪，可是我信任他，后来证明他也信守承诺，完成我的托付。

十月十四日，我们满怀希望地拔营向东走，因为伊斯兰的救援队伍今天就会与我们碰面了。旅队走了一整天，天色渐渐由灰转黑，但是我们仍然没有停歇。

"远处有火光！"忽然有人大叫。

我们加快速度，因为每个人都饿了；奈何火光却消逝了，大伙儿拼命吼叫，还以手枪发射出几颗子弹，可是没有回应。冷飕飕的夜晚寒冻入骨，我们停留半个小时生火取暖，接着又继续往东走了一小时又一小时，穿越铁木里克和总部所在的同一座谷地。

火光再度出现，我们持续走了一会儿，当火光又消失时，大家已筋疲力尽，牲口也疲惫不堪，它们都只剩下皮包骨了；我猜想也许我们见到的只是鬼火，罐子里还残留一些茶水，我就着茶水吃了一块烤野驴肉充当晚餐。

这里水草和燃料都很充裕，于是我们在这里停留一天，并在附近发现一口水井，由此可见，昨天夜里的火光是想要避开我们的猎人所起。或许拓格达信真的背叛我们了。

稍晚，彻尔东来到我的帐篷，他说好像看到一队骑士正从西边朝我们接近。我带着望远镜冲赶出去，我见到的是野驴吗？还是巫婆在这座被施了魔咒的河谷跳舞？不管是什么，谷地中闪烁的空气让我觉得自己所见是某种离地漂浮的东西，群聚着晃动起伏。但是他们越来越接近，形影越来越大，我看见他们扬起的尘云，果不其然，他们真是一队骑士！确是伊斯兰率队抵达营地，他向我报告总部一切安好，除了十五匹马之外，他还带来一顿丰盛的晚餐，已经挨饿许久的我们很快便狼吞虎咽地吃将起来。昨天夜里，我们取暖的火熄灭之后，他们和我们擦身而过，继续往西走，直到发现我们的骆驼脚印，才修正路线回来找我们。

伊斯兰队伍中的卡德尔是艾厄达特的哥哥，他说有一天晚上，他做梦梦到自己在一片荒野，遇到了我们的旅队，可是旅队里独独缺少弟弟的踪影，他醒过来之后就明白，艾厄达特已经死了，他把这个梦告诉伊斯兰和其他人，我们推算日子，发现他做梦那天正与艾厄达特去世是同一天。我们把艾厄达特的步枪还给卡德尔，也把该给艾厄达特的酬劳交给他，另外再加上艾厄达特的衣服和猎得的牦牛皮所值的钱。

两天之后我们抵达铁木里克，当初出发时所带的十二匹马现在只剩下两匹，七峰骆驼仅存四峰，而艾厄达特也一去不返了。

在铁木里克休息的这段时期内，我利用一个山洞把拍到的照片冲洗出来。十一月十一日，我又展开为期一个月的探险，目标是一座名为阿牙克库木湖 ① 的大盐湖，这次我的随从包括

①　维吾尔语，字意为"下面的沙湖"，位于铁木里克西南方，祁漫山西北麓。

彻尔东、伊斯兰、图尔杜、托可
达、猎人胡达伊、拓格达信，至
于牲口则有十三匹马、四头骡子
和两条狗。

西藏的野生绵羊

　　我为这片不为人知的新土
地描绘地图，新的山口跨越了
这些亘古屹立的山脉。彻尔东
和拓格达信又去猎捕野生绵羊
了，他们瞥见附近有一群野绵
羊，立刻把马拴了，徒步在下
倾坡道上追赶那群羊，可还是给羊群逃脱了。忽然，拓格达信
砰的一声摔倒在地，他抱怨胸口好痛、头也疼。当天晚上他们
两人彻夜留在野地，到了第二天早上才近乎衰竭地返回营地，
从那时起拓格达信就病了，等我们回到铁木里克总部后，我遣
人将他送到婼羌就医，不幸的是他还是失去了双脚，我给了他
一些银子作为补偿，然而这与他的遭遇相比，所能弥补者实不
及万一。拓格达信虽然失去双脚仍然乐天知足，很感谢我的
赠与。

　　托格达信和我在宽广的阿牙克库木湖上进行了几次长途旅
行，以便测量湖水深度，我们发现最深的地方为七十五英尺。
随后我们走另一条新路返回底穆尔里克河谷的总部。

拉萨之旅暂缓

在我们离营期间，来自焉耆地区一支庞大的蒙古朝圣队伍抵达铁木里克，并在那里盘桓数日，队中有七十三位喇嘛和两个尼姑，随队并带着一百二十峰骆驼和四十匹马，另外还有七匹特别美丽的骏马，是准备送给拉萨达赖喇嘛的礼物。这些旅人和通晓蒙古语的夏格杜尔聊了很久，他们对我们的总部显露出高度的兴趣。在准备送给达赖喇嘛的礼物中，还包括一百二十个银锭（约值一千一百英镑）；这笔钱就像以前教徒奉献天主教教宗的税金一样（Peter's Pence），虔诚的教徒必须致赠钱财给藏传佛教地位最崇高的领袖，借此有幸亲睹达赖喇嘛圣颜、握到达赖喇嘛的圣手，并获得他的祝福。这批朝圣队伍携带的粮食有肉干、酥烤面粉和茶叶，他们要翻越高山、跨过唐古拉山，然后顺着那曲河而下，他们准备在那里舍弃骆驼，改骑雇来的马匹继续前往拉萨。根据夏格杜尔的转述，那曲总督要求每个朝圣者必须备妥自己的护照，并且在当地实施最严格的管制，以防欧洲人蒙混其中渗透到拉萨。这支朝圣旅队对我们造成的伤害相当大，我虽然没有对任何随从透露，但早已暗地计划第二年要乔装混进圣城拉萨，现在这批朝圣客抢在我们前头，到了拉萨之后必然会向当局报告见过我们，如此通往那曲的所有道路势必会管制得更为严密。有一会儿，我心里盘算着要带一支轻装马队，从更靠西边的路线抢先朝圣客抵达拉萨，可经过一番仔细思量，我决定选择沙漠古城，放弃拉萨。一六六一年，两名耶稣教会教士格吕贝尔和多维尔曾经造访过拉萨；十八世纪中叶，嘉布遣会 ① 在拉萨建立传教站，还维持了数十年之久，其中最有名的修士要算奥拉齐奥·德拉裴纳和卡西亚诺·贝里嘉提。此外，耶稣会教士伊波利托·德西德里和曼努埃尔·弗莱雷于一七一五年到过拉萨；二十年后，荷兰人范德普特同样来到这里；一八四七年，两位拉扎尔修会 ② 古伯察修士与秦噶哗修士拜访拉萨，并撰文留下记录。一些英国学者和俄国布里亚特人也陆续带着仪器和照相机来到拉萨，因此我们可说相当了解拉萨这个地方。

可是一九〇〇年三月我在沙漠里发现的古城，却是打从开天辟地以来，欧洲人从未涉足过的地方，比较起来，明知有危险还硬要乔装前往拉萨，就变成相当任性的行为，是赌博色彩强烈、锦上添花的冒险。相形之下，有系统的探勘沙漠古城对于科学的重要性更是难以估计，因此我决定利用下一个冬天勘察沙漠，探寻沙漠的神秘遗迹，至于拉萨之旅可以延到明年夏天。在后文的章节中，我会解释这队蒙古朝圣客如何成功地阻碍了我的计划。

---

① 天主教方济会之下的一支修会。

② 天主教修会，又称遣使会。

第四十章
穿越戈壁沙漠

在我的指令下，彻尔东、伊斯兰、图尔杜和几名手下将我们的总部迁移到小镇婼羌，并在那里等候我第二年春天前去会合。

眼前伴随我的是哥萨克骑兵夏格杜尔、穆斯林法伊祖拉、托可达、穆拉、库曲克、荷岱、胡达伊、艾哈迈德，还有另一位与托可达同名同姓的男子，他是个通晓中国话的猎人，为了不和托可达混淆，我们叫他李罗爷。在牲口方面，我们带了十一峰骆驼、十一匹马，还有小狗尤达西、默兰基和默其克，在出发前，所有的牲口都得到充分的休息，体能维持在最佳状态。我的计划是走两百四十英里路，越过乌斯登山与安南坝（东方的山群）之间平行的山脉，然后向北穿过戈壁沙漠，转西走到六十泉，最后由西南取道罗布泊到婼羌的路线，抵达古城。

我们于十二月十二日启程，刚开始几天有些麻烦，因为阿卡多山的狭仄谷地尽是柔软的粘板岩土壤，过去从未有人足登此地，我们希望借道连当地土著都不晓得的狭谷攀上登山山口。

山脉的侧边坡度几乎呈垂直，高度有好几百码，河谷底部干燥得像是火绒，地上连一株草也没有。走在黄色的步道上，骆驼颈上叮当的铜铃激荡出美妙的回音，有好些地方发生土石坍方，不过落石并未阻止旅队的前进，话虽如此，我们仍然有被新发生的坍方所掩埋的危险。谷地越来越窄，最后骆驼背上的包袱甚至刮擦到两旁的峡壁，骆驼努力挤过去，扬起阵阵的尘土。我赶到前面去勘查路况，发现谷地下沉了两英尺，到末端仅余一条垂直的裂缝，连猫都不可能挤过去。

除了撤退折回，我们一点办法也没有，同时还得暗暗祈祷千万别在这节骨眼上发生坍方，否则我们很可能就要葬身此处了。

经过完整的地形侦查之后，我们终于克服这群山脉，接着往东方和东北方穿过路况良好的台地。

除夕夜，也就是这个世纪的最后一夜，天气寒冷却晴朗，月光皎洁如弧光灯，我朗诵了一段瑞典每一所教会在除夕夜都会宣读的文字。我独自一人在帐篷里，等待新世纪的降临。这里除了驼铃之外，听不到其他的钟声；除了持续的风暴怒吼之外，也没有任何管风琴音乐可听。

一九〇一年元旦，我们在安南坝河谷扎营，我决定绕行这整群山脉一圈，幅员广达一百八十六英里。途中，我们惊动了十二只正在攀爬近乎垂直的峭壁的野绵羊，它们敏捷的动作和猴子不相上下。当夏格杜尔设法潜伏到野绵羊的下方时，它们凝视着我们，猎人开了一枪，一头相貌高贵的公羊应声从二百英尺高的绝壁上摔下来，羊角之间已呈扭曲的头颅在着地时撞击到地面，瞬间结束了性命。

深入戈壁沙漠

一星期之后，我们来到布伦艮湖，拜访周边大草原上一些蒙古萨当族人的帐篷村。我们选择经由北方山群回到安南坝，这里的深谷延伸至戈壁沙漠，谷地里散布无数的泉水和冰原，水草也相当丰饶，因此我们选在老柳树下扎营，由于燃料充沛，一点也不在乎天寒地冻；气温现在已经降到零下三十二点七摄氏度。谷地中尚有许多松鸡，我的晚餐因而多了些美味的佳肴。路上我们向两个蒙古老人问路，后来他们还卖了些骆驼和马匹的粮秣给我们；最后我们又来到先前扎营的安南坝湖，再次在此搭起帐篷。

我派遣托可达和李罗爷返回婼羌总部，并将六匹疲惫的马和我收集到的一些标本带回去，此外，我也写了一封信请他们带回去给伊斯兰，命令他派一支补给队到罗布泊北岸，在那里建立一处补给基地，同时从三月十三日起，每天早晚生起营火，因为我们大概会在那个时候从古城出发穿越沙漠。

其余的人则携带六只装满冰块的袋子，启程向北进入荒凉的戈壁沙漠。我们走过广袤高耸的沙丘地，穿越饱经风霜的花岗岩小山，路经泥土沙漠和大草原，最后踏上一条古味十足的道路，唯有靠久经时间锤炼仍然静坐路旁的石头堆，我们才得以辨识出古道的存在。此地偶尔会出现野骆驼、羚羊和野狼。在一片久违的凹地上，我们挖掘一口井，这口井的出水量相当充足，没多久，所有的容器均已注满了水，骆驼和马匹也解了渴。

有了足够人马维持十天的存冰，我们开始向北方出发，准备穿越一座不为人知的沙漠，这里可见到越来越多野骆驼的脚印，沙漠平坦得像是湖泊。过了一会儿，一座台地向上拔高，我们翻过一些遭风霜磨蚀的低矮山脊，此处看不见一滴水，即使挖掘也徒劳无功。于是旅队转往西南方和西方，凭借罗盘的指引朝六十泉前进。

接下来的一星期，我们走了很长一段路。记得去年带领我们前往六十泉的老友阿卜杜勒曾经提过，在六十泉的东边有三个咸水泉；现在骆驼已经十天没有喝水，这期间，它们只凑着一个罅隙吃了几口雪。二月十七日，我们的处境开始变得岌岌可危，大家迫切地想寻找阿卜杜勒所说的咸水泉，这一天和接下来的一整天，我们辛苦搜寻水源却毫无所获，连台地也开始与我们作对，脚下的泥土沙漠被风刻蚀成深二十英尺、宽三十五英尺的深沟，两旁尽是漫长而近乎垂直的泥土坡脊；这些深沟从北向南延伸，在我们跨越这些障碍之前，必须漫无止境地走着。扎营时，由于找不到任何一根柴火，我们只好牺牲帐篷支柱了。

二月十九日，骆驼已经十二天没有喝水，再找不到水，它们恐怕是性命堪虞。我率先动身，马儿跟在我身后像条小狗似的，尤达西陪我一起走。眼前出现的一条低矮山脊迫使我绕到西南方向，我走到干枯的山脚下，发现沙质的底部有将近三十峰野骆驼的新脚印，尤其右边地形开展成一条小峡谷，所有的骆驼脚印都在那里呈辐射状散开，仿佛一面展开的扇子，那里一定有口井！我往峡谷里走，很快就在地上找到一大块冰，约有四十英尺长，厚度为三英寸，骆驼终于得救了！骆驼进入谷地之后，我们把冰块敲成小碎块喂给牲口，它们咬嚼冰块的样子和吃糖没有两样。

接下来几天，我们又发现其他两口井，井边还环绕着芦苇地，最后一口井附近有十峰野骆驼正在吃草，夏格杜尔悄悄接近它们，可惜射程太远，骆驼听到枪响即像风一样，一溜烟消失得无影无踪。

追寻历史遗迹

我们预计在二月二十四日抵达六十泉，目前距离还有二十八公里。这个小绿洲应该在西南方六十度之处，因此第二天早上我很有自信地向手下保证，天黑以前，我们将可在柽柳与芦苇密生的六十泉扎营。

强劲的东北风适时助我们一臂之力，不过强风卷起的尘雾却遮天蔽地。如果我们错过了小绿洲怎么办？我朝着沙漠里的某个定点前进，可是尘云却阻碍了我的视线。

　　现在我们已经走了二十八公里，我开始担心绿洲已经和我们擦身而过，这时我隐约看见一些东西，有个干草黄的东西在我正前方发光，那是芦苇！还有十四峰骆驼！我停下脚步，夏格杜尔则悄然掩近野骆驼，他成功撂倒了一峰年轻的母骆驼，当我们走过去时，它仍然倨傲地站立着。夏格杜尔还击中一峰较老的公骆驼，我们利用几天时间处理它的骨骼，这套完整的野骆驼骨骼至今仍陈放在斯德哥尔摩高中的动物博物馆里。

　　根据我的估算，我们距离六十泉为二十八公里，可是后来证明应该是三十一公里，这项误差（每一千四百五十公里误差三公里，也就百分之零点二）并不算太离谱。

　　在这段艰苦的跋涉之后，我们放纵自己好好休息了一番，尔后，我留下一个随从、所有马匹和几头疲惫的骆驼，让他们在草区多停留一会儿，至于旅队其他成员和我自己则继续朝南方走；我们带走了所有的行李和九只装满冰块的袋子。

　　三月三日，我们在一座泥土塔楼的基部扎营，这座塔楼高度为二十九英尺。我们把冰块放在一条土坡的阴影下，然后调遣一名手下带着所有的骆驼回六十泉，预计六天之内，它们将装载更多冰块返抵我们现在的地点，我们允诺在第六天生火充当引路的指标。

楼兰一间屋舍的遗址

　　现下我们可说与整个世界完全隔绝了，我觉得自己宛如
睥睨天下的帝王君临首都一般，地球上再无他人知道这个地方
了。不过我得好好把握这段时间，首先必须为这地方作天文定
位，然后描画营地附近十九间屋舍的平面图，我提供十分吸引
人的悬赏金额：第一个发现人类笔迹（形式不拘）的随从可以
获得赏金。我的手下们只找到毛毯破片、几块红布、棕色的人
发、靴子底部、家畜的碎骨头、几节绳子、一个耳环、中国钱
币、陶制器皿的碎片，以及一些零零碎碎的东西。

　　所有的屋舍几乎都是木制的，墙壁则是用一束束的柳枝糊
上泥巴构筑而成，有三处地方的门框依然挺立不倒，还有一扇
门是敞开的。一千五百多年前，古城里的最后一位居民推开门

扉离去，自此之后，这扇门想必就保持这样的姿态至今。

夏格杜尔成功找到去年奥迪克所发现的地方，也就是奥迪克为了找回铲子意外发现的遗址。我们还找到一间佛寺遗迹，当年它一定是一栋美丽的建筑。这座古城原本位于旧罗布泊湖畔，后来由于库鲁克河改道，罗布泊便向南迁移；无疑地，佛寺伫立在一座园林中，而园林南方正是罗布泊延伸过来的宽阔水域，那时到处都看得到屋舍、塔楼、墙垣、花园、道路、商旅和行人，如今整座古城里则只有死亡与沉寂。

我们的挖掘颇具成果，发现的遗物包括一尊三英尺半高的佛祖立像外框、刻有佛祖盘坐姿势的水平壁饰、雕琢极富艺术色彩的佛祖立像的木柱、木刻莲花与其他种类的花朵饰品。此外，我们也找到一些不完整的半身像，全部是木雕，而且保存得很好。夏格杜尔终于拔得头筹，找到一小块镌刻有印度佉卢文 ① 的木板，赢得赏金；我答应接下来若有类似发现也能领赏，因而手下全都卖力

楼兰一座古寺庙的木板雕饰

① 起源于古代犍陀罗，后流行中亚地区的文字。

挖掘，直到荒野上的最后一丝日光隐没为止。

　　几天过去了，每天黎明我们即开始工作，在每一间屋子里进行挖掘，最后只剩下一间被太阳烤干的泥巴屋，形状像马厩，里面有三道秣槽向外开展。穆拉在最右边的秣槽里发现一张纸，上面写有中国表意文字，因此获得了赏金；这张纸埋在两英尺深的沙尘下。我们往更深的地方挖掘，用手指把沙子和尘土过滤掉，结果一张又一张类似的纸片接连出土，总共三十六张，每一张上面都有文字；另外我们找到一百二十一根小木棍，棍子上镌满篆刻的铭文。除了这些古老文件之外，我们只找到一些破布、鱼骨头、少许麦子和米粒，以及一小张卍字形设计

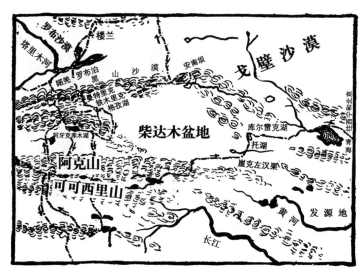

西藏东部与戈壁沙漠区域图

的地毯，色泽还相当鲜明，我推测，它很可能是世界上最古老的地毯。我们所找到的东西看起来像垃圾堆，可是我有个直觉，它们对于世界历史的梳理必定具有若干程度的贡献。其他两个秫槽并没有埋藏任何遗物，截至我们所定最后期限三月九日这天，我绘制完成屋舍的平面图和测量工作，也详细勘查一座仍相当坚固的泥土塔楼。发现物当中有两支笔酷似今天中国人写字用的毛笔。其他还包括一只完整的陶土罐，高度二又三分之一英尺；另一只小一点的罐子，以及大量的钱币与各种小东西。当地仍然屹立的一间屋舍，其柱子丈量所得的高度是十四点一英尺。

黄昏时分，两名手下带着所有的骆驼从六十泉回来，他们同时带回十个袋子和六只充气羊皮，里面灌满了饮水。太阳在西方沉入地平线，我们在古城的工作至此画下句点。

第四十一章
沉睡之城楼兰

　　若要详尽描写楼兰和我侥幸在楼兰遗址的发现，恐怕得用上一整本书的篇幅，可是在此仅能挪出几页来叙述这座沙漠里的古城。

　　回到瑞典的家中，我把发现的所有手稿和遗物交给德国中部威斯巴登市的卡尔·希姆莱先生，他发表了首篇关于这些历史遗物的报告，指出这座古城叫作楼兰，公元第三世纪时相当繁荣富庶。希姆莱去世后，这些遗物转交到莱比锡的 A. 康拉迪教授手中，他不仅将所有文件翻译出来，最近更出版了一本专书讨论这些发现。①

　　手稿中最古老的是史书《战国策》的部分书页，年代为东汉（公元 25—220）。中国人是在公元一〇五年发明纸张的，由此推算这部分手稿的年份应该是在公元一五〇年至二〇〇年，

---

　　① 《赫定于楼兰发现的中国手稿与各式碎片》，全书一九一页，五十三张全页的中国手稿，其中有些是彩色插图，出版者为斯德哥尔摩的瑞典陆军参谋部印刷所。——原注

可谓现存最古老的纸张和最古老的纸张手稿，这比欧洲最老的纸张手稿至少早了七百年。

至于其他纸张和木简上的文字，则是公元二七〇年以后才完成的，其中有许多押有日期，因此可以确知文件的完成年代；这些文件是当时中国通用的公文体裁和书信体裁，内容包括行政、商业、报告、产品、农业、军事组织、政治和历史事件、战争等主题，清楚呈现出一千六百五十年前楼兰人生活的样貌。

写在纸上的信件折叠起来，上下各用一片木片夹住，再以绳子系紧木片，外面写上寄信人某某缄的字样。

木简上的文件包括兵部、仓场（粮食局）、邮递单位所写的书信、报告、告示与收据，这类木简同时用以象征官府的权威。从发现的两支毛笔可证明，中国人早在公元二世纪就开始使用这种文具了。

为了让读者明了一千六百五十年前的人们写些什么，我在此抄写两段康拉迪教授的译文。

在私人信简上写着：

超济白超等在远弟妹及儿女在家不能自偕乃有衣食之乏今启家诣南州（？）彼典计王黑许取五百斛谷给足食用愿约敕黑使时付与伏想笃恤垂念当不须多白超济白

收到悲伤消息后的回信：

阴姑素无患苦何悟奄至祸难远承凶讳益以感切念追惟剥截不可为怀奈何

由一小片木简上的文字，可知罗布泊和流入该湖的河流：

吏顺留……为大溪池深大又来水少许月末左右已达楼兰

沉睡之城——楼兰

我们在楼兰挖掘到的小东西包括许多钱币，这项发现弥补了过去阙漏的魏晋钱币制度，其中一枚钱币的铸造年代是公元七年，另一枚为公元十四年，也就是耶稣基督在世的时候。

出土物还包括：猎箭、战箭和火箭。所谓火箭，指的是"可以点火"的箭镞；渔网用的铅锤和石锤；钱贝；耳坠；项链；一只雕有希腊神话中赫耳墨斯像的

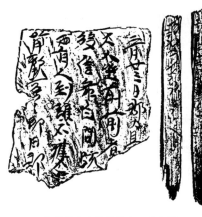

在楼兰出土的纸张和二片木简

古董宝石；产自叙利亚或罗马的玻璃；铜制汤匙、镊子、发簪；一条铁链；木制汤匙和其他木制品；几块各式色泽的丝绸；一条床罩；一张羊毛地毯；麻布；鞋子等。

从书简和物件本身看来，楼兰官府拥有自己的仓库，当地还有一间客栈、一家医院、一栋主管邮递事务的建筑、一间寺庙、私人住宅，以及穷人住的草棚；和罗布地区的现代芦苇草棚一样，这些不经久的古代草棚必然早已化为烟尘。遗物中不乏外来品，特别是当地人民使用的中国丝绸，更证明楼兰的人口众多。在较为讲究的屋子里，坚硬的陶土地板上铺着芦苇草席，上面再垫一层珍贵的羊毛地毯。大型陶罐立在院子里，用来盛装家居用水；当地人们使用的碗盘上雕饰印度和波斯风格的狮子头像；至于玻璃则来自叙利亚，它是当时世界上最接近楼兰的玻璃生产国。

楼兰受教育的阶级拥有著名的文学作品。根据康拉迪教授的说法，楼兰盛行的文化糅合了野蛮、中国、国际等三种特色，现代感十足。楼兰城因地处前线要塞，是古代亚洲心脏地带的门户，也是防御堡垒，屹立于伟大的丝路上，向东通往内地，向西可达波斯、印度、叙利亚和罗马。远近旅人竞相前来。农人收割完农作物便装上牲口和马车，运到楼兰让官府照价收购。这里官兵领的军饷都是谷物，他们也会到当地市集采购毛毡裁制冬衣。有时楼兰城里人声鼎盛，所有的客栈都住满了客人。

文件里还提到：逃税者及其惩罚、邮递信差、御史大夫马大人带着扈从出巡的情景、游牧民族如何为患的敌对状态、买卖丝绸的商旅（他们头上飘扬着官旗，用吃苦耐劳的西藏驴子驮运商品）、征战的细节（骑兵、长枪手、弓箭手、战车、攻城与防守的器械）、军队补给队伍、各式各样的武器、军营统领、将军、将军参谋、检查战车的督察、检查军品补给的督察、军医和其他官员等等。由于楼兰的地理位置特殊，中国政府在这里屯驻重兵。其中也述及文官制度，包括丞相、州太守、书记、县令、都水使、治栗都尉、驿站总办和四个特派员、掌管不同仓房与驿站的官吏、各级御史等。其他见诸文件的尚有法令执行、刑事法则、税捐、居留权、征幕、通行令、以谷物交换丝绸（虽然当时已有固定的钱币制度）等，以及许多林林总总的事物。

康拉迪教授指出，楼兰的社会组织和行政机制极为精确而有效率，显示在公元三世纪之前，已经有长达数百年，不，应该是数千年的进化过程。

但从楼兰出土的书简也可以很清楚看出，城里城外弥漫一股动荡不安的气氛，严重的动乱和战争显现在文件里。当时中国政府在此地的统治结构已经松动，且濒临瓦解，楼兰的紧张情势一触即发。在一封书信上甚且指出战事将近，汉人因为内部的党乱导致势力削弱，外蛮趁势坐大，终至四分五裂，因而被外族征服者统治了数百年之久。

楼兰没落的时间为公元四世纪初，象征了中国本身的衰败。

正如康拉迪所言，这处小小的遗址见证了一场意义非凡的悲剧，像是一座纪念碑。而我所发现的书信中，作者用他们的一笔一画，为这些历史事件留下丰富的记录。

然而，楼兰的官吏并未逃避自己对国家的职责，即使整座楼兰城笼罩在阴霾之中，每个人仍旧恪守本分。当城墙外的战鼓擂起，塔楼上烽火冲天之际，他们依然坚守岗位，处变不惊地写完他们的报告；他们循礼寄发贺年书简、悼唁信件给友人，不容许迫在眉睫的危险干扰到正常作息。当我们阅读这些书信时，不禁对这些中国人尽忠职守的毅力和勇气肃然起敬，也深刻了解到，何以亚洲一直掌握在这个了不起的民族手中。

这样的评语绝非来自幻想或神话，而是赤裸裸的事实。这些在泥沙中沉睡了一千六百五十年的书简还传达了一项讯息：当年写下这些文字的人曾经有过的烦恼、悲伤、欢乐，都将长存于人世。

发现楼兰意义非凡

楼兰与庞贝古城 ① 呈现出相同的实体论，这从我们发现出

---

① 意大利西南部坎帕尼亚那不勒斯省一座已毁的古城，位于维苏威火山南山脚下，那不勒斯东南二十公里。公元六十三年被一次强烈地震所毁。公元七十九年维苏威火山的强烈喷发，使得整个城市覆盖上一层六七米的火山和浮石。从十八世纪开始进行考古挖掘，已显现一座椭圆形的城市。

自儿童手迹的算术演练可以证明，如"2×8＝16，9×9＝81"之类简单的笔算乘法表，即是其中一个例子。

康拉迪称楼兰书简的故事为一幅田园风景，可视为抗衡世界历史蛮强、黑暗背景的类型图像。

我在描述发现前两座沙漠古城时曾经指出，我个人不是考古学家，因此能把这些出土文物交到康拉迪教授这样的专家手中，着实值得庆幸，他的诠释百分之百证明了发现楼兰的重要性。在我一九〇〇年初访和一九〇一年重访楼兰之后，陆续有人前往楼兰挖掘，更足以确认其事实。例如：一九〇五年的美国地理学家亨廷顿、一九〇六年的斯坦因爵士，以及一九一〇年的日本橘瑞超博士；后来斯坦因又分别在一九一四和一九一五年两度造访楼兰。这些学者当中尤以斯坦因爵士最为重要，他的三次楼兰之旅使我的发现得以发扬光大；由于得到我所绘制的地图相助，旅行者仍可在沙漠中央找到楼兰遗址。因此斯坦因在他的巨作《西域》（第一册）里有这么一段描述：

我也感谢赫定博士绘制的卓越地图，虽然与我们的路线有若干出入，而且完全缺乏指引地标，但这些地图使我们准时抵达遗址，一天也未延误。后来我们也针对这些地区进行平板仪测量，经由天文观测与三角测量验证地图方位，远达且末西南方的山脉。在完成比对之后，我极为感激，因为我发现赫定博士对此处（楼兰）的地理定位与我们的测量结果相去极微，只在经度上差距一点五英里，至于纬度更是完全符合。

《地理杂志》（一九一二年，第三十九期，第四七二页）上有位评论家称我的楼兰之旅为"地理科学上真正的胜利"。

至此读者应可理解，我何以认为完整的楼兰（我的梦中之城）探勘比前往拉萨重要，直到今天，我仍喜欢幻想楼兰在公元二六七年左右的耀眼风光；同一时期的欧洲，正是蛮族哥特人攻击雅典，却被历史学家德克西普斯 ① 击退的年代，也是罗马皇帝瓦莱里安 ② 成为波斯大帝沙普尔阶下囚的时候。

我还记得，当我发现现存瑞典古时的如尼石刻中，没有任何一颗年代比我在楼兰发现的脆弱木简或纸片更古老时，那惊异之情莫可名状。当马可·波罗于一二七四年穿越亚洲，完成著名的中国之旅时，这座城市已经在沙漠里沉睡了一千年，被人们所遗忘。一转眼，马可·波罗的伟大旅行已经过去六百五十年，可是楼兰的幽灵却在此时重见天日，古老的文件和书简为逝去的岁月与人类神秘的命运点燃新的曙光。

---

① 德克西普斯（约 210—275），希腊将军兼历史学家，公元二六七年成功击退蛮族入侵希腊，曾撰写罗马与哥特的战争史。

② 罗马皇帝（253—260 在位），与波斯交战时被俘，后死于狱中。

第四十二章
重返西藏高原

　　三月十日，我将旅队分成两组，自己带着夏格杜尔、库曲克、荷岱、胡达伊和四峰骆驼上路，其中一头载运所有行李和八天的粮食，另外三头则驮载冰块和芦苇；另外一组由法伊祖拉率领，带着旅队的其他成员，以及骆驼、马匹和所有沉重的行李，连同在楼兰挖掘到的所有文物，准备从西南方穿过沙漠，抵达罗布泊沼泽，最后与我们在阿不旦会合。

　　我打算带一支准尺和望远镜去测量沙漠，将北方的凹地准确描绘在地图上。我和三名随从徒步出发进行测量，胡达伊则领着四峰骆驼跟随我们，到黄昏扎营时他们刚好可以与我们碰面。可是，当天我们完成工作后，胡达伊却失踪了，夏格杜尔走回去找他。晚上，我们生起一大堆营火作指引，不久胡达伊出现在营地，原来他迷失方向，后来又被法伊祖拉的营火误导，走到西边去了。第二天早上刮起一阵凶猛的沙暴，这会儿轮到夏格杜尔不见了，不过到中午他奇迹似的顺利返回营地。

　　接下来几天，我继续进行水平测量的工作，只是经常被沙暴阻挠。尽管风力形成许多深沟，沙漠几乎还是平坦一片。到三月十五日，我们测量了九英里距离，高度往下降了一英尺，位置上已经接近罗布泊；我们先前与托可达约定，他自三月十三日起在罗布泊北岸保持营火燃烧不断，可是我们到现在仍然找不到。三月十七日，我们平安抵达湖岸扎营，在这段八十一点五公里的距离中，沙漠的地势沉降了二点二七二米，换算成英制则是在五十英里内下降七点五英尺。在沙漠的北部区域，我确实证明了这里曾经存在过一座湖泊，在这处凹陷的地区仍然可见芦苇残株和贝壳，过去楼兰就是位于这座湖泊的北岸，如此看来，中国的古代地图，以及李希霍芬男爵根据这些古地图所提出的理论都是正确无疑。

我们的下一项任务是找到托可达和他的救援队。因为我们的粮食补给快告罄，库曲克只好在湖边钓鱼，可惜运气不佳，所幸夏格杜尔每天都射到野鸭，救了大伙儿的性命。营地一安顿好，我立刻派遣荷岱沿着湖岸朝西南方去寻找托可达的队伍。这天晚上刮起一场激烈的风暴，而且持续了两天三夜，这期间我们依旧痴痴地等待，直到三月二十日才决定拔营向西南方前进。

没走多远，我们就在一大片水泽前停下脚步，这里曾经是寸草不生的沙漠，现在却必须绕路才能经过新形成的湖面。我们两度看到荷岱的脚印，他还在一处地方游泳渡过湖水歧出的支流。

三月二十三日，我派夏格杜尔出去搜索，过了一会儿，我们看见他现身在远处，并招呼我们快过去，等我们赶到时，他指向西南边，嘴里喊着："骑士！骑士！"我们隐约可见两个骑马的人隐在一团尘雾中，正快马加鞭地奔驰而来。

患难伙伴回归旅队

我们停在原地等候，来人让我惊喜万分，原来是去年夏天曾伴随我探险的哥萨克挚友切尔诺夫，由于亚俄边界的骚乱，他与同袍西尔金奉塔什干总督的命令返回喀什，他的意外出现其实已经解释了一切：四位哥萨克骑兵是沙皇亲自调派给我的，塔什干总督无权调回任何一位。当时，我写了封信向沙皇抗议，切尔诺夫和西尔金回喀什之前，我把这封信托他们带回去，不久沙皇收到我的信，便发电报给彼得罗夫斯基总领事，要求他立即将西尔金和切尔诺夫遣回我的营地。切尔诺夫告诉我，那个星期六下午，他们一接到命令心中无比喜悦，这下子，他们可以重返亚洲心脏地区回归我的旅队。他们两人要求星期日再出发，可总领事说沙皇的命令不容延误，因此两人立刻套上鞍辔，带着给我的信件、照相机、玻璃照相版和二十七个银锭出发；在他们到达婼羌时，托可达已经在那里了，伊斯兰于是组织救援队，由切尔诺夫与托可达领队前来罗布泊北岸找寻我的下落。

切尔诺夫与托可达携带大批物资，浩浩荡荡顺着湖岸前进，直到被新形成的水体挡住去路为止，他们在那里搭建草棚和补给站，还养起绵羊和家禽，建造独木舟和捕鱼网，俨然一座生气蓬勃的农场在孤寂的湖岸诞生。每天晚上，他们固定在一个山坡上生起巨大的营火，可是氤氲的霭气太重了，我们一直没有见到火光。有一天，荷岱突然出现在他们营地里，他整整五天没有吃东西，人已经饿得半死，于是他们要他带路，立刻前来寻找我们。

现在他们总算找到了。再次看到切尔诺夫令我欣喜若狂。他们的袋子里装满所有的好东西，连我的家书也在其中；当时我们虽置身中国的一个省境，可是已经发生一年的义和团事件，却是通过来自斯德哥尔摩的信件才知晓。

我们集体前往阿不旦，踩过了法伊祖拉的足印，发现一头死马，从留下的迹象判断，已经断粮的法伊祖拉和同伴必定曾取食马肉解饥，而从阿不旦到营地总部婼羌只有三天路程。

接下来的时间主要是工作与准备，我们租下一间怡人的商旅客栈，我的毛毡帐篷就搭在客栈花园里的桑树和李树下，婼羌总督詹大锣赠送我一只驯养的鹿，平日在花园里走来走去。马厩的秣槽边站满了一排排的马匹和骡子，我们原本已经有十八峰骆驼，这次又新购二十一峰，不过有三峰是小骆驼。其中最小的一峰出生只有几天，连站都站不稳，它很快就变成大家的宠物，后来不幸葬身西藏，而另外两峰小骆驼早已捐躯许久了。

我们采购的补给可以维持十个月——白米、面粉、酥烤面粉是主要粮食，一袋袋食物安装在轻巧的驮梯上，如此即可轻而易举地固定在骆驼的驮鞍上。我们携带了充足的毛皮取暖，也为牲口带足御寒的毡垫。

我冲洗出很多相片，也写了许多信件，最长的一封是写给父母亲的家书，洋洋洒洒长达两百六十页。我同时写信给瑞典国王、俄国沙皇、诺登斯科德（他在过世前几天收到这封信），以及当时的印度总督寇仁勋爵 ①。所有搜集来的标本都打包装箱，包括楼兰寻得的文物、骨骸、矿物、植物等，整整装满八峰骆驼，我命伊斯兰和法伊祖拉负责押送到喀什；五月五日，他们在呼啸的沙暴笼罩下出发。

几天之后，旅队大部分人马在切尔诺夫和图尔杜的带领下离去，他们带了大约二十五名手下，随后在阿不旦添购五十只绵羊，再取最好走的路线前往阿牙克库木湖西岸。这支旅队是我探险以来规模最大的一支，当队伍从婼羌出发，看起来极为壮观，叮当的铃声不绝于耳。但这支旅队只有五分之一牲口活着抵达拉达克 ②，到达最后一站喀什时，更是一只牲口也不剩。

我们向布卡拉来的商旅领队多弗雷雇用七十头骡子，用它

---

① 乔治·寇仁（1859—1925），英国政治家，曾在亚洲多处旅行，担任过英国国会议员，内政次臣和印度总督。
② 喜马拉雅山和喀喇昆仑山南麓的山脉区，历史上是中国西藏的一部分，现绝大部分由印度控制。

们来驮载旅队牲口吃的玉米，这些骡子将跟随图尔杜的小队，然后在两个月内折返，因为那个时候玉米也该吃完了。多弗雷则和另外十个人抄近路前往山区。

为了安排一切事宜，我在休息期间反而忙碌不堪；访客不断上门来，其中兜售牲口和粮食的商人不在少数。有位小绅士经常到我的毛毡帐篷来串门子，他是詹大锣六岁大的儿子，一个很讨人喜欢的孩子，彬彬有礼、举止合宜，很合乎中国礼教的标准；他送我一些蜜饯，还为我的坐骑带来苜蓿草。有一天夜里，我得知他染上天花死了，内心感到悲痛与遗憾，他那哀伤的父亲从远地赶回来，没想到儿子却在他回家前一天咽了气。

庞大的旅队已经启程，留下来陪伴我的只有西尔金、李罗爷、穆拉等人，院子里的马也只剩下十二匹。八条狗跟着旅队，只有尤达西跟着我，不久前还喧嚷有生气的院子，如今空寂萧条，仿佛被人遗弃了一般。

筹备拉萨之旅

在抵达婼羌后不久，我交付夏格杜尔、彻尔东和两位具蒙古血统的布里亚特地区的哥萨克骑兵一项重任，要他们骑马到焉耆去买几套蒙古人的装束，从衣服、毛皮、帽子、靴子，到行李箱、烹饪用具、罐子等，一样也不能缺，而且所有的东西都必须是如假包换的蒙古货，还要足够四个人穿用。采购这些东西全是为了我的旅行计划——我准备乔装蒙古人混进拉萨。另外，他们还要设法雇用一位通晓西藏语言的喇嘛，以便充当我们的翻译；我期待他们能在一个月内完成任务归来。

结果，他们的表现远超乎我的预期，夏格杜尔回来时荷包还剩下一半的钱，因为不需要这么多。五月十四日，他们带着所有的蒙古装备回来，同行的尚有从乌兰巴托来的喇嘛薛瑞伯，他二十七岁，身穿红袈裟，肩搭一条黄带子，头上戴着一顶中国小帽。我们俩一见如故，立刻结为朋友，因而马上开始蒙古话的课程，可是我时时忘记刚学到的字句。喇嘛向夏格杜尔描述拉萨的奇闻趣事，他曾经在拉萨念过书，很渴望旧地重游。

夏格杜尔还带回我们的好朋友奥迪克，他央求我带他一起去西藏，至于彻尔东，他很快就加入庞大的旅队行列。

五月十七日，一切准备就绪。前天，有一团从塔尔巴哈台山①来的蒙古朝圣客抵达婼羌，一行共有十人，他们的目的地是拉萨，在得知我们也正要去西藏高原时，每个人皆脸露狐疑；这些人和去年的朝圣客一样，注定要破坏我们的大事。正当我和西尔金、夏格杜尔、穆拉、李罗爷、薛瑞伯喇嘛，连同一名向导带着十二匹马和十头驮运玉米的骡子准备上路那天，这群蒙古朝圣客恰好路过，一双双眼睛紧盯着我们不放。

我们往婼羌河谷的上游前进（我从来没有走过这条路线），

---

① 是新疆西北与俄国的界山，位于塔城北方。

将新疆的酷暑远远抛在身后，翻过一条难走的山口，很快又回到西藏高原，在那里迎接我们的是胆怯的野驴、蓊郁的森林，以及从天空飘降的白雪。我们在一处谷地里遇到十八个牧羊人，便向他们购买十二只绵羊，顺道雇了新的向导。

有一天，大伙儿在休息之际，我向薛瑞伯喇嘛透露我要前去拉萨的计划，他非常吃惊，因为带欧洲人去拉萨的喇嘛是要砍头的，如果夏格杜尔在焉耆时向他说明白，他绝对不会加入我们的旅队。我告诉他夏格杜尔是奉命不得泄露计划，一切行程都必须保密。接下来，我们整整花了一天的时间在商量这件事，最后薛瑞伯喇嘛同意和我们一起走到阿牙克库木湖，如果他愿意，可以从那里返回焉耆，不过届时他必须告诉我他的决定是什么，而且不论发生任何事情，他都是完全自由的。

六月一日我们抵达阿牙克库木湖左岸，在那里停留几天等候我们的庞大旅队，由于他们走的路线比我们远得多，至今音讯杳然。六月四日，薛瑞伯喇嘛瞥见一大队人马，共分六支小队，现在已经来到东北边的山脚下；没错，远处深色的线条逐渐扩大，两位哥萨克骑兵一马当先，他们向我报告旅队一切平安，紧接着是骡队姗姗步入营地，而不远处骆驼颈上晃动的铜铃声也越来越清晰。接连抵达的是布卡拉的多弗雷和七十头驮载玉米的骡子。途中有一头野驴插进他们的队伍，幸好多弗雷及时发现不对劲，使得野驴像惊弓之鸟似的一溜烟逃进沙漠。马儿和五十只绵羊也逐渐走近，在这一大群牲口当中，第二年随我进入喀什的只有一只来自库车的领头羊，我管它叫凡卡，其他的绵羊都以凡卡马首是瞻；就一只绵羊而言，它所展现的权威和自信是很罕见的。

我们的营地气势壮观，尤其晚上营火照耀整个湖岸时更加美丽。我将多余的人手遣回，因为人马越少，消耗的粮食就越少，时间相对地可以撑久一点，虽然如此，留下来的人数已足够为营地生活带来丰富的色彩与多元性。随从当中以穆斯林占大多数，与他们混在一起的则有布里亚特哥萨克骑兵（信奉藏传佛教）和信奉东正教的哥萨克骑兵，还有一位则是着鲜红色袈裟的薛瑞伯喇嘛。至于所有的牲口里，最受瞩目的是三峰小骆驼和绵羊凡卡；那只驯养的鹿已经死亡，我们尚留着它的骨骸。先前在婼羌我们买了一峰俊美的大骆驼，一八九六年沿克里雅河旅行的那一次，它就已经加入旅队，是我特别偏爱的一员老兵。

屋漏偏逢连夜雨

一旦集合起来往南前进，我们的旅队看似一小支准备发动侵袭的军队，人人均负有个别的任务，哥萨克骑兵则负责维持旅队的严整纪律。营地分配图已经作好规划，每天旅队就根据这份扎营计划执行，好似当年希腊史学家色诺芬随军出征的情况。营地里休息的骆驼排成众多长形列队，图尔杜和他手下的帐篷就搭建在它们旁边；不远处是厨房，彻尔东在那里为我准备餐点；西尔金、夏格杜尔、薛瑞伯喇嘛三人共享一顶小毛毡帐篷。薛瑞伯是个神学博士，他唯一的任务就是当我的老师，但只要有需要，他总是多尽一份力。切尔诺夫和彻尔东所住的小帐篷紧邻我的营帐；我自己的帐篷位居整个营地的最侧边，由小狗尤达西和尤巴斯担任警戒工作。薛瑞伯喇嘛在阿牙克库木湖畔下定决心，他声称愿意跟随我到天涯海角。

我们再次来到阿克山，跨越那片湿滑的泥巴地，把所有的牲口累得半死；有两峰骆驼走得筋疲力尽，还有一峰远远落在队伍后面，硬是留在一片草地上，不肯再走一步。也许多弗雷正暗自盘算着，当他和骡子打道回府时，如果这峰骆驼还活着，他就可以据为己有；不过他的胜算不大，因为有一天九头骡子相继暴毙，还有一天甚至死了十三头。

一天晚上，我们扎营在一座河谷入口处，地上结了厚厚一层冰，当营地安顿好了，切尔诺夫指着冰层的方向说："有一头熊正朝营地走来。"

我们随即把所有的狗拴紧；果然，一头熊蹒跚走过冰层，看起来又老又疲惫，中途停顿了好几次，然后走到冰层边缘，一步步笔直地走向死神。哥萨克骑兵早已埋伏好，三声枪响之后，老熊仓皇窜逃，迅速跑过帐篷爬上一处山坡，这时又传来两声枪响，这次老熊直接滚到山脚下。这只熊的牙齿有着很大的蛀洞，生前想必牙痛得得厉害。显然它刚吃下一只土拨鼠，因为它的胃里躺着一只连皮带肉的土拨鼠，土拨鼠的毛皮朝内卷成球状，看来老熊一口就把这只猎物吞进肚里了。我们和过去一样，保留了熊的骨骸。

接下来几天路况更糟，我们不断派人先到前面探勘；沿途水草少得可怜，冰雹夹带雪花打在我们头上，从西方呼啸而至的风暴更是席卷整片西藏高原。旅队中有一峰骆驼本性堪称乐天知足，却有个拒攀陡坡的顽固习惯，我们称它"山口世仇"，即使众人合力将它推上坡，它仍死硬不动如山，因而严重耽误旅队的进度，后来我们不得不抛下它不管。

我告诉布哈拉的多弗雷，现在他可以带着幸存的骡子回去，为了减轻留下牲口的负担，我送给他相当多的粮秣。

在攀登阿卡山标高一万七千英尺以上的山口之前，我们来到山口下毗连的谷地，截至目前已经有五峰骆驼脱队，等到我们往山口攀爬时，一阵空前狂烈的暴风雨开始袭击我们，首先是嘈杂的冰雹，接着是遮天盖地的纷飞大雪，让我们伸手不见五指，除了眼前摇摇摆摆的骆驼之外，我什么也看不见。隔一阵子就听到一声惊叫："又一峰骆驼累倒了！"然后大家只有眼睁睁看着这峰骆驼和它的驭手落在队伍后面，在漫天旋转的雪花中，隐然似一个幽灵。

我和薛瑞伯喇嘛先骑到山口顶，负担沉重的大队才缓缓踯躅而来，我们等到整批队伍通过，发现三十四峰骆驼中只有三十峰顺利登上峰顶，其他的不是力竭而死，便是被我的手下杀死以助其解脱痛苦。

由于骆驼的伤亡，使得存活的牲口负担加重，于是我们任由它们吃玉米，甚至拿白面包喂食两峰小骆驼；旅队的成员也不断有人生病，我拿奎宁让他们服下，药到立刻病除，因此药箱是每次扎营时必须的用品。在西藏高原旅行万般艰苦，毕竟，我们走的可不是野花斑斓的小径。

严禁猎杀行为

六月二十六日，我们扎营的湖畔正好是一年前的营地位置，去年残留的炭火痕迹依然明显，结冰的湖水至今未消融；不过气温很快就会升到二十摄氏度，届时可人的夏日微风将拂过被冰封冻的湖面。

我们攀上海拔一万七千五百英尺的山口，这里的地质是经过风化的砖红色砂岩；我们好不容易攻上山顶，所有的人都气喘如牛，纷纷倒地休息。这里每样东西尽是红色的——山脉、土堆、河谷，身穿红色袈裟的薛瑞伯喇嘛和这里的背景十分搭调。尤达西在一个水塘边追上一头母羚羊和它的仔羊，它把仔羊咬死，我因此要求西尔金把母羊也杀了，希望能结束母羚羊的丧子之痛，没想到母羚羊却脱逃了。我严令旅队成员只有在缺肉吃时才可行猎，更何况现在哥萨克骑兵仅剩下一百四十二个弹匣，必须节省使用。晚上大雾弥漫整个高原，满月的黄色光辉映照在黑色的云朵上。

穿越这段河谷，再朝东走就是艾厄达特长眠之地。接下来我们翻过一座高山山口，然后有几天时间我们无需翻山越岭，走的是开阔的缓坡。每天晚上，我会到西尔金的帐篷检查气象测量读数，并试穿薛瑞伯喇嘛和夏格杜尔为我裁制的蒙古衣装。薛瑞伯喇嘛画了一张拉萨的平面图，并标示出许多寺庙的位置；而各小组的领队也会到这个帐篷来，听取关于次日行程的指令。由于牲口都已相当疲乏，因此每天我们能走的路程鲜少超过十二英里。

身经克里雅河之旅而幸存的老骆驼也显露疲态，它流下两行眼泪，这是个明显的征兆：它已经来日无多了；当我最后一次为老骆驼拍照时，它用颤抖的腿站立着，像个哲学家似的，对着即将永眠于斯的土地投以漠然的一瞥。

六月八日这天，支撑到营地的骆驼只剩二十七峰，我从中挑出体力最虚弱的十一峰骆驼和六匹马，请切尔诺夫和五位伊斯兰教队员负责带领它们，缓慢小心地走在旅队后面。我和旅队的其他成员继续朝南走，一路上有许多野生的韭菜，所有牲口都吃得心满意足，尤其以骆驼最为开心。雨季来临了，每天固定会下一场大雨，牲口、行李、帐篷全被水浸湿而变得沉甸笨重，同时也使地面变得湿软滑溜。有一处营地旁的水是咸的，夏格杜尔拿了一个水罐出去找水，不料却被一头野狼攻击，夏格杜尔将水罐往野狼猛砸过去，并赶紧冲回营地，只见他十分抑郁地抓起步枪跑出去，岂料野狼已经消失无踪。

在一条宽阔的峡谷中，我们意外捕获一头壮硕的老牦牛；狗儿率先扑上去攻击它，牦牛高举着尾巴，把犄角抵着地上，时而靠近这条狗，时而逼近另一条狗。我禁止哥萨克骑兵开枪打它，可是图尔杜宣告了它的死刑令，因为我们需要肉食，最后六只羊必须留下来。还有一次，尤达西惊扰到一只野兔，野兔立刻跳进洞里避难，可惜地洞不够深，夏格杜尔轻易就把那可怜的东西给硬拉出洞来了。

"抓住尤达西，把野兔放掉。"我叫嚷着。被释放的野兔立刻像飞箭一样逃窜而去，可是还跑不到一百码，天上一只鹫鹰霍地俯冲下来，我们抢上前去援救却晚了一步，野兔的眼睛已经被鹫鹰挖了出来，躺在地上的身体呈现临死前的抽动。

缓缓走向营地的熊

死亡之境——流沙

七月十六日，我们在一条小溪旁扎营，一头黄灰色的野狼为它的胆大妄为付出了死亡的代价；此外，一头涉水靠近我们营地的熊也遭到哥萨克骑兵的追赶，一小时之后骑兵回来了，熊安然逃脱，哥萨克骑兵却撞进一个藏族人的营区，那儿有三个带着马匹与步枪、专门猎牦牛的猎人；哥萨克骑兵回来接薛瑞伯喇嘛，因为他是我们当中唯一通晓西藏话的人。我派薛瑞伯喇嘛和夏格杜尔前往那处营地，可是藏族人已经先行离

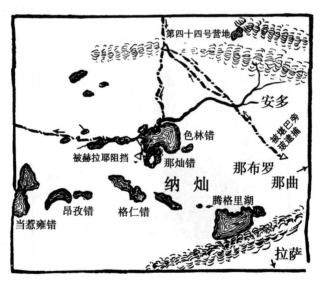

前往拉萨

开，这么一来，关于我们的谣言势将口耳相传下去，一直传到三百三十英里外的拉萨；游牧民族和猎人都晓得，无论谁抢先向官府通报欧洲人接近的消息，就可以领取一笔赏金。我们放弃追赶这三名藏族人的想法，即使赶上也于事无补，更何况我们的牲口都累了。薛瑞伯喇嘛如今意识到：探险与发现一样，都很可能带来焦虑。

第二天，我们把一峰羸弱的骆驼留在水草丰美的原野，我在一根帐篷支柱上悬挂一个空罐头，然后写一张搜寻骆驼的命令，万一后面跟来的手下没看见骆驼，看到这张字条就知道该怎么做了。后来发生的情况是，切尔诺夫和殿后的小队绕道而行，他们既没有看见骆驼，也没有见到罐头，因此我们始终不晓得这峰被遗弃的骆驼命运究竟如何。

七月二十日，我们横越一座积雪的雄伟山脉，在一处冰河边缘有三百头牦牛在那里晃来荡去，因而山坡上零星散布着它们的身影。冰河另一边的山谷也有七头牦牛，狗儿对着它们狂吠，除了其中一头之外，其余则四散逃窜，于是狗儿们集中火力攻击留下来的那头牦牛；牦牛好整以暇地把身子埋进河谷的溪流，溪水在它身边潺潺流动，不知所措的小狗只能站在岸边对它狂吠。

在我们打算扎营的地上草木稀疏，一只松鸡动也不动地躺在草丛中，一位哥萨克骑兵开枪打它，它惊跳起来，但随即落地丧命，在它翅膀下取暖的三只雏鸡毫发未伤地跑来跑去找寻母亲；破坏这种平凡的幸福简直是种谋杀，我为这件事难过许久，假如我能把母鸡的命还给这个不幸的松鸡家庭，我情愿不吃松鸡大餐！因此我只好自我安慰：幸好自己不是猎人。

倾盆大雨、沼泽湿地、流沙！可恨至极！我们再度和烂泥巴山脉奋战。这次有两峰疲惫的骆驼落在队伍后面，在驭手的领导下，其中一峰最后终于抵达营地，另一峰则在山口顶上深陷泥巴，大伙儿费尽力气拉它出来，均告失败；几个手下只好留下来陪伴它过夜，希望等泥地结冰后可以救它出来，可是那天晚上它越沉越深，早晨降临时，已经回天乏术。流沙是西藏北部最难克服的险境，不过这也是我的骆驼绝无仅有陷进流沙的一次。这次穿越藏北之行确实艰苦难行，是不折不扣的痛苦之旅。

在七月二十四日的行程中，我们望见远处的河谷，那里有一片多日来罕见的丰美水草。我们朝那片水草前进，并在草地上扎营，这是我和旅队共处的最后一次。接下来有相当长一段时间，我必须和他们分道扬镳。

第四十三章
乔装朝圣客探访拉萨

我们的新总部位于海拔一万六千八百英尺高的位置，命名为"第四十四号"，我们将从这儿出发进行大胆的拉萨之旅。我原本计划在这个营地休息一星期，让牲口好好养精蓄锐，可是西尔金在不远处发现一个人与一匹马的新脚印，于是我改变计划，指示马上离营。难道我们已经受到监视？我决定只带薛瑞伯喇嘛和夏格杜尔随行，这决定使彻尔东感到难受，毕竟他也是藏传佛教的虔诚信徒，然而我们的总部需要尽可能备妥防卫力量，以防藏族人的武力侵犯。

乔装前往拉萨

我们装扮成三个布里亚特来的朝圣客，目标是拉萨，并且旅队必须尽量轻装简从，机动性越高越好，所以我们只带五头骡子和四匹马，为了这趟行程全都配上新蹄铁；粮食方面，我们准备了白米、面粉、烤酥面粉、肉干和中国茶砖。我穿的蒙古袍子颜色像牛血一样艳红，里面缝制暗袋，装着无液晴雨计、罗盘、怀表、笔记本，还有我在上面绘制路线图的一本书；我的左脚靴子里有个装温度计的袋子；另外，我也带了刮胡子的器具、一盏灯笼、一些蜡烛和火柴、一把斧头、蒙古锅盆，以及十个银碗，大部分东西都放在两只蒙古皮箱里。我头上戴一顶附耳罩的中国无边帽，颈子上戴一串念珠，计有一百零八颗，另有一条项链系着装有释迦牟尼佛像的小铜盒；腰间悬挂一把匕首、筷子、拨火棒等物。我们还有蒙古人亲手做的毛皮和毛毯，不带床褥，随身帐篷则挑最小顶的，只够遮风避雨。

出发前的最后一天晚上，我交代手下事情，西尔金受命指挥总部，并保管开启装银碗箱子的钥匙，假如我们在两个半月之内没有回来，他就带着整支旅队返回婼羌和喀什。大约二十只大乌鸦在我们帐篷顶上盘旋，夜幕低垂，大伙儿都各自睡觉去了。

七月二十七日朝阳初升时，夏格杜尔将我唤醒，我永远忘不了这一天——前往拉萨！不论成功与否，这趟历险必然是无与伦比的经验。若侥幸成功，我们将可见到圣城。欧洲人最后一次踏进拉萨已是五十四年前的事，那一次是一八四七年，法国修士古伯察与秦噶哔在拉萨逗留了二个月。万一失败了，那么我们几个人的命运将完全任由藏族人宰割，不但会成为阶下囚，恐怕连刑期何时终了都无从得知。尽管如此，当夏格杜尔叫醒我，我还是充满渴切之情跃身而起，迎向这次伟大的探险；

不到一刻钟，我已经摇身一变，成了一个彻头彻尾的蒙古人。

到最后一刻，我才临时决定让奥迪克与我们同行一两天，以便在营地看管牲口，如此我们在开始通宵守夜之前可以睡个好觉。我骑的是自己的白马，夏格杜尔则骑他的黄马，薛瑞伯喇嘛骑一头体形极小的骡子，奥迪克在其他马匹中挑选一匹当坐骑。小狗默兰基、尤巴斯和我们一同前往；尤巴斯曾经被一头野猪戳伤过，它是狗群中个头最大、性格最粗野的一只。

当一切就绪，我们都已端坐在马鞍上那一刻，我问薛瑞伯喇嘛是否希望留在总部。

"不要，绝对不要！"他坚决回答。

接着我们向旅队同伴道别，留下来的队友都认为他们再也见不到我们了；西尔金把头转开流着泪，这虽然是很严肃的一刻，可是我坚信神会保佑我，因此内心仍然平静镇定。

我们迅速走下河谷，看得出来最近溪畔有猎人扎过营，一头牦牛的骨架尚留在地上，还有一头熊四处翻找食物的痕迹。我们向东南方继续前进，当天晚上在一处露天的泉水旁搭棚，牲口也都被放开吃草，由奥迪克在一旁看管。我们很感激明月照亮了寂静的荒野，不过每个人都早早地缩进了狭小的帐篷睡觉。

第二天我们骑行二十四英里路，走过相当平坦的地表，直来到两座小湖边才歇息。这两座湖一座是咸水湖，另一座是淡水湖，我们的帐篷就搭在两座湖之间一条狭窄的空地上。夜色很美，大伙儿坐在露天的营火前。我欣然享受夏格杜尔和薛瑞伯喇嘛的服务，夏格杜尔为我剃光头发和胡髭，那时，我的头看起来就像一颗弹珠般光滑；薛瑞伯喇嘛用混合油脂、煤灰、褐色染料的膏油涂抹在我身上，当我对着唯一的镜子——擦亮的怀表壳端详自己的模样时，差点没被吓得魂飞魄散。我们的士气非常高昂，个个像男学生一样开怀大笑和瞎扯淡。

强盗偷走了我们最好的两匹马

大家在营火边吃完饭喝过茶，各自回帐篷就寝，牲口在两百步外的地方吃草，奥迪克在一旁看守。夜里刮起一场风暴，约摸半夜时分，奥迪克把头伸进帐篷来说："有人来了。"

我们拿起所有的武器（两把步枪和一把左轮手枪）冲出去，风雨呼啸，月亮在黯淡的浮云间洒下苍白的光芒，我们看见西南方的小山坡上有两个策马狂奔的骑士，正驱赶着前面两匹未上缰辔的马儿，夏格杜尔向他们开了几枪，但见他们慢慢消失在漆黑的夜色中。

现在该怎么办？我们先清点牲口，数量只剩下七头，我的白马和夏格杜尔的黄马都失踪了。从脚印判断，应是其中一个偷马贼先摸上最外侧的马匹，受到惊吓的马匹急往湖岸跑下来，正好被守候在那里的两个西藏骑士拦住；这些人像野狼一样埋伏在我们附近，适时而至的暴风雨又助了他们一臂之力。我对他们偷偷摸摸的突击十分愤怒，直接反应是不计日夜追踪他们。可是我们能留下营地和其余的牲口不顾吗？也许现在正有一整批强盗包围着我们也说不定。大伙儿生起火堆，点燃烟斗，坐下来商讨直到翌日黎明，如今和平宁静的气氛已经消失，我们的手都放在匕首上随时保持警觉。太阳升起，我们发现奥迪克在流眼泪，因为他今天要独自返回总部。我从笔记本上撕下一页，在纸上命令西尔金务必加强戒备。

后来我们才知道，奥迪克抵达总部时几乎已呈垂死状态，他一路上如同猫儿似的紧贴着低地和河床潜行，每个阴影都像强盗，碰到两头野驴他也以为是有敌意的骑士，当他好不容易抵达营地，还差点被守卫开枪击中。留营的其他成员听说我们才上路两天就遭强盗袭击，内心的恐惧随之升高，他们一致相信我们绝对无法活着回去。

轮班守夜

我们继续向东南方行进，孤单的奥迪克帮我们装载好行李之后便消失了。在一片平原上，我们遇到一大群牦牛，这是驯养的牦牛吗？不是，它们全逃走了。我们在空旷的台地上搭起帐篷，我捡了一些牦牛粪充当燃料。从这一刻起，我们不可以再说任何俄语，只能以蒙古话交谈；我命令夏格杜尔扮演首领的角色，我则担任他的仆人，只要有藏族人在场，他对待我的态度必须像主人吆喝仆从一般。

我睡到晚上八点钟才醒来。夏格杜尔和薛瑞伯喇嘛把七头牲口赶到帐篷边，两人的神情显得格外严肃，因为他们发现三个把风的藏族人，便立刻将牲口牵过来，拴在帐篷下风处，并且敞开帐篷的入口以便监督。尤巴斯绑在牲口旁边，默兰基则拴在营帐的上风处。夜里大伙儿分三班守夜，我守第一班九点到十二点，夏格杜尔守第二班午夜到凌晨三点，三点过后则由薛瑞伯看守到早晨六点钟。

我醒来让两名同伴去休息睡觉，我站在外面守夜，巡逻范围从尤巴斯到默兰基，我在两只狗中间走来走去，有时停下来和它们玩一玩，有时抚摸累坏了的马儿和骡子。九点半钟，猛烈的风暴大作，天上乌云黑得像煤炭，雷电交加，顷刻间大雨噼里啪啦落下；我躲在帐篷的入口处，大雨打在帆布上，细细的雨丝穿透帆布落入帐内。我点燃烟斗和灯笼里的蜡烛，拿出揣在怀里的笔记本，同时每隔十分钟便起身到两只狗之间巡逻一番。大雨单调地拍打着大地，从牲口的鬃毛、尾巴和驮鞍上成串落下的水柱，也从我的皮外套上滴答淌落，中国式无边帽仿佛胶水一般粘在我的光头上。

我听到远处传来一声哀鸣，赶紧冲了出去，我心想："噢，不过是尤巴斯罢了，它一定在抗议大雨下个不停。"我的眼皮越来越沉重，一记轰隆的雷声顿时惊醒了我，狗儿正在咆哮，我又走了出去，脚下的泥泞发出啪啦和滋滋的声响，这几个小时好像永远过不完似的，我的轮值任务何时休止？好不容易午夜总算到了，正当我要去叫醒夏格杜尔之际，两只狗突然愤怒地狂吠起来，薛瑞伯喇嘛惊醒后冲出帐篷，我们三个人即刻抓起武器溜到下风处，此时隐约可听见跶跶的马蹄声，显然附近有骑马的人，我们朝着他们的方向赶过去，可是他们已消失，一切再度恢复平静。大雨仍噼里啪啦击打着地面，我和着一身湿衣服躺下，有一会儿，还听见夏格杜尔踩着水走路的脚步声，接着便沉入梦乡。

在倾盆大雨中骑马前进

天亮时我们拔营离去，翻越一条山口的顶峰，进入被人马踩平的路径，这里留有许多营地的旧痕迹，然而不见任何人。这天，我们在两座小湖间的狭地上扎营，帐篷一搭建好，另外两个人立刻倒头大睡。晚上我们用老方法拴住牲口，九点一到又轮到我守夜，无情的雨下了一整夜；一头骡子挣脱开绳子，小碎步跑向草地，我跟上前去，至少它能让我保持清醒。它多次试图脱逃无效后，我终于拉住了它的缰绳，将它牵回营地拴牢。

　　七月三十一日，我们在滂沱大雨中出发，雨水使我们和牲口湿得彻底，我们身上的水珠滴落在地上，与其他雨水汇集成一条条小河。我们跟着一大队牦牛旅队的脚印翻过五个小山口，牦牛旅队在路旁扎营，薛瑞伯喇嘛上前与他们攀谈，得知这批旅人是从青海塔尔寺来的唐古特人，正要前往拉萨，他们也向薛瑞伯喇嘛打听我们的身份和目标。在此同时，我们的狗已开始和他们的狗打起架来了；我真同情那些和尤巴斯扭打成一团的狗。

薛瑞伯喇嘛

　　再往前走一点，我们在一座峡谷里搭建营地，地点很靠近一顶西藏帐篷，住在里面的是一个年轻人和两名妇女。不久，主人回来了，我们邀请他到我们的帐篷，他抱来满满一撂牦牛粪，还有一只盛装奶水的木头容器；他的名字叫赞珀，而这地方则叫贡吉玛。赞珀又黑又脏，留着长长的头发，没有戴帽子，也没有穿长裤，一到我们的营地就一屁股坐在帐篷外的湿地上；他吸着薛瑞伯递上的鼻烟，打了近百次的喷嚏，他问我们难道习惯在鼻烟里放胡椒粉？赞珀觉得我们很不错，不辞路远前去拉萨朝圣。这时，我们离拉萨还有八天路程。

忽然间，夏格杜尔对我咆哮，叫我去把牲口骑过来，我立刻遵命照办。太阳西沉，月亮悄悄地露脸，不过到晚上又开始下起大雨。我觉得混在游牧民族间让我感觉相当安全。

第二天，赞珀和一位女眷送来羊脂、酸奶、鲜奶、奶酪粉、鲜奶油和一只绵羊，他不肯收钱，我们于是送给他一块蓝色的中国丝绸，那名女眷见到这块丝绸简直乐歪了。赞珀用手掐死绵羊，然后在羊的鼻子上缠绕一块布，把大拇指和食指插进绵羊的鼻孔，接着才下手宰割，我们让他保留羊皮。之后，我们向这些友善的游牧民族辞行，跃身上马继续旅程。

一上路，天就开始下雨，雨水像瀑布似的从天而降，我们好像骑马穿过密密麻麻的玻璃板，在云雾缭绕之间，隐约可见一片广大的水体，一开始大家都认为是一座湖泊，等骑到岸边，才发现那是一条巨大的河流，颜色灰黄的河水夹杂泥土更显浑浊。翻腾的河水发出空洞而窒闷的怒吼，向西南方滔滔奔流而去，我恍然大悟这是邦瓦洛和柔克义 ① 曾经穿渡的扎加藏布江。

---

① 柔克义（William Woodville Rockhill, 1854—1914），美国外交官，出使过北京，两度前往蒙古和西藏探险。

我们伫立河右岸遥遥望不到对岸，通往拉萨的路将我们带到河的右岸，但是渡河的滩头在哪儿？我还来不及说什么，薛瑞伯喇嘛已经率先走进河水，他领着驮运行李的骡子过河，夏格杜尔和我尾随在后。

走到河中央，我们在一片沙岸上停留了一分钟，这里的水大约一英尺深，我们站在原地左顾右盼，此时此刻河流两岸都看不见了。滚滚河水在我们周遭嘶嘶作响，水流量很大，由于最近雨势不断，河水上升得飞快，如果我们停留过久，可能会发生进退不得的危险。薛瑞伯喇嘛直往前走，当水位升到小骡子的尾巴根时，情势开始看起来有点不妙，这时有一头驮载行李的骡子不慎滑倒，两口绑在它背上的蒙古皮箱适时发挥木塞靠垫的作用，让骡子浮在水面上，激流急速冲刷这头骡子，我心想它大概没命了，汹涌的河水里只看得见它的头部和箱子边缘；然而骡子竟游起泳来，过了一会儿它又碰到地面，将自己的姿势矫正过来，并且蹒跚地爬上河左岸。

薛瑞伯喇嘛独自骑马过河，河水越来越深，我们没命地叫喊他，可是薛瑞伯喇嘛仍旧毫无惧色，勇敢地向对岸前进。雨水噼里啪啦打在河面上，眼帘所及都是水，我骑马最后一个涉水，并且远远落在队伍后面。我瞥见另外两个人和骡子在河水中载浮载沉，没多久，即看到同伴们陆续安全登上左岸，我用脚跟踢着马腹，可是巧的是我们涉水的地点在滩头下方一点，现在越沉越深，当河水涌进靴子里时，我开始觉得头晕目眩，

在滂沱的雨势中横渡大河

水快速漫过我的膝盖和马鞍，我松开腰带、扯下皮外套，薛瑞伯喇嘛和夏格杜尔站在岸上大吼大叫，并指指点点，可是河水的怒吼声实在太吵了，我什么也听不见。现在河水淹到我的腰际，除了马头和马颈之外，别的东西全淹没在水中，我准备从马鞍上跳下来，让马儿自行求生，就在千钧一发之际马儿开始游泳了，我被迫抓住它的鬃毛，马儿被激流带着走，差点被水呛住，幸好马儿及时踩到地面，载着我慢慢爬上岸去。我从来没有在亚洲碰到过比这次更危险的渡河经验，我们没有淹死真是奇迹，因为夏格杜尔和薛瑞伯喇嘛都是旱鸭子。

走在滂沱大雨中，我们这支小旅队看起来既可笑又可悲，一直在前面领队的薛瑞伯喇嘛全然无视于河流的存在，继续往前迈进；我拔下靴子倒出积水，然后将它们挂在马鞍后面晾干。雨势仍然很大，每样东西都湿透了，两只皮箱甚至渗出小河似的水。

我们那可敬可佩的喇嘛终于停下脚步，原来是一处有牦牛粪的平地。我们把牛粪最湿的外层刮除之后，费了好大的劲终于点燃火苗，等火烧旺了，我顾不得雨丝滋滋地打在火焰上，便开始逐一脱掉身上的蒙古衣服，想把水拧干。这时候，如果有任何的藏族人路过，肯定会对我白皙的身体目瞪口呆。

夜色低垂，雨声和夜晚特有的神秘声音交织着；脚步声、马蹄声、讲话声、喊叫声和步枪发射的声音，声声入耳。半夜十二点整，我叫醒夏格杜尔值勤守夜，自己则溜进帐篷，和着仍然潮湿的衣服倒头呼呼大睡。我已累到极点，累到迫切希望被人逮捕，这样就能永眠不起了。

雨过天晴

八月二日，天终于放晴了。我们开始进入有人居住的地区，经过两处游牧民族的帐篷，看得见豢养的绵羊和牦牛，还遇见一支三百头牦牛的大型商旅，这些牦牛驮载茶砖正要前往知名的扎什伦布寺，驭手们将营火生在路旁，当我们路过时许多人围拢上来，问了好多问题；有个老人指着我说："白人。"我们所在的地区叫安多默珠。

载运茶叶的庞大旅队

我们一直走到一处有泉水的原野,将衣服摊在夕阳下晾干,孰料忽然又下起冰雹和疾雨,我们赶紧把所有东西收进帐篷;隆隆的雷声中透着铃铛似的声音,诡异的氛围令我思念起教堂的钟声。

第二天早上,我彻底地休息一番,到早上九点钟才被两位同伴叫醒,他们要我看看运茶的商队,那情景实在很逗趣:所有的人徒步走路,肩上扛着步枪,看起来如同强盗一样,人人黝黑得像是牦牛;他们吹口哨、喊叫、唱歌,花样百出。

我们在原地逗留了一天,好让东西晾干,我用温暖、干燥的沙子填满靴子,借此除去靴子里的湿气。大伙儿趁牲口吃草的当儿轮流睡觉。这天晚上天气清朗,月儿高挂空中,星辰也

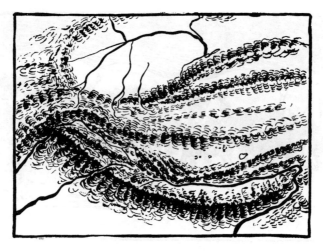

西藏山脉系统示意图

闪烁着光芒。

八月四日，我们踏上前往拉萨的主要道路，一路上不时经过游牧民族的帐篷和牲口，遇到许多大型的商旅。我们也经过神圣的石堆标记"玛尼堆"（"圣墙"的意思）。我们停队过夜，有一个年轻的藏族人特地跑过来看我们。

八月五日，我们骑了二十点五英里路，经过帐篷与牲口成群的错鄂（亦为"黑湖"），最后来到一片已搭建十二顶帐篷的平原，我们在此地建立第五十三号营地，从旅队总部到这里的距离一共是一百六十二英里。

第四十四章
沦为阶下囚

黄昏时分，三个藏族人朝我们的帐篷走来，薛瑞伯喇嘛和夏格杜尔出去迎接他们，双方谈了很久的时间，等我的两位同伴回来时，天色已经完全漆黑。其中有位藏族人用很权威的口吻告诉他们，三天前从北方来了个猎牦牛的猎人，他特地前去通风报信，说他看见一支阵容庞大无比的旅队正往拉萨行来。

"你和他们是一伙儿的吗？"这个人问薛瑞伯，"说实话，别忘了你是个喇嘛。"

薛瑞伯喇嘛一听不禁打起寒颤，他实话实说，但没有提到我；不过夏格杜尔却坚称那个官僚十足的藏族人讲了好几次"瑞典白人"，也许是铁木里克或婼羌来的朝圣客打听到了我的国籍。可是我相信他们对瑞典一无所知，如同一般人对于中国、英国、印度、俄国一样，只有模糊的概念。夏格杜尔认为薛瑞伯喇嘛背叛了我们，相反的，我并没有这样的疑心，即使那是真的，此刻我也已经遗忘而且原谅他了。那位藏族人最后还说："你们在这里待到明天。"

当天夜里我们陷入长时间的思考，不知道自己的命运将如何演变；在这同时，藏族人在我们帐篷四周不远处点燃守望的营火，彻夜未熄。

沦为阶下囚

天亮后不久，三个藏族人来到我们的帐篷，我一直都戴着蓝色的蒙古眼镜，新来的人要求看我的眼珠子，当他们发现我的眼珠子颜色和他们一样深时，感到非常惊讶；他们又要求看我们的武器，我们也很大方地让他们检查，随后就走回他们的马站立的地方。

过了一会儿，一个白发喇嘛和另外三个人前来拜访，白发喇嘛询问了几个关于我们总部的问题，并告诉我们信差已经奉命去禀报那曲总督堪巴旁玻，在总督下达指示以前，我们将成为阶下囚。

接下来的发展，都不在我们可预期的范围内。五十三名骑士聚集在离我们几百码外的一处营地，他们穿着红色、黑色或灰色的长袍，头戴白色的

西藏骑士朝我们直冲过来

高帽子或缠着红色布巾，配备长矛、戟、剑和毛瑟枪等武器，另有一些装饰用的带子迎风飘扬。他们翻身下马，全然不顾大雨便在营火边开会商量事情，接着跃上马鞍，其中七人骑马往东走，他们走的是那条通到那曲的道路。另外两个走南边的主要道路，这是往拉萨的路线；至于其他人则策马，笔直朝我们的帐篷急驰而来，同时嘴里喊着战争时杀伐的嘶吼声，手上的长剑与毛瑟枪高举过头。薛瑞伯喇嘛相信我们的末日已到。我们站在帐篷前面，手指头扣在扳机上。这群西藏骑士以大雪崩塌般的气势冲过来，马蹄在潮湿的地面溅起水花，已经逼近到最前面的马匹踢溅的水花可以喷上我们三个人的身体，忽然他们分成两支小队，然后沿着两道圆滑的大弧线调头退回起点。

他们重复两次这种战术演练，随即翻身下马开枪射击某个目标，他们这么做分明是要让我们心生畏惧。最后他们策马往西北方远去，我开始怀疑他们是否大胆到会去攻击我们的总部。

这一整天新来的访客络绎不绝，他们送给我们一些小礼物，像是油脂、鲜奶、酸奶等，我们要付钱，却遭到客人拒绝。有一阵子，外面哗啦啦下起雨来，正好我们的帐篷里来了四个访客，大家坐在帐篷里面挤得像沙丁鱼似的，很快地，雨水汇集成一条水流窜进帐篷来，我把他们请出去，然后在帐篷四周挖掘一条沟渠。夜里数了一下，发现我们周遭共有三十七处营火，火光透过雨丝忽隐忽现。

第二天又来了新间谍，其中一位送给我们一堆牦牛粪和一个风箱，他告诉我们到拉萨的路程要走五天，不过快马信差可以在一天内抵达；我们所在的这个区域称为雅洛克。也许是怕我们逃跑，这些人把我们的七头牲口全都带走了。不论朝哪一个方向看，都可以看见骑马的汉子，有些独自成行，有些则编成小队。有时整个营区会挤满武装的骑士，仿佛在动员人力似的；相对于这支精锐武力，我方只有势单力薄的三个人，而且还在伟大的探险途中沦为阶下囚。

八月八日早晨，有五个人送来一只绵羊，同时有消息传来，总督堪巴旁玻要亲自来看我们，现在人已经在路上。薛瑞伯喇嘛很害怕总督会认出他的身份。过去曾有一个喇嘛因为怠忽职守，而被惩罚以匍匐之姿从乌兰巴托爬行到拉萨，换句话说，他必须用自己的身长丈量两地之间的距离，这项惩罚整整花了他六年的时间。薛瑞伯喇嘛认定他也会遭到类似的处罚。我们被软禁在这处帐篷牢营里，一旦走出五十步范围，就会有间谍走上前来监视，其中一个叫班努尔苏的似乎是间谍首领，他的帐篷离我们很近，经常和我们一坐就是几个小时，连饭也和我们一起吃。

下午，七个藏族人和我们一起围坐在露天的营火前，东方忽然有一支马队朝我们急驰而来，原来是堪巴旁玻的翻译，不过蒙古话却讲得比我还差，除了这点，倒不失为一个正人君子。他详细地盘问我们，最有兴趣的话题竟是我们的总部，显然，他们误以为俄国人发动数千名哥萨克骑兵前来侵略西藏。这名翻译还告诉我们，达赖喇嘛每天都收到关于我们的报告。我严厉地质问他，为何如此大胆，竟敢拘留俄国沙皇辖下布里亚特省来的虔诚的朝圣客？我说："你们的子民晚上偷走我们的马匹，又对于完全无害的我们，视同强盗来对待。"翻译看来若有所思，但仍然回答：通往拉萨的路对任何人一律封闭，必须拥有恰当的护照才准放行。

情势有了转折

到了第九天的早上，情况开始峰回路转，整个平原上挤满了骑士与驮兽，不远处甚至凭空冒出几座帐篷村。难道如此大费周章只为了我们三个窘迫的朝圣客！有一顶大帐篷是白色的，缀饰着蓝带子，唯有首领级人物才有资格住这种帐篷。

翻译在一小队骑士的陪伴下来到我们的帐篷，他表示堪巴旁玻已经抵达，正在恭迎我们前往赴宴。一切事情全安排得妥妥当当的，我们每个人都收到一条白色的薄纱"哈达"①，这是表达欢迎的象征。此外，他们还馈赠一些食品，包括一整只绵羊。

我态度强硬地回绝："懂礼节的人在邀请客人前去之前，总会先行登门拜访他的客人。假如堪巴旁玻对我们有所求，请他先大驾光临。我们没有什么好隐瞒的，只想知道往拉萨的路是否能对我们开放，如果不能，堪巴旁玻必须自己承担后果。"

---

① 丝绸做成的长布条，是藏人与蒙古人用来表达欢迎的见面礼。

翻译苦恼极了，整整两个小时，他就坐在那里恳求我们去参加宴席。

"如果你不去，我一定会被开除。"他苦苦哀求。

即便人已经上了马鞍，翻译仍然不死心地想说服我们，最后还是怅然驰马离去。

又过了两个小时，总共六十七名骑士从新建的帐篷村策马冲出来，他们身穿深蓝色和暗红色的衣服，剑鞘上镶着白银、珊瑚、绿松石，颈上挂着的佛祖像小盒、念珠，以及叮咚作响的银饰品都甩到了身侧；这一切构成了一幅相当壮观的景致。堪巴旁玻骑在队伍中央一头乳白色牝骡上，他的个子矮小，肤色苍白，年龄约摸四十岁，一双眼睛不时恶作剧似的眨动；他穿着一袭红长袍，里面是鼬鼠皮袖子的黄色丝袍，上面罩了件红短袄，足蹬绿丝绒靴子，头戴蓝色的中国无边帽。

堪巴旁玻在我的帐篷前跃下骡子，接着仆役在地上摊开一张地毯，并在毯子上放了几个坐垫，堪巴旁玻和另一个高级官员南琐喇嘛双双坐在坐垫上。

我邀请这两位绅士进入我的帐篷，里面已经备好两个以面粉袋垫高的位子。

尽管我们试图欺瞒他，也不理会人落在他手上，仍无礼地回拒他的邀宴，堪巴旁玻仍旧客气而且仁慈；他重新审问这几天来我多次被询问的事情，在旁书记则一字不漏地记下我回答的内容。我要求他准许我继续前进，让我看看圣城，看过圣城

由六十七名骑士陪伴的堪巴旁玻

我就会返回总部，堪巴旁玻把手伸向脖子，作杀头状的动作说：

"不行，你们不许再往拉萨靠近一步，否则你们的人头——和我自己的头都会被砍掉，我只是尽我的职责罢了，达赖喇嘛每天都对我下命令。"

他毫不退让，丝毫没有转圜的余地，不过他的脾气也完全没有失控，才一转眼又恢复庄重、愉快的模样。我们提到两匹马被偷走的事，他笑笑说："我另外送两匹给你们，当你们回总部时，我的手下会护送你们到我的辖地边境，到时候也会有人奉上粮食、绵羊和你需要的一切东西。你只管开口就是了，可是绝对不许往南方再走一步。"

在那个年代，欧洲人根本不可能旅行到拉萨，连普热瓦利斯基、邦瓦洛、吕推、柔克义、利特代尔等人都遭到相同阻力，终至徒劳而返。两年之后，寇仁勋爵派遣他的印英联军前往拉萨，以武力打开通往圣城的南方道路，造成四千名藏族人在此役中丧生，这是一场所谓的战争；然而藏族人唯一的要求不过是和平自主、与世无争。当堪巴旁玻的手下以计谋将我们困住，他们采用的强硬手段也不涉及暴力；藏族人不必让双手染血就能有效达成他们的愿望，甚至非常周到地对待我们。对我而言，能够尽可能走到探险目标的极限，直到非不得已才停止，这已经让我很满意了。最后堪巴旁玻骑马回到自己的帐篷，我告诉他我计划翌日便出发返回总部。

第二天早晨，我独自骑马拜访堪巴旁玻，这引起夏格杜尔和薛瑞伯喇嘛一阵惊慌，只是还没骑到一半路程，突然涌现二十名骑士骑马把我包围住，要求我下马。等了一会儿，堪巴旁玻和扈从出现了，地毯和坐垫如常铺设妥当，我们坐下来谈一些不算敏感的事情。我开玩笑问他，如果只有他和我两个人一起骑马到拉萨会怎样？他笑着摇摇头说，假如达赖喇嘛允许，那么伴随我前去拉萨将是件赏心乐事。

"这样吧，我们派遣一个信差去见达赖喇嘛，我愿意再等两天。"

"不行，"他很坚决地回答，"我应该一开始就拒绝回答这样的问题。"

堪巴旁玻的眼睛眯成一条细缝，指着我说："萨希布（Sahib）[①]！"

我反问他，如果我是印度来的英国人，怎么可能从北边来，

---

① 北印度语，意指主人，是殖民地时代印度人对英国人或其他欧洲人的敬称。

而且是由俄国人和布里亚特区的哥萨克骑兵随侍？我还向他解释瑞典的位置在哪里。

此时有人牵来两匹马补偿我们失窃的马匹，这两匹马看来萎靡不振；我说我不要，于是他们又牵来两匹完美无暇的骏马，这次我表示十分满意。

接着我问堪巴旁玻为什么要如此郑重其事，带领多达六十七个骑士，毕竟我们只有三个人，错了，现在我是独自一人，难不成他怕我吗？

堪巴旁玻说："不是，绝非如此，那是因为我得到拉萨的指示，命令我必须以国宾之礼款待你。"

我们再度坐上坐骑，堪巴旁玻和他的随从陪伴我走到我的帐篷前。藏族人检查我们的武器，并介绍即将伴随我们出境的护卫，这支护卫队包括两名士官和十四个士兵，还有六人负责打理西藏官兵的行李；他们自己带了十只绵羊，堪巴旁玻额外送给我们六只绵羊，还有油脂、面粉、奶水等物。我们就此互道珍重，这时我们已经成了好朋友 ①。

---

① 英印联军攻打拉萨时，担任路透社特派记者的埃德蒙·坎德勒在其著作《揭开拉萨的面纱》(*The Unveiling of Lhasa*) 里提及，一九〇四年五月初，一小支英国军队遭到藏族人突击，率领这一千名西藏官兵的指挥官正是三年前在那曲附近拦截我的堪巴旁玻。经过十分钟的激烈枪战之后，藏族人被迫撤退，这次战役造成一百四十名藏族人丧命，英军则损失五人。我的朋友堪巴旁玻很可能就在这次战役中牺牲了。诚如我们相见的那种场合，他也是在为国家尽他的职责罢了。一九〇一年的那次际遇，我并没有生他的气，后来一九〇四年发生的事件，更让我尊敬与怀念这位君子。——原注

被"押解"回总部

我们的队伍看起来像是在移交囚犯，夏格杜尔、薛瑞伯喇嘛和我三人的两侧、前后，都被骑马的藏族人团团包围，即使晚上扎营，他们也在我们的帐篷两侧各搭起一座极靠近的帐篷，并且维持警戒，因此我们整夜都睡得很好，全然无需担心牲口的安危。藏族人很害怕尤巴斯，因此我们一直拴住它；护送队伍里有两个喇嘛，他们不时转动祈祷法轮，嘴里喃喃念着"嗡嘛呢叭弥哞！"

一头熊正在刨掘土拨鼠的洞穴

白天的行程分成两个阶段，中间停下来喝茶。藏族人用配剑从地上砍下三块泥块，架起一个三角形支架，刚好可将锅子放在上面生火烹煮；他们的午餐包括烤羊肉、糌粑和热茶。西藏骑士外表相当英俊，头上缠着辫子和红色头巾，他们的右臂和右肩赤裸，毛皮外套准许搭在肩上并半垂在背后；所有的马匹一律佩戴铃铛颈环，一走动即发出清脆的叮当声，使得整座山谷洋溢着欢乐的气氛。

扎加藏布江现在的水位已经大幅下降，我们骑马涉过河水，护卫队在此向我们道别，我们又恢复独行。护卫队离开之后，我们忽然觉得孤单，夜里又开始轮流守卫。有一回，默兰基站在路旁的小土坡上猛吠，我骑马过去查看究竟，发

拉萨与通往印度的路线

现一头熊正在挖掘一个土拨鼠的洞穴，它很专心地埋头刨土，直到我相当接近了才察觉；它快速离开洞穴想偷偷溜走，两只小狗立刻追了上去，这头熊并不退缩，两方像玩乐似的缠斗一番，直到双方都累了才罢休。

八月二十日，我们只差几英里便可抵达总部，自峡谷中传来几响步枪的声音，那是西尔金和图尔杜出来为旅队猎捕兽肉，一见到我们无不兴奋地流下眼泪。

我们骑马回到营地，一切平安无事，切尔诺夫已经带领押后队伍抵达，结果我们总共只损失了两峰骆驼与两匹马。对我而言，好像又回到了文明社会；我用旅队的水桶洗了个热水澡，由于我已经二十五天没有洗过澡，所以换了好几次水才总算是洗干净了。接着我穿上一身干净的衣服躺在自己洁净舒适的床上；帐篷外手下弹奏起三弦琴，吹起长笛，敲起庙钟和两只临时凑成的鼓，还用上了我的音乐盒，俨然一场音乐会已经开始。虽然我们没有真的抵达拉萨，可是却品尝到伟大探险令人陶醉的况味，这是以前从来没有经历过的。

第四十五章
被武装军队拦阻

现在我的计划是设法穿越西藏，抵达印度，因此我决定带领整支旅队向南方推进，唯有遭遇无法抵抗的障碍，才会调头转往西边，朝拉达克山脉前进；中途取道克什米尔和喜马拉雅山，最后抵达恒河畔较温暖的区域。

这是一趟极为艰辛的旅程，必须翻越许多高海拔的山口，通过未曾经历、危险万分的流沙地带。途中，有好几匹马相继不支倒毙；从克里雅来的队员卡尔培特也病倒了，必须骑马跟着队伍走。这个地区猎物相当丰富，哥萨克骑兵因此能为我们提供源源不绝的肉类。有一次，他们射杀一头野山羊和一头羚羊，并让它们在寒冷的野地上冻成石头似的冰块，结冰的两头羊依然保持奔逃的姿势，看起来栩栩如生。还有一次，七只狗联手追赶一只可怜的野兔，最后被尤达西提住，岂料半路闯出了尤巴斯，一口就把野兔吃掉了。

我们知道旅队迟早会被拦阻下来，只是它发生得太快了。九月一日，亦即我们才上路一个星期就遇到了游牧民族；当时

一群藏原羚

我们攀上一处山口，往南方的平原俯瞰，可以见到马匹星星点点地散布着，还有好几千头绵羊在吃草。夏格杜尔和薛瑞伯喇嘛骑马到一顶帐篷去买鲜奶和油脂，可是住在那里的藏族人却表明禁止卖给我们任何东西，夏格杜尔勃然大怒，把藏族人吓坏了，只好悉数卖给我们所需要的东西。随后夏格杜尔带了三个藏族人到旅队营地来，大伙儿拿出热茶和面包款待客人，等到我们让他们离去时，只见他们匆匆忙忙回到马鞍上，好像有恶鬼在后面追赶似的策马急奔。

全面性拦截

九月三日，六名武装骑士突然出现在旅队左手边，另有七名骑到我们右手边，并且都保持相当的距离；这些骑士清一色戴着一顶白色的高帽子。沿路有很多帐篷，我们从路上往帐篷里探看，瞧见这里的妇女把头发扎成小辫子，垂在背上的辫尾均绑着红色丝带和珊瑚、绿松石、银币等饰物。

我们再度来到扎加藏布江，只是离上次渡河地点更临近下游，这里的河水汇聚成一条很深的渠道，藏族人坐在岸边，打算看一场免费表演，当我们把折叠船组合起来并推下水时，每个人全都面无表情地凝视着。待扎营完毕，一位首领带领手下趋前表示：

"我们奉命阻止你们继续南行。"

"好啊，你阻止吧。"

"我们已经派遣信差到拉萨了，如果你继续往拉萨走，我们都要被砍头的。"

"你们活该。"

"所有的游牧民族都奉命禁止出售任何东西给你们。"

"我们只拿自己所需的东西，而且我们有武器。"

我带着奥迪克乘船往下游航行了两天，抵达扎加藏布江汇入色林错①的地点，藏族人在岸上跟着我们走，偶尔发出狂野的吼叫声。我们在河口附近和旅队会合开始扎营，哥萨克骑兵逼迫一些人卖给我们四只绵羊。

我们继续沿着湖岸前进，九月七日，共有六十三名骑士亦

---

① 又称奇林湖，"错"是藏语湖泊的意思。

步亦趋地跟着我们。接下来几天，我们转由色林错西岸挺进，愈走愈接近一座淡水湖北岸。紧跟着我们的藏族人越聚越多，看来一些部落又开始总动员了，每天总有一位首领会前来央求我们调头改走拉达克方向，或是静候拉萨下达命令，但是我们不容许自己心有旁骛，我亟欲把这两座湖的地图画出来，心里必须平静地评估整个情势。

这座淡水湖叫纳灿错，景色优美，沿岸有陡峭的岩石，还有湖湾与小岛，湖水湛蓝，清澈如水晶。

卡尔培特的病情更加恶化了，可怜的他倚在骆驼背上摇晃着前进，我们不时得停下来照料他。有一次，大家在湖东岸的一处帐篷村附近停下来时，他要求喝一杯水。旅队再一次停歇时，他已咽下最后一口气。那天晚上我们将他的尸体放在一顶帐篷内，穆斯林为他彻夜守灵。第二天，大伙儿为卡尔培特举行葬礼，穆拉在坟前讲述死者的行谊与忠诚，其他的人则不断为死者祝祷；我们在他坟上竖立一个刻有铭文的黑色十字，他的帐篷、衣物、靴子全部烧掉。葬礼中，藏族人隔着一段距离观察我们，对于我们竟然为一个死人费那么大的工夫感到不可思议，他们说："把尸体丢给野狼吃岂不省事多了。"

我们又恢复正常的作息，以及得面对新日子的不确定感。随着我们往南的步伐，藏族人的数量日益庞大，现在我们前方又出现新的队伍，他们在一些黑帐篷与两顶蓝白相间的帐篷前集合；一支骑兵队将我们包围起来，要求我们停止前往，纳灿地方的两位总督也随队现身，显然，他们接到拉萨政府的重要指示。我决定在离他们的帐篷一百五十步外处扎营，其中最大的一顶帐篷装饰着和田来的地毯，于是用它来招待客人。

过了一会儿，两位总督驾到，他们身穿富丽堂皇的红袍，上面缀饰中国式扣子。我走出棚外迎接他们，两位总督下马，友善有礼地与我寒暄，然后走进帐篷；两人中以赫拉耶大人身份较崇高，他是个无须老者，留着一条辫子，另一个是杨度克大人。我们开始了一场持续三个小时的协商。赫拉耶先开口：

"你上次走东边的路去拉萨只带了两位随从，后来被那曲的堪巴旁玻拦阻并护送过边界，现在你来到纳灿，但绝不能再往前走一步。"

"你们阻止不了我。"我回答。

"可以，我们有百万大军可以阻挡你们。"

"那有什么意义？我也能向你们动武。"

"这样一来，你我都得人头落地。如果让你们通过，我们都会被砍头，既然如此，我们不如现在先分出胜负。"

"你们不必担心我和我手下的人头，你永远也动不了我们的人头，我们有更高的势力当后盾，而且有可怕的武器。不论怎样，我们还是坚持继续往南走。"

"睁大你的眼睛，好好瞧瞧明天我们怎样阻挡你们的旅队。"他们激怒地嚷着。

我镇定地给予反驳："我才要请你们自己睁大眼睛哩！明天

我们一定要向南走。不过别忘了把毛瑟枪准备好，因为火热的枪恐怕会烫了你们的耳朵，你们还来不及装新子弹，我们就会撂倒你们，打中你们每一个人的鼻子。"

"别这样，别这样，我们不谈杀人。"他们又开始展开说服："如果你们现在走原路回去，我们自会奉上向导、粮食、牲口和你们需要的一切东西。"

"听着，赫拉耶大人——你真的以为我会疯狂到走回北方的不毛之地吗？我已经在那里损失半数的牲口了，我们哪里都可以去，但是绝对不回那里！"

"既然这样，"他说，"我们不会向你们开火，可是我们会让你们走不下去。"

"怎么可能？"

"我将派遣士兵，你们的每一位骑士和每一峰骆驼都会被二十个士兵牢牢牵制住，直到你们的牲口全部死亡为止。我们有拉萨传下来的特别指示。"

"你拿给我看。"我嘴上这样说，不过打开始心里就明白我们不可能再向前进一步。

"乐意之至。"他们回答，同时掏出一张纸，上面的日期是"铁牛年六月二十一日"，公文里还提到蒙古朝圣客，指的是我们的庞大旅队，结论是：

"速传此件至那布罗（Namru）与纳灿，谕令全民，自那曲以至吾（达赖喇嘛）土全境，均禁止欧洲人行旅至南方。此令送达众酋长，戍守纳灿边境，务使全国监督严密。欧洲人万无亲至圣典之土勘探之必要，亦与二君掌理之地毫无干系，即使欧洲人号称必须如是，二君即告知彼等不可南行，若欧洲人执意南行，汝将受剑刑（断头）。务使彼等撤回来时路。"

脱队游湖的小插曲

这时候他们转而对可怜的薛瑞伯喇嘛说重话，指责他"为我们引路"，薛瑞伯气愤地反诘他们凭什么斥责他这个身为中国子民的喇嘛，这场口角争执越演越烈，我拿出大音乐盒放在争吵两方的中间，被打断的藏族人有很长一段时间静默不语。

那天晚上我到总督的大帐篷回拜，与他们共进茶点。帐篷里装饰着地毯、坐垫、矮桌，另有一座室内神坛，上面供奉神像、油灯和供物。这次我们谈得相当愉快，聊天到半夜方尽兴而归。

库曲克和我乘船在纳灿错湖上遨游了两天，度过了非常惬意的时光。这座湖形状浑圆，水中突起的陡峭悬崖，景色优美得像是童话故事。我们划船到狭窄的湖湾，景致如诗如画，不时可见金雕在悬崖上凌空窜起。游牧民族在沿岸的原野上放牧牲口，看见我们静静地从湖面上接近，全都目瞪口呆，他们以前从来没有见过船，吓得赶紧把牲口驱离湖岸。到了西北岸，我们又发现走陆路的旅队，于是改成骑马走到另一座美丽的湖泊楚克错的东岸,这座湖倚着高山与矮坡,湖里躺着小岛和峡湾。在卡尔培特生前曾经被他骑乘过的骆驼,在前往楚克错的途中不幸去世,迷信的穆斯林都认为这是理所当然的事。

我们的营地非常壮观,我们自己有五顶帐篷,藏族人有二十五顶之多,他们的军队已经增加到五百人以上,因而湖岸上挤满了骑士、步兵、马匹、牦牛和绵羊,士兵的毛瑟枪上系着的红色饰带迎风飞舞。他们为了表达对我的尊崇,特地表演一些军事操练和野性十足的马术,阳光在他们五颜六色的制服上和闪亮的武器上耀动时,蔚为一幅生动迷人的画面。赫拉耶大人送给我两匹马,并让我随意取用四十头牦牛,如此在往拉达克的漫漫长路上,牦牛的供应将源源不绝。我回送给两位总督怀表、左轮手枪、匕首和其他物品,我们也变成了好朋友。

九月二十日我搭乘小船出发,胡达伊担任桨手,就在我们划离湖岸相当远之后,忽然刮起一阵西向风暴,激扬的浪头越来越高,我们轻巧的帆船震荡剧烈,并且往后面的营地逼近,当巨浪托起船身之际,营地的帐篷清晰可见,可是当浪头落下时,却连湖岸都看不见。小船迅速接近湖岸,波浪发出阵阵咆哮,再过不久我们就会撞上岸边,届时小船势将被风浪击碎。在晦暗的天光里,藏族人群聚岸上等着目击我们船毁人亡,可另一旁的哥萨克骑兵已经严阵以待,纷纷脱掉衣服跳入水中,胡达伊也跳下水,他们强壮的手臂拉住我和船身,越过翻滚的巨浪,将船拖到干燥的陆地上,旁观的藏族人全都惊愕不已。

夜里风平浪静，我借着灯笼的亮光顺利地在湖面上测量水深，完成后回到岸边，从湖面上看岸上营火点点的营地，仿佛是一座灯火通明的城市。月光洒遍整座营地，各个帐篷间传来不绝于耳的谈笑喧哗和优美的丝竹乐声。

第二天，我又和库曲克到湖上游玩，旅队和藏族人将从陆路走到楚克错尽头，也就是湖面延伸向西的终点。湖中央有一座岩石形成的岛屿，我们将船头朝着这个岛屿划去；从湖心望过去，湖泊北岸框成黑色的长线条，那是我们的同伴和西藏士兵西行的队伍。

起风了，风势逐渐增强，我们把桨收离水面，船顺势抵达湖心的岛屿；费了好大一番力气，我们终于抵达小岛东岸的背风处，库曲克和我把船拉上岸，开始登上岛屿探险。

"怎么样，"我问库曲克，"我们的船绑好了没有？"

"我想应该绑好了吧。"他很惊奇地回答。

"假如船飘走了呢？我们的食物可以撑三天，可是之后怎么办？如果船进水必然会沉没，其他人可没办法过来接我们。缺水倒是好解决，我们有一整座湖的水可以喝，可是没有步枪就不能射水鸟。"

"到时候，我们就得试着抓鱼吃。"库曲克建议道。

"没错，可是等湖水结冰还要等上三个月。"

"燃料倒是十分充足，显然牦牛冬天来这里吃过草。"

"我们应该造一间石屋，并且在秋天来临前掘一条壕沟防卫。"

"我们可以爬到悬崖上点燃信号烟火，如此旅队同伴展开搜索时才能发现我们。"

"噢，别瞎扯了，库曲克，我们还是回去看看船还在不在吧。"

船还在。

在小岛的西岸，暴风掀浪翻搅湖水，浪花冲击巨大的崖石，碎成细濛濛的水雾。我们走到船边的营地，生起营火煮茶、吃晚餐。之后，我们躺下来倾听强风在悬崖间打转的呼啸声，暮色沉降，黑夜接踵而至，月亮也缓缓升上夜空。

"等暴风减弱后，我们稍晚划船去西边吧。"

然而强风持续狂烈地吹袭，迫使我们早早就寝。次日阳光普照，可是风暴却没有减弱的迹象，我们在岛上漫步，捡拾燃料；我在岛的西岸静坐了好几个小时，对着波涛玄思冥想。日落时分，我站在悬崖上向太阳道别，然后偕同库曲克再次枯坐在营火前等待。

夜里风暴突然减弱，我们立刻把船推下水向西划行，目标是另一个岩石小岛。天空乌黑一片，我们点亮灯笼，让小船乘着波浪而行，最后终于触及小岛的岸边，我们俩把船拖上岸，然后倒头就睡。

第二天早晨又是个强风呼啸的天气，我们的行程又耽搁了，不久天气转好，我们赶紧上路。可是才划一小段路，一场新的风暴再度刮起，强劲的风力将我们推回岸上。下午风似乎平息了，我们又一次尝试行进，眼前仍然有一片宽广的水域，测量水深的铅锤显示湖水最深处达一百五十七英尺。太阳躲到薄云之间，西南方一条山脊上的天空转为黑色，库曲克和我一人摇着一支桨，新的风暴吹袭过来，我们就像是奴隶船上的桨手拼着命逆风划桨。波浪越冲越高，船舱里进了许多水，此时西南方突现高耸的山壁，我们渴望赶到山壁的背风处避风，眼下船身已经有一半进水了。

"准备好你的救生圈，库曲克，我已经备妥我的了。"

我们浑身被水雾打湿，这时附近水面上出现一块陆地，我们使出吃奶的力气及时把船划过去，筋疲力尽的我们跌卧在岸上，我的双手起了好大的水泡；两人生起一小堆火吃饭，然后酣然沉入梦乡。

早上吃完最后一块面包，我们开始划过湖泊最西边的水域，由于看不见旅队的任何人马，只好继续穿过一条窄仄的峡道，直达一座新湖泊安南错。刚在晶莹的湖水上划了一小段路，一场新起的风暴又将我们推上湖岸，大量的水涌进船舱，我们在浪头中翻覆。库曲克和我全身湿透，只好在岸上脱光衣服，迎风吹干，当我正要出发走向邻近一顶游牧民族的帐篷时，库曲克突然大喊："你看，彻尔东和奥迪克骑马过来了！"

才几分钟光景，两人已经来到了我们身边；他们一直骑马沿着楚克错和安南错找寻我们的下落，可是没有一丝一毫的线索，因此极为担心我们已经淹死了。在搜索的过程中，他们遇到好几支藏族人的巡逻队和八处哨站营，戍守着通往拉萨的主要道路。稍后，我得知两位总督怀疑我们要诡计，担心我们在岸边暗中备好马匹，借此逃过他们的监视，然后骑马赶去拉萨了。

我们拔营期间另一峰骆驼又告死亡，而西藏士兵中也有一人去世，在返回营地途中，我们看见这个藏族人的尸体被抛弃在野地，而且已经被猛禽啄食得面目全非。

赫拉耶大人和杨度克大人欣然见到我回营，热情地为我举办盛宴。

第二天早晨我们分道扬镳，一支护卫队衔命护送我向西行，而两位总督则分别返回他们辖区的首府；当我目睹他们庞大的队伍离去时，做梦也没想到在我后来的亚洲探险中，赫拉耶大人竟然扮演着极为重要的角色。

第四十六章
西藏来回印度行

　　九月二十五日，我们开始穿越西藏内地，走一趟耗时三个月的旅程。护送我们的第一支队伍有二十二个人，指挥官是亚姆度大人，官方甚且提供我们充足的牦牛，随着我们前进的脚步，卫队人员和牲口不断换新。卫队的任务就是阻止我们向南进入"圣典之土"，可是我违反这项禁令好几次，主要目的是避开印度学者纳因·辛、英国探险家鲍尔和利特代尔等人走过的路线，希望为这个地区的地图增添一些新内容。

　　虽然现在大部分装备由随我们支配的牦牛驮运，可是几乎没有一天不折损骆驼、骡子或马匹。骆驼驭手穆罕默德·托卡达年纪较大，我们让他骑坐所剩无几的马匹中的一匹，负责押赶一队病号。托卡达每天都开开心心的，生性乐天的他从来不抱怨。他通常是最后一个抵达营地的人。有一次，他的坐骑独自赶抵营地，却不见他的踪影，我派遣两个人带着一只骡子去找他，他们发现他躺在路旁的一个洞里睡觉。托卡达表示他因为困极了，不小心跌下坐骑，之后就一直躺在落地的位置。搜寻的人将他带回营地，但见他又在医疗帐篷里陷入沉睡，没想到这一睡就永远没有醒过来。次日，我们竭尽所能按照伊斯兰教仪式将他埋葬。

十月二十日，我们来到已经干涸的咸水湖喇廓尔错，此地离拉达克还有四百八十英里，如果不是藏族人帮忙，我们绝对不可能到达那里。四十五匹骡子和马，只剩十一匹还活着，而三十九峰骆驼也仅幸存二十峰。寒冷的冬季来临了，温度降到零下十八点九摄氏度，所幸食物倒是随处可得：我们向游牧民族购买绵羊，哥萨克骑兵负责打猎，罗布人则在波仓藏布江撒网捕鱼；我们已经沿着这条河走了好几天了。在沛芦泽错，我们遇到进入西藏以来的第一处树丛，于是在那里停留四天，让牲口享受一下水草，并且生起熊熊营火。

在罗多克地区边境，一个鲁莽而傲慢的首领要求检查拉萨政府发给我们的护照。

"我们没有护照，"我回答，"我认为有藏族人护送我们就足够了。"

"不行，没有护照你们就不能向西边再踏出一步，也不能通过我的辖区。待在这里，等我派个信差去拉萨报告再说。"

"要等多久才有回音？"我问他。

"两个半月。"

"好极了，"我狂笑着说道，"这正合我意。我们就回到沛芦泽错，那里既有水草又有燃料，我们就在那里建立一个供应站，等到春天你就会接到拉萨来的白丝绳。你尽管保重，等你人头落地时可不要怪我。"

他突然变得客客气气的，把他的手下从边界撤回，开放罗多克地区让我们通行。距离拉萨愈远，护送我们的藏族人也愈大胆。有一次，新护卫人员迟迟不来，旧班底已经等不及要回去，他们打算弃我们不顾，没有护卫也没有牦牛。我们接收了他们的牦牛，将行李装载好之后继续前进，这时旧有的护卫队为了谨慎才跟了过来。

十一月二十日，还有两百四十英里的路程，温度计显示气温已经降至零下二十八点二摄氏度。我们的一峰老骆驼死了，它曾经伴随我们穿越到且末的大沙漠，也曾两度与我们去楼兰探险。每一天，我都得与这些帮助过我征服亚洲广大内陆的老朋友别离：堪巴旁玻送我的一匹马在占噶夏河的冰层上陷入冰洞，我们费尽力气才将它救了出来，用火将它烤干，还以毛毯覆盖它的身体，可是第二天早上这匹马还是倒毙在营火余烬旁；还有一天接连死了四匹马，现在唯一剩下的就是我的坐骑了。

在冰湖上乘雪橇

过了寺庙村诺和①之后，我们来到美丽的淡水湖昂玻错

---

① 西藏西方临近克什米尔的村落。

（原意为"蓝色湖泊"），这座长而窄的湖泊望不见尽头，两侧夹着高耸陡峭的山壁，我们经过时，铜铃的叮当声引发悦耳的回音。昂玻错由四个湖塘组成，彼此间以短小的地峡相连，第四个湖塘尚未完全结冰，北岸的山壁以极陡峭的角度插入湖中。我们眼前所遭遇的障碍，论险恶并不亚于其他地区。

　　十二月三日，绝大部分湖面结满薄冰，然而我们要行走的部分较深水处仍未冻结；空气寒冷，干净而平静。夜里薄冰延伸到整个湖面，直达湖畔的山脚下，第二天下午冰层已有五厘米厚，我决定建造一种雪橇或筏子，材料是骆驼的鞍梯和帐篷支柱，外面披覆毛毡垫，然后利用这种交通工具将骆驼逐一拉过结薄冰的湖面。

测试冰层厚度

首先我们对雪橇进行测试，让体重加起来相当于一峰骆驼的几个人一起站到雪橇上，接着两个人很轻易地拉着雪橇沿着冻凸的湖面走，然而因为冰层太薄，在不堪负荷众人的体重下，冰层开始起伏波动，雪橇上的人见状纷纷闪跳，当每一位英雄变成懦夫跃下时，立刻博得众人的捧腹大笑。冰层闪耀着光芒，透明似玻璃，我们可以看见深水里鱼儿的背鳍，好像在水族馆一样。又过了一晚，冰层厚度增加了两厘米，现在所有的负重可以安全渡湖了；等到冰层结到九厘米厚时，连骆驼都可以乘着雪橇横渡湖面。

　　昂玻错最西边延伸出一条支流，流向更西边的班公错——一座山中的咸水湖，两侧由高耸的岩石山壁环抱，看起来像是庞大的河谷。湖泊边的每一处半岛所延伸出去的地形景致，实

骆驼队行过班公错北岸的巨石

非笔墨所能形容，它们绝对是地球上数一数二最壮观的风景。这里的山脊和峰顶积雪终年不消，群山厚实的本体像背景布幕似的，峰峰相连，越远越模糊，直融入西北方的远山。

我们沿班公错的北岸前进，湖畔的山麓一般而言相当平坦，但有时候，我们必须跨越低矮但陡峭的山脊，有时山脚下则堆叠巨大的圆石。由于湖水很深，所含的盐分又高，因此湖水结冰的情况并不理想，我们试图将最后几峰骆驼拉过湖面时，经常碰到棘手的难题。

我派遣两位信差先去拉达克首府列城宣告我们即将到来。十二月十二日，我们在西藏与拉达克的边界欣然遇见一支援助队伍，由两位拉达克人安纳尔和古伦领队，为我们带来十二匹马、三十头牦牛，许许多多的面粉、白米、玉米、水果、腌渍食物以及活的绵羊，我们付了一些钱给最后一批西藏卫队，将他们打发回去。接下来展开在我们眼前的是个新局面。

进入印度

当天晚上，我们营地里充满了活力与欢乐气氛，只有尤达西不太高兴，那天晚上，它和平常一样睡在我的脚边，可是隔天早上，它抖了抖身子，用鼻子在地上刨了一会儿，然后飞快地跑向东方，沿着班公错湖岸消失不见了。尤达西跑回了西藏，因为它与游牧民族的母狗谈恋爱，从此再也没有回来过；自从我离开奥什之后，这条狗就一直是我的室友。

我们在班公错的西缘翻过一道低矮的山脊，站在山脊上，可以瞭望印度河流域；过去两年半以来，我们所游历的地方完全是内陆，没有任何可通达大海的河流。

十二月十七日，我离开旅队策马急奔列城，迫切地想发送祝福的圣诞电报给家人；我已经有十一个月没有收到家人的只字片语了。小镇上已经有好几叠信件等着我，另外寇仁勋爵寄给了我一封至为诚恳的邀请函，希望我到加尔各答拜访他。

这一年的圣诞节，我和仁慈的摩拉维亚传教会教士一起度过，包括黎巴贺、海塔西、修威博士、贝丝小姐等人，见到暌违已久的圣诞蜡烛在基督教会里闪烁，那感觉有些奇怪。

西尔金和我的九位穆斯林徒助手取道喀喇昆仑山口回家，其他人则留在列城等我回来会合。我只带了一名随从前往印度，那就是夏格杜尔。从列城到克什米尔政府驻地斯利那加的路程有两百四十二英里。一九〇二年元旦那天我们离开列城，徒步跨越危险的冰封山口宗吉隘口，花了十一天的时间抵达；之后，驾驶小型双轮马车前往拉瓦尔品第。

限于篇幅，我无法一一详述印度的神奇美妙。到了拉合尔，一位英国裁缝师将我从头到脚重新打点过，之后我经由德里、亚格拉、勒克瑙、贝拿勒斯① 等城市抵达加尔各答，这些城市都

---

① 今名瓦拉纳西。

像梦境一般掳走我的心。寇仁勋爵与夫人在加尔各答市政厅热忱款待我；世界上研究亚洲的学者比他更熟知亚洲的只有极少数几位，而勋爵夫人则是最美丽、最迷人的美国女性之一。在我停留期间，英国金融家兼慈善家欧内斯特·卡斯尔爵士[1]正好在寇仁勋爵府上做客数日。

我那了不起的哥萨克护从夏格杜尔像做梦似的四处游荡，他简直不敢相信自己亲眼看见的美好事物——这里和西伯利亚东部宁谧的森林多么不一样啊！不过夏格杜尔却患了伤寒，我经由特殊安排将他送回克什米尔。

我自行前往德干高原海得拉巴附近的玻拉岚拜访麦克斯威尼上校；之后，又成了孟买总督诺斯科特[2]爵士的座上客；我还骑大象从杰伊布尔旅行到琥珀废城遗址。另外，我在格布尔特拉大君府上叨扰数日，最后再回到克什米尔政府驻地斯利那加。病体已经好转的夏格杜尔与我一起返回列城，这时的宗吉隘口积雪太厚，山脚下狭窄的深谷另辟了一条冬季道路，道路上方的高山几乎每天都会崩雪，使得这条路线异常危险；在日出之前经过这条狭路，最是凶险。我们雇用六十三个扛行李的脚夫，一共花了四天时间才翻越宗吉隘口和那个地区；我们步行一段

---

① 欧内斯特·卡斯尔（1852—1921），英国金融家兼慈善家，曾经资助瑞典、墨西哥、美国兴建铁路，贷款给墨西哥与中国政府等。
② 诺斯科特（1846—1911），英国殖民地官员，一八九九年被任命为孟买总督。

路后换乘牦牛，最后再改骑马。

三月二十五日回到列城，夏格杜尔的病情再度恶化，我将他送到教会医院治疗，除非他脱离险境，否则我不能离开。经过三个半月的休息，九峰幸存的骆驼都养得肥胖而丰腴，我将它们卖给一位商人。四月五日，我带着旅队其余的成员再次穿越西藏。这到底是何道理？为什么我不直接在孟买搭轮船回家？不行，我不能任由哥萨克骑兵和穆斯林助手在异地漂泊，我对他们不也担负着责任吗？唯一留下来的是夏格杜尔，因为他需要休息两个月；我留给他一笔充足的旅费和通行证明，当我向他道别、致谢，并祈求上帝保佑他时，他转过头去哭了起来。过了许久，我得知他经由奥什平安回到家里。

首途返回家园

五月十三日，我与老友彼得罗夫斯基、马继业、亨德里克斯神父在喀什重逢。公羊凡卡与我们一起抵达喀什，它对我们的忠诚并不亚于一条狗，我将它与所有忠实的伊斯兰教随从都留在喀什，至于小狗默兰基和默其克则留在奥什。稍后我和好朋友切尔诺夫告别，他即将返回威诺宜①。当我抵达里海岸边的彼得罗夫斯克时，适逢与彻尔东、薛瑞伯喇嘛挥手道别，他们

_____

① 即今之阿拉木图，靠近中国新疆与吉尔吉斯斯坦边界。

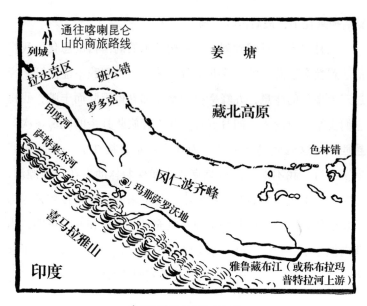

穿越西藏通往拉达克之路

二人先一起到伏尔加河口的阿斯特拉罕,然后彻尔东要回外贝加尔湖区的赤塔,薛瑞伯喇嘛则打算到卡尔梅克人[1]居住的地方,找一间喇嘛庙栖身。与伙伴、牲口一次又一次的离别,令我极为感伤。

最后,我又是孤独一人,穿越俄国抵达圣彼得堡,谒见了沙皇。沙皇听到我赞美哥萨克骑兵非常欣慰,决定授予圣安娜勋章以表扬这些骑兵,并送每人两百五十卢布的奖金。这天,沙皇也下令颁发皇家勋章给西伯利亚所有的陆军哨站,借此彰

————————————

[1] 蒙古人的一支,信奉藏传佛教。

显四位哥萨克骑兵在这次漫长而危险的探险旅程中，为他们自己与国家争取崇高的光荣。后来，瑞典的奥斯卡国王也颁发金质勋章给这四名哥萨克骑兵。

六月二十七日是我一生中最快乐的一天：我终于在这天返抵家园！

第四十七章
对抗四国政府

接下来，我在斯德哥尔摩的家中闭门三年，绝大部分时间都在撰写上次旅行的完整报告，最后集结成六册文稿，书名是《中亚之旅的科学成果》，另有两册全部是地图。

构思新旅程

在埋首整理这部书的过程，我的脑袋里充满狂野的计划，想再进行新的旅程，探访未曾被人探勘过的亚洲内陆。沙漠的风暴在我耳边诱惑地呼号："回来吧！"然而这次特别吸引我的却是西藏！地图上仍然有三大块空白的地区，分布在这处世界最高、山脉最广的北方、中央和南方；其中，最重要的是雅鲁藏布江的北方疆域。广袤的雅鲁藏布江谷地位于喜马拉雅山北方，并与喜马拉雅山脉平行；过去曾有两支探险队伍穿过此区，分别是一八六五年印度学者纳因·辛的队伍，以及一九〇四年英国人赖德、罗林、伍德、贝利的探险队。不过，这两支探险队和其他队伍都没有穿越雅鲁藏布江北方的辽阔土地，这里在地图上犹是一片空白。几乎可以确定的是，这个地区矗立着巨大无比的山系，因为少数几个探勘过藏西与藏东的旅行家都必须征服高耸入云的山口，因此，位于东西两翼之间的宽广地带必然也是高峻雄浑的山脊。在赖德所绘制的路线图上，甚至用三角形标示了几座高峰，但是没有人到过那里；皇家地理学会的会长马卡姆爵士说得对，雅鲁藏布江以北的山脉"从腾格里湖到玛里亚姆山口之间，就我们所知……从来没有人跨越过那里……在亚洲所有的地理探险中，没有任何一项比探勘这群山脉还要重要。"（《地理杂志》第七册，第四八二页）

我所计划的新旅程，主要目标就是探索这片不为人知的疆域，顺便追溯印度河的发源地。最新的西藏地图刊登于一九〇六年皇家地理学会出版的《地理杂志》，在雅鲁藏布江以北的一大块空白上只写着"尚未探勘"，我的野心就是要把这几个字从西藏地图上删除，改填上正确的山脉、湖泊、河流名称，并且从不同的方向横越这块空白地区。

关于这项计划，我手里握有一张王牌，那就是印度总督寇仁勋爵的高度兴趣，他在一九〇五年七月六日从西姆拉回复我一封信：

得知阁下接受我的建议，在完全停止一生精彩的旅行之前，准备采取行动再次进行伟大的中亚之旅，这使我相当高兴。趁我仍在印度之便，如有任何能协助阁下之处，我将十分荣幸为阁下出力，唯一遗憾的是阁下在结束此番伟大的探险之前，我将早已离开印度，因为我计划于一九〇六年四月离开此地。谈到阁下的计划，我猜测明年春天阁下才会抵达印度，届时吾等或许仍可相见，我将安排一位优秀的本地探测员伴随阁下，同时寻找一名娴熟天文观察及气象记录的人员供阁下差遣……我难以预料阁下抵达印度时中国西藏政府将持何种态度，假如中国西藏政府如同目前一样友善，吾等自当为阁下争取必要之通行许可与保护。在此我要向阁下保证，能在任何方面襄助阁下之计划，将是我莫大的荣幸。寇仁　谨志。

　　情况不可能比这更顺遂了。在英国人控制印度之钥的一百五十年里，喜马拉雅山以北的未知疆域静卧在神秘的沉寂之中，并未被英国人碰触过。现在印度的总督竟然慷慨允诺给予我最大的支持与协助，另外，两位大方的赞助人奥斯卡国王与诺贝尔也已将必要的探险经费拨给我，这次我的仪器将比过去更完备，唯一的阴霾是我必须与挚爱的家人分离。

　　一九〇五年十月十六日，我悲伤地辞别双亲与家人，再度踏上旅途。我先穿越欧洲抵达君士坦丁堡，然后跨过黑海到巴统，之后经由高加索与里海直达德黑兰。然而，巴统和其他几个地方的革命运动正进行得如火如荼，通往第比利斯的铁路桥梁被炸毁，我只好改变路线，从小亚细亚海岸线上的特拉布宗搭乘马车出发，波斯大帝阿卜杜勒·哈米德二世借给我六名骑兵护送我走这条路，我们经由埃尔祖鲁姆和巴亚齐得到达波斯边界，然后不带扈从，独自取道大不里士和加兹温抵达德黑兰。

波斯的新任大帝慕沙法尔丁热忱接待我，并协助我穿过他的国土展开漫长旅途。我购买了十六峰壮硕的骆驼，招募随员，并采购帐篷、行李箱、粮食等。一九〇六年元旦，我坐在骆驼背上开始四个半月的旅行，在这期间，我两度穿越危险重重的波斯盐漠，在西斯坦逗留一个星期，目睹正在当地肆虐的瘟疫。随后我骑着脚程很快的单峰骆驼横越整个俾路支，到达努什基，连上印度铁路。由于篇幅的限制，我无法细述这趟刺激而饶富趣味的旅程。我们必须赶快进入未知的西藏。

陷入困境

我在炙人的酷暑中（五月底的气温高达四十一点七摄氏度）穿越印度平原，到达海拔七千英尺的西姆拉，我徜徉在高贵的喜马拉雅山浓郁的树林间，新鲜冷凉的山区空气令人深感畅快。荣赫鹏爵士亲自到火车站迎接我，明托勋爵与夫人更是热情好客，让我得以在他们的总督官邸叨扰。融洽的气氛笼罩着我，人人都乐意帮助我顺利完成旅行，三位本地助理已经在台拉登等候我；印度陆军总司令基钦纳也提供二十位武装的廓尔克士兵任我差遣。从卧室的窗户，我可以看见喜马拉雅山棱线上永冻的雪原，山脉的那一头就是西藏，云朵堆砌成无法穿透的帷幕逐渐沉降，很快便遮掩住北方的梦想之土。

英国政府走马换将，新政府首相为坎贝尔-班纳曼爵士，寇仁勋爵跟着离开了印度，继任的明托总督尽力完成寇仁勋爵允诺我的事情，不过另一个握有大权的人却对我构成极大的障碍，他就是主管印度事务的国务大臣莫利子爵。印度外务大臣丹恩爵士通知我莫利的决定：伦敦的英政府拒绝让我经由印度边界进入西藏！先前给予观测员、助手、武装扈从等承诺悉数撤销。几个月来，我接连经历了革命、沙漠和瘟疫，但我并没有被击倒，然而在抵达亟待探索之境的前一刻，却让我碰上比喜马拉雅山更棘手的障碍。

我发电报给首相，吃了个闭门羹；明托勋爵也发了好几封电报给他，一样遭到拒绝。珀西勋爵为我在国会里提出质询，却只得到这样的答复："帝国政府已决定隔离西藏与印度。"他引用吉卜林 ① 的诗表达自己的想法：

> 大门由我开启，
> 大门任我关闭，
> 我为舍下树立规矩，
> 白雪夫人如是说。

---

① 吉卜林（1865—1938），英国小说家与诗人，生于印度。

老天！当时我是多么痛恨莫利！只要他说一个字，大门就能够打开，可是他却当着我的面砰然将门摔上！英国人居然比藏族人更坏。不过却因此更激起了我的野心，我心想："走着瞧吧，看看是你还是我在西藏吃得开。"几年之后，塞西尔·斯普林－莱斯爵士在一次致词中对我说："我们关上门不让你通过，你却翻过窗户进去了。"当时我并不明白自己其实应该更加感谢莫利勋爵，不过，后来我有机会得以在公开场合向他致谢。

这些谈判与徒劳无功的努力都很耗费时间，而我也并非一无所获，这次经验让我赢得一位终身挚友，那就是明托总督的私人秘书詹姆斯·邓洛普－史密斯上校，我们两人往返的书信足以集成一大册。我与明托勋爵气质高雅的家人共度难忘的两个星期，勋爵将他一生的故事告诉我。一百年前，他的祖父也曾是印度总督，由于旅程艰辛，祖父把家人留在英国，等到任期届满，祖父搭船返回位于苏格兰明托镇的老家，却在距离老家只有一站时中风去世。勋爵的祖父在印度任职期间与妻子鱼雁往来，他的妻子在书信中曾形容他是个"可怜的傻子"。至于勋爵本人年轻时则当过军官，参与过进攻阿富汗的军事行动；一八八五年，他与罗伯茨勋爵同游圣赫勒拿岛，两人与约翰逊总督漫步在通往囚禁拿破仑的朗伍德宅邸的路上时，有两位老妇人驱前走近，约翰逊总督低声对客人说："仔细看看靠近我们这边的妇人。"两位老妇走过之后，客人的评语是："她的侧面看起来和拿破仑好像。"

总督回答："没错，她正是拿破仑的女儿。"明托勋爵向来极崇拜拿破仑这个出身科西嘉的大英雄，他还娓娓道来另一桩关于拿破仑的轶事：当拿破仑第一次被放逐到厄尔巴岛时，罗素勋爵曾经前去探访，他谴责战争的残酷不仁，拿破仑面带微笑地听着，等罗素说完，他才说道："但它（战争）是个美丽的游戏，一种迷人的职业。"

后来明托官运亨通，在老罗斯福担任美国总统时，擢升为加拿大总督。明托告诉我许多关于老罗斯福的为人和习惯，他们两人不论哪一方面都有天壤之别。美国总统的权力固然比较大，但明托却是个修养与气度都难得一见的君子；当寇仁勋爵退休时，明托被任命为新任印度总督，统治三亿两千万人口。

基钦纳勋爵也是个令人难忘的人物，他对于自己的政府不肯在我的事情上让步感到很愤怒，他与明托总督所举办的官宴和舞会，排场之豪华远胜过欧洲与美国的宴会，席间印度国王穿戴珍珠、宝石饰物，闪闪发光。基钦纳勋爵的官邸入口悬挂着一些旗帜，是他征战苏丹时从伊斯兰教领袖与托钵僧手里夺来的；另外，还有一些战利品则来自南非。基钦纳的屋子装饰着亚历山大大帝和恺撒大帝的半身像，以及戈登将军的画像，更别提大批康熙和乾隆年间出窑的瓷器珍品了。基钦纳的参谋长汤森也是我的朋友，他于一九一六年领军征战美索不达米亚，后来我在巴格达见到他时，他因库特伊玛拉城被攻陷而沦为土耳其人的俘虏；关于这件事我还有很多的后续可说，但是现在我们还是快到西藏去吧。

一切的尝试都徒劳无功！我决定走一条莫利管不到的路径去西藏，那就是北方的中国领土。我告别西姆拉的朋友，前往克什米尔的斯利那加；表面上，我的目的地是中国新疆。克什米尔大君非常亲切地接待我，而他的一位心腹达雅则亲自协助我组织旅队。我们向蓬奇的首长购买了四十头骡子，另外采购现代化步枪、弹药、帐篷、鞍件、工具、粮食等物，由于朋友安排的扈从无法实现，因此我又雇了两位印度刹帝利阶级武士——干帕和毕孔，与两位住在印度北部的阿富汗人——巴斯和海鲁拉。我请了欧亚混血的罗伯特担任我的秘书；从马德拉斯来的印度天主教徒曼纽尔担任伙夫。我带了九千金卢比和两万两千银卢比，银卢比上铸着维多利亚女皇的肖像，藏族人不接受国王肖像的卢比，原因是女皇戴着皇冠与珍珠项链的肖像看来像尊佛，而国王肖像只是个头像，连顶皇冠都没有。

我从伦敦买来一条折叠船，还有一口非常美丽的银色铝箱，里面装了成百上千粒效用不同的药锭，那是伦敦宝来威康制药公司赠送的礼物；不论是船或药箱，预计到了西藏都会扮演至关重要的角色。

柳暗花明

我一抵达斯利那加便收到驻扎官皮尔斯上校的亲笔函。他信上说："印度政府建议阻止阁下通过克什米尔与西藏间的边界，倘若阁下拥有中国护照，可改道新疆，否则宜打消此念。"又来了新的阻碍！我当然没有进入新疆的中国护照，因为我本来打算从印度进入西藏。我发电报要求伦敦的瑞典公使弗兰格尔伯爵出面交涉，向中国使节索取一份前往新疆的护照，结果此举奏效，中国使节很快就批准并立即寄发这份护照；我在抵达列城时收到护照，便把护照拿给当地的英国官署看，当地官员随即发送电报给印度政府。情势变成：我人在列城，手持通往中国新疆的护照，因此我可以经由喀喇昆仑山口进入，问题是我并不打算前去中国新疆，所以这份护照并非必要；一旦出了英印官方的势力范围，我就打算离开攀登喀喇昆仑山口的商旅路线，向东转往西藏内地。这样的如意算盘英国官方也预料到了，我离开列城一个多星期之后，西姆拉传来对联合政府的指示，表明总督收到伦敦来的命令，必须阻止我前进，如果我坚持往西藏前进，必要时可动用武力。这封信没有及时抵达列城，是出于我的一位友人的"疏忽"，他将电报搁置了好几天，等到我安全通过边界之后才将电报发出。这位友人已经辞世，在此姑且隐其名，但是我永远感谢与怀念他。印英联合政府对这封电报的回应是："此人早已消失在山间，找寻他无异于大海捞针。"我当时大可将通行新疆的中国护照烧毁了事，后来万分庆幸我并没有那么做。

列城旅途的点滴

现在我再花些许篇幅讲述我到列城的旅程。

我于七月十六日离开斯利那加，第一个营地设在甘德巴，夜里在营火的照耀下，我们也许会被误认为正在召开一场东方会议，因为我的随从来自马德拉斯、拉合尔、喀布尔、拉杰布达纳、蓬奇和克什米尔。我们在斯利那加街头捡了三只奄奄一息的乳狗，给它们起了很简单的名字，分别叫小白、小黄以及曼纽尔之友。我们分成几组越过索纳马格，其中一组由一长列雇自克什米尔的马匹所组成；我们经由宗吉隘口前往卡吉尔，当旅队抵达该地时，我已经掂出几个手下的斤两：两个阿富汗人老是惹麻烦，而蓬奇与克什米尔来的人则是乌合之众，一点纪律也没有，我将他们全数开除，整支东方联军仅留下罗伯特、曼纽尔和两个印度刹帝利阶级的武士。

我大幅改变计划，重新组织旅队，这次一共找来七十七匹马和一组新人手。我们的新旅队热热闹闹地进入喇嘛玉如寺，那里的僧人以驱魔舞和音乐招待我们。

到了列城，英国、德国籍传教士和当地居民全都热忱欢迎我们。我们在这里采购前往禁地西藏的装备。荣赫鹏建议我务必雇用穆罕默德·伊萨，因为他曾伴随许多知名的欧洲旅行家深入亚洲内陆，例如凯里、达格利什、吕推、葛瑞纳等探险家，也与荣赫鹏到过拉萨，并随同赖德到过嘎托（现名噶尔）。伊萨通晓土耳其语、印度斯坦语和藏语，个子高大健壮，当他出现时大伙儿都忍不住微微发抖。伊萨还是个纪律十分严谨的人，不过他在个性上其实也是活泼、爱说笑的。

伊萨见到我时招呼道："您好，大人！"

"你好！你想来领导旅队吗？路程很艰苦的哦。"

"当然想，可是您要上哪儿去？"

"我暂时保密。"

"可是我得知道要准备多少粮食。"

"为队员和牲口准备三个月的粮食，不管需要多少马匹，尽量去买，雇人的时候记得要挑有经验的。"

伊萨开始动手打点一切，他的手脚很快，并且得到当地大君，尤其是大君之子吴拉姆的鼎力帮助，一下子就雇好二十五个人手（其中九名穆斯林，十六名佛教徒）。伊萨自己是穆斯林，可是他的亲兄弟泽仁却是佛教徒；此外，旅队中还有两个印度教徒、一个罗马天主教徒，以及两个基督教新教徒（罗伯特与我）。我把整支队伍集合在我住处的庭院里，并请拉达克地区的联合专员帕特森上尉向他们发表行前演说。这些手下每个月可得到十五卢比薪资，事先给付半年，等到旅途结束，每人再加发五十卢比，前提是他们的工作成绩必须令我满意。队里最资深的元老是六十二岁的古法儒；三十三年前，他曾经随福赛斯的探险队前往喀什，并亲眼见过阿古柏本人。这次他带着儿子和寿衣一起加入我的旅队，万一不幸在旅途中身亡，至少可以办一场风光的葬礼。还有一位苏卡·阿里是我一八九〇年在荣赫鹏的帐篷里就见过的；至于其他团员，我将在后文中随故事的发展陆续介绍。

我那勇猛的领队伊萨还买了五十八匹马，其中三十三匹来自拉达克，十七匹来自新疆地区，四匹是克什米尔产的，最后四匹是桑斯卡来的。我们为所有的马匹编号，在未来的旅程中，马匹若有死伤均必须列入记录；后来它们全数死于西藏。我们旅队出发时，总共纳编三十六头骡子、五十八匹马、三十匹借来的马，以及十头借来的牦牛。

等到粮食采购齐备，帐篷、鞍件和其他物品都准备妥当之后，我命令宋南带领大部分旅队先行前往穆格立。

第四十八章
狂风暴雨下的水路航程

在离开列城之前不久，我拜访了思托克大君，他是个中年人，仁慈而富理想色彩，若非一八四一年被克什米尔征服，他今天应该是拉达克的国王。历任大君居住的坚实城堡耸立在小镇上空，大老远就瞧得见。八月十四日，当我们朝印度河方向前进时，城堡的高耸外墙消失在充满野性的悬崖峭壁后面，不久，我们离开这条滔滔不绝的大河，我心里默默祈祷：有一天，我一定要到从未有欧洲人涉足的印度河发源地扎营。

我们的营地看来壮观非凡，人马杂沓、骡兽成群，真像个巡回各地的小社区。我哀伤地看着这些健壮、丰腴、正值青春年华的驮兽，现在它们轻松地站在那里，从粮袋里翻出草秣尽情咀嚼，可是我心里很清楚，过不了多久它们将因体力衰竭而陆续倒毙。每天晚上旅队会宰杀一只绵羊，我的团队成群围坐在火堆前用餐，等到人和牲口都睡着了，四下只听得见守夜人哼唱小曲的声音。

进入西藏地区

长长的队伍缓慢爬上标高一万七千六百英尺的昌喇山口，这是我第三次跨越这山口，山的另一边就是以前去过的小村庄德鲁古布和谭克西。我们在谭克西制作了一顶西藏风格的大帐篷，并且仔细检查所有驮鞍，确定它们不会使牲口瘀伤。当天晚上还举办一场宴会，有音乐和女性舞者助兴。离开谭克西之后，我们接连六个月没有见过树木。

过了班公错，我们来到最后一处有人居住的地方——波卜仁，我们在此采购三十只绵羊、十只山羊和两条狗。每天晚上营地生起九堆营火，根据我们的组织规划，大队长宋南负责照顾骡子，古法儒照料马匹，伊萨的弟弟泽仁是小队长，负责照管我的帐篷和炊事。小船由一头借来的牦牛驮载。我们带了很多粮食，谷物与玉米足够支持六十八天，面粉有八十天份，白米也可以吃上四五个月。第一场雪引起小狗的愤慨，它们对着雪花吠叫，还张口去咬落下来的雪；印度人跟小狗一般吃惊，因为他们这辈子从没见过从天空飘下的雪花。

马尔西米克山口附近积雪达一英尺深，旅队走在刺眼的雪白大地上，好似黑色的长丝带蜿蜒。还未走到山脊（一万八千三百英尺），第一匹马就衰竭而死；下了山头，我们再度走进荒野的山谷，两侧是雄浑的山脉，山顶覆满皑皑白雪。

我们在昌辰末河谷搭建的营地相当令人心旷神怡，遍生的矮树丛提供我们绝佳的燃料。目前的确没有人限制我的行动，可是我在西姆拉时曾经口头荣誉保证过，绝不沿着这条河谷前往行程五日外的拉那克山口，而这条路却是通往藏西的理想道路，假如我从来没有保证不走拉那克山口的话，不但牲口不必费那么多精力，我也可以节省可观的时间与金钱；事已至此，我被迫绕远路穿越藏北，忍受它恶劣的气候与广漠无边的无人地带。

我们在昌辰末河谷对转眼即逝的夏天说再见，开始攀爬高山、面对冬季。到了昌隆亚玛山口脚下的一座河谷，我们动手扎营，这里没有名字，我们便取"第一营地"为名；这趟旅程，我总共编了五百号营地。伊萨在通往河谷的入口处立了一个石头人，目的是指引列城来的信差，让他知道我们的去向，可是这个信差永远也没找到我们。

我们转了几百个弯，呈之字形攀上陡峭山坡，每一匹马上坡都需要好几个人在下面推着，警告与催促的呐喊声在山谷间此起彼落。我骑马超前旅队，来到山口的鞍部地带，这里的高度一万八千九百五十英尺，令人咋舌；为了找一个不受阻挡的观景点，我又向上骑了好几百英尺。

这番辛苦是值得的，因为呈现在眼前的无疑是举世数一数二的壮观景色。起伏的山群像大海一样包围着我，而这些山脉是地球上最高耸的；而在南方与西南方，则是凌空耸立的喜马拉雅山，白雪罩顶的山头闪耀着刺眼的光芒，冰河的表面好似绿玻璃一般，在巨大的雪罩下透出亮光。天空清朗而明亮，间或有一两朵小小的白云航过天际。我们脚下正是喀喇昆仑山的主峰，向西北方和东南方延伸，所有从这里流往南方的水系都汇集到印度河，然后流进温暖的大海。我再度跨上马鞍向北骑，将印度世界抛在身后，不管大权在握的官方怎样禁止，未来的两年零一个月，我铁定是要待在西藏了。

现在我们置身在粗犷荒凉的西藏高原，完全不通外海；我们跨越一处寸草不生的地区，旅队的脚印踏在柔软潮湿的土壤中，看起来好像一条高速公路。往东南方望去，一堆像铅块般沉重的蓝黑色云朵下隐约可见喀喇昆仑山的山脊，偶尔云朵会因为劈出闪电而大放光明，雷声随之在山脉间咆哮起来。天开始下雪，我们很快就会被笼罩在遮天蔽地的浓密雪花中。我骑在骡子后面，放眼只见得到最靠近的几头骡子，其他的牲口则只剩下朦胧的身影，走在旅队最前面的根本就看不见了。风势猛烈，将雪势吹成与地面平行。那天晚上，我们的营地寂静无声，一切冷飕飕的；有一头骡子在夜里死了。

第二天我们见着了第一头羚羊，天气已经转好，我们通过阿克赛钦平原寻找水源。走了十八英里路后，来到一处含有化石的砂岩脚下，我们发现相当丰美的水草，伊萨又在岩石上竖起一堆指引石标。我们在这里挖到了水；这处营地编为第八号，当时我没有想到日后会再到这里来扎营。

我们继续向东走到阿克赛钦湖，并且在湖岸上扎营，这个地方曾经有几个白人到访过，美国人克罗斯比便是其中一位。向东去是平坦而开阔的疆域，一座纵谷的北端被巨大的昆仑山系所阻断，圆拱状的山脉峰顶终年积雪不消。地上是沙质土壤，长着勉强还算丰盛的水草；尽管如此，我们仍然在一天之内折损了三匹马，一头野狼干脆趴在附近等着坐享其成。就像在沙漠一样，所有的驮鞍里全塞满了干草，一旦牲口不幸夭亡，驮鞍就逐渐变成其他牲口的粮草。

翻越过一条小山脊，我们发现东边有一座大湖，那是魏尔比上尉于一八九六年发现的，他为这座湖取名叫"莱登湖"（Lighten）；我们在西岸搭起第十五号营地。这时我们的旅队有了若干变化，我开除了那两名印度刹帝利武士，伊萨颇有见解地说，这两人的用处比不上队里的小狗：他们受不了寒冷的天气和稀薄的空气。由于我们向拉达克人租用的三十匹马当中死去四匹，他们要求趁早回头，于是我们托他们顺便把这两名印度人带回去，另外也请他们带回一大捆书札，其中最重要的是写给邓洛普-史密斯上校的信。从瑞典来的信件全部送到总督府，我请求派一名可靠的信差将我的信送到当惹雍错（西藏中部大湖）南岸，按照预定计划，我们将在十一月底到达那里。其实这风险相当大，因为我根本不能确定自己能否走那么远，那座湖离我们目前的位置还有五百一十英里远。我在印度的友人深知，尽管有官方禁令，我还是会从北方进入藏南，至于这些信件的下落，我很快就会在后文中交代。

在第十五号营地，我们的旅队规模大幅缩减，队里的马匹死了七匹，为了减轻行李的负担，剩下的牲口都飨以充足的玉米和谷物。我们休息的地方安排如下：伊萨、泽仁和我的厨房位于同一顶大帐篷里，我的二十二口箱子也堆放在里面；拉达克人的黑色西藏式帐篷搭建在一圈粮袋后方；罗伯特住在一顶小帐篷里，我自己则住另一顶小帐篷。

探测湖泊

下一处营地扎在莱登湖北岸。九月二十一日，伊萨带领整支旅队走到湖东岸，并在夜里生火作为指标。我自己带着桨手拉希姆·阿里横渡莱登湖，目标正对着南方。这天天气相当宜

夜晚航行过一座奇异的湖泊

人、平静，湖面像镜子般平滑晶莹；湖泊南岸矗立着一座高大的山脉，火红的颜色，上面覆盖万古亘存的冰雪。我测量了湖水的深度，量线只有两百一十三英尺长，在湖中心丢下铅锤时根本碰不到湖底；在我测量过的西藏湖泊中，莱登湖是最深的一座。

"这座湖没有底，"我那可靠的桨夫抱怨道，"太危险了，我们回去吧！"

"继续划，很快就到对岸了。"

湖水的颜色和天空一模一样，红褐色调的山脉倒映在湖面上，四周景色美不可言。当我们靠岸之时，这一天已经过了大半。我们重新下水出发已是下午三点半以后的事了，这次目标是和旅队会合的东岸。

我们离岸边还相当远，湖面依然平坦如镜，拉希姆看起来很担心。他突然说道："西边有暴风雨，来势汹汹！"

坐在船尾舵边的我回过头，看见西方的山口上厚厚的黄色尘云一路翻卷过来，云层越来越密，并且向天空中蹿升；云朵彼此纠缠、碰撞，然后结合成一大团气势磅礴的云堆，直朝湖泊的西方奔来。不过此时湖面依旧平静。

"竖起船桅与船帆，"我大声喊叫，"如果情况不妙我们就靠岸。"

船帆才刚刚竖起，风暴便开始在我们的耳边咆哮，下一刻，清澈的湖面仿佛一张玻璃板霎时被击碎，一阵风袭来，船帆立刻鼓胀起来；一波波浪头向上跃起，轻盈的小船像只野鸭般被风吹过湖面。船头边湖水翻腾，船身经过之处涌起了千万个气泡。

"前面有块沙地！"

"是浅滩！"

"船如果在那里触礁会粉碎，这只是帆布船！"

我把全身的重量压在船尾，船身被汹涌的浪头抛起，恰恰与沙地的岬角擦身而过。万一真的撞船，这艘小船势必如石头一样沉入水里，因为船上有一块锌制的活动船板，所幸我们还有两个救生圈。

暴风的力道更强了，船桅紧绷得像一把弓，帆脚索切进我的手掌，可是这当儿想系紧它无疑是蠢事一桩。

"前头又有一处岬地！"

"我们得试试停靠在下风处的岸上！"

现在我们才发现一旦过了这处岬角，后面的湖面更是无边无际，东方完全看不见湖岸的影子，夕阳正在西沉，焰火般的色彩将它染成了火球，为大地与湖面蒙上一层美丽的光彩，所有的山脉都像红宝石一样闪耀生辉，连浪花都晕染成红色，连小船的帆也透着紫色光芒，而我们正死命地划过这座血红的湖泊。太阳落下了，山巅上的最后一丝余晖也消失了，大地重新恢复寻常的昏暗色调。

这会儿，我们接近了第二个岬角。

我们必须跳进水里将船拖上岸

　　小船经过拍击岬角的怒吼波涛，我试图让船转到下风处，可是还来不及搞清楚方位，就被浪头带离岬角所在之处；风暴和浪头将我们吹着跑，船像飞一般急速奔驰，这时若要停下来还真有点可惜。月亮升上夜空，我们的航道上又出现另一个岬角，小船以极速向它靠近，我全神贯注准备好要转动船舵，以便在下风处的岸边停靠下来。不过事实证明，想要在这种惊涛骇浪的暴风里靠岸根本不可行，当我转舵时已经太迟，新的浪头又将我们推过了岬角。

　　西边原来还带些微明的天色，此刻已经全部转黑，而东边山头上也笼罩漆黑的夜色，并且延伸到湖面上；一波波浪花在月光下闪着粉笔似的惨白，与山上的雪原不相上下。拉希姆因为过度恐惧而失去理智，蜷缩在船桅前面颤抖；船被风推着跨过越来越高的浪头，继续进行疯狂的死亡航行。目前眼力所及只有三波浪花的距离，也就是托起船身的一波、在我们身边滚滚奔驰而过的一波，还有在船后穷追不舍的一波。在这样的天气里，乘着帆布船在夜里航行可真算得上惊险万分。

月亮沉落，不眠的黑夜继续守着我们；星星闪闪发亮，天气开始变冷了。我松开横放的座位，在船底坐了下来，这样身体可以得到一些遮蔽；我们与船下翻腾的波浪之间只有薄薄的一层帆布，而帆布底下的湖水深不可测。

时间过得很慢，但湖泊终有止境，小船迟早都会靠岸，假如湖泊东岸是沉降入水的悬崖峭壁，那么这回我们必然难逃厄运。我向拉希姆喊叫，要他一发现岸边的岩石就立刻通知我，但是拉希姆根本没有听见，他已经被吓得瘫痪了。

我们以船做屏障抵挡强风

忽然，我透过呼啸的风声听出前方传来一种沉闷的呼噜声，那是波浪打在湖岸上的声音，我对拉希姆大吼，但他仍然一动也不动。黑暗中隐约可见白色泡沫串成的带状，船冲上岸边，下一秒钟湖水会再将船吸离岸边，接下来的浪头将涌进船里，把船抛起来砸成碎片；我用左手抓紧船桅保持平衡，然后用右手一把抓住拉希姆的衣领，将他丢下船去。这招果然奏效，波浪像打雷一样怒吼而来，下一刻船又冲向岸边，滚滚浪花打进船里，淹没了半艘船，我跟着跳进水里；落水的我与拉希姆赶紧合力将船拉上岸。

我们把船里的水倒光，抢救湿透了的东西。身上湿淋淋的衣服已经凝结成冰，硬得像木头一样，我们用桨把船身撑起来当做遮蔽风雨的屏障，绕着铅线框的木头舵轮碎成断片，已经不能修理了。所幸放在我胸前口袋里的火柴还是干燥的，我们靠舵轮碎片和火柴生起火堆。我脱下衣服解冻，然后把水拧干，希望至少把内衣烘干；这时的温度是零下十六点一摄氏度，我觉得双脚几乎冻伤了，便让拉希姆为我搓脚取暖。我们两人活得过今夜吗？

木头碎片烧光了，当我正打算牺牲船上一块座板时，拉希姆忽然喊道："北边有亮光。"

没错，真的有火光！那处光亮显得极为模糊，接着消失了，但是过一会儿再次出现，而且比先前更大。我们听见马蹄声，有三个人骑马过来了，原来是伊萨、洛布桑和阿杜尔；拉希姆和我跳起来，上马在漆黑中骑回营地，回到营地时，茶壶正在火堆上快乐地唱着歌哩。

两天之后，我们翻过另一道山脊，进入一个没有出水口的新盆地，盆地中央静静躺着一座透着绿松石色泽的蓝绿色盐湖，湖水闪闪发光，这就是当地人人皆知的雅西尔湖（意思是"绿色湖泊"）。我们在这座湖上又冒险航行了一次，同伴的营火指标将再度引导我们顺利回营。这次我带着罗伯特与拉希姆同行；我们穿上足够的衣服，朝东北方划行，然后在湖的北岸停下来用午餐，接着朝南推进，准备前往预定的会合地点。

我们将船推下水，再用桨把船撑离湖岸约投一次石的距离，因为这座湖和其他湖泊大不相同，湖水很浅。我们发现西南方出现黄色的风暴预警，于是赶紧商讨对策。回到北岸过夜以避过当头风暴岂非明智得多？我们才刚刚掉转船头回岸，就见到两头肮脏的黄色大野狼等在岸边，它们就在湖水边上等候我们靠岸，当我们靠近时，这两头野狼一点儿也没有退让的意思。拉希姆认为它们只是放哨的，后面还有一整群野狼，我们身上没有携带枪弹，现在的问题是："哪一种情况比较糟？野狼还是风暴？"我们还在讨论眼前的处境时，风暴已经扑过来，强风灌满了船帆，船身也跟着上下颠簸。

"好吧，既然事已至此，我们走！趁天黑之前赶快靠岸。"

船头再次切进嘶嘶作响的拍岸浪头，红黄色的太阳下山了，月光下，扭曲如蛇的岩层变成银白色，现在船顺风而行，两名

在岸上等候的野狼

同伴也摇着桨，我们尽可能避开波浪，不过有时起伏的浪头仍然打进船里，最后船底积聚深及脚踝的水，随着船身晃动而水花四溅。虽然如此，并没有什么灾难发生。湖泊南岸出现两大堆火光；黑夜降临了，忽然有一支桨触及地面，我们发现船已划到一处小岬角的下风处，随后靠了岸。这天夜里，我们在一块潮湿的盐地上度过相当艰难的一晚，还好我们带了两瓶淡水和食物，总算不至于挨饿。黎明时，拉希姆收集燃料生了火，不久便看到伊萨带领马匹过来了。

牲口折损惨重

曾经在狄西上尉（1896—1899）和罗林上尉（1903）探险队里当过差的宋南，为我们指出这些英国人扎营的地方。狄西上尉的牲口死了以后，他在营地上埋了一些箱子，我们将箱子挖掘出来，并没有发现有价值的东西，我只拿走两本小说和旅游书籍。此时，我的心情渴望将这些探险家的路线抛在身后，快些进入藏北大片不为人知的三角地带，也就是英国地图上那诱人的"尚未探勘"之地。

　　在路上又走了两天，我们来到了淡水湖普尔错的西岸。这是处赏心悦目的营地，我们的猎人唐德普猎杀到一头野牦牛，所以我们好几天都有肉吃；我分到腰子和髓骨，滋味美极了。入夜后，手下们坐在营火边吃饭，我则留在帐篷里工作，外头陡地吹来一阵暴风——这次是从东边吹来的，算是换换口味吧；两顶帐篷被强风掀翻，仍在燃烧的余烬也被风刮起，看起来像在施放烟火。波浪重击湖岸，激起的水花下大雨似的把整个营地溅湿了。

　　第二天是个明媚的好天，我们分两条路线渡湖探测水深，然后在南岸扎营，至于旅队则在休息一天后抵达湖的东岸。船上的我们又花了一天工夫在湖面上探测，这次顺利抵达新营地，

受到野狼攻击的马匹

没有受到任何风暴的干扰。我们离西岸的旧营地并不远，这时候，却又看见营火和逐渐扩散的烟雾，感到十分惊奇，难以想象为什么会出现这种情况？八个小时以前旅队才离开那处营地，营火也早就熄灭了，难道藏族人已经开始追赶我们，想要阻挠我的探险计划？还是从列城来的信差？这实在不太可能。我的手下相信那是在湖边徘徊的鬼魂，他们说那是湖仙点燃的鬼火，我自己则相信那是一堆干燥的牦牛粪被风点燃所引起。

旅队规模在一夕之间缩小了，营地上躺着一匹死去的马。次日，我又骑马经过三头垂死的马匹，由马夫牵着走，粮食也大幅减少，原本被拉达克人用来挡风的粮食墙现在所剩无几。晚上，三匹马在一座小湖附近逃跑了，我派遣洛布桑去追赶，三天之后他带回来两匹马；而第三匹马的足迹则透露了事情的经过，叫人觉得既伤感又戏剧性十足。原来这匹马被一群野狼追赶，它为了保命只好跑进湖里，后来狼群撤回，马儿却回天乏术；它显然曾经游泳挣扎着上岸，最后必定因为体力不济而溺死，因为湖泊彼岸并没有它的足印。

我们的旅队也被野狼和大乌鸦跟踪，只要有马匹死亡，野狼总会出现。至于大乌鸦，几乎是半驯服的，我们甚至可以认出其中几只。

十月六日，气温降到零下二十五摄氏度，晚上有些骡子跑到我的帐篷边，到了早晨，其中一头骡子倒毙在帐篷入口处。

迄今为止，我们的行进方向一直朝着东北偏东，现在开始

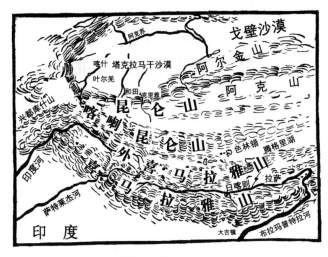

西藏的地理特征与山脉走向

转向东南方，准备跨过欧洲人未曾涉足过的大片三角地带。我们离当惹雍错仍然有三百九十六英里的距离，旅队中的佛教徒每天傍晚都吟诵祷词，祈求我们能顺利抵达扎什伦布寺，如果能够成功，他们允诺向神圣的班禅喇嘛进贡一整个月。两天后，我们已经损失二十九匹马和六头骡子，只剩下二十九匹马、三十头骡子及十八只绵羊。这天唐德普猎到两只矫健的公羊；他真是我们的宝贝，每当旅队缺乏肉食，他总能射到一头牦牛、一只野绵羊，或是一头羚羊什么的。有一天他走在旅队前面，惊动了一群正在峡谷中吃草的牦牛，唐德普开枪击中一头惊跳起来的牦牛，它顺着山坡滚下，正好跌落到唐德普的脚边，气绝身亡。

第四十九章
与死神同行穿越藏北

冬天来了，每个人都穿上羊皮外套，并把宰杀后剥下的绵羊皮晒黑，做成短祆和鞋子。晚上睡觉时，我躺在大张如丝缎般柔软的白色山羊皮的半边，再把另一边折起来盖在身上，泽仁还用毛皮和毯子塞紧我的身侧。此外，我又穿上一件柔软的羊皮短祆，所以每天晚上我好像躺在野兽的洞穴里；只要我还醒着，洛布桑会用烧红的牦牛粪暖着我的小火盆。甚至小狗也有毛毡做成的睡衣。小黄被穿上紧身外套，它笨拙地走动了一会儿，便想尽办法要挣脱外套，当小白也拉动身体想要撕咬身上的外套时，我们全都笑弯了腰；最后小黄蹲趴在地上，愤恨地看着折磨它的外衣。

谭度是众人的主厨兼说故事高手，我的私人厨师泽仁也常常不厌其烦地对一小群人讲故事，不过他最逗趣的时候是唱歌，他的歌声听起来像一只猪被门夹住的惨叫声。

十月十七日，气温零下二十七点八摄氏度，旅队目前剩下二十七匹马、二十七头骡子、二十七个人，但过两天又冻死了一只绵羊和两匹马。我们已经有五十九天没有见过其他人类的足迹，大伙儿的恐惧感逐渐提升。我们能在遇见游牧民族之前维持足够的牲口吗？万一牲口全死了，我们只好舍弃行李，徒步寻找人烟，这种情况会不会发生？

难耐严寒风雪

这里的地形构成重重障碍，我们陷在迷宫似的曲折山谷间。在四十四号营地时，一场暴风雪来袭，旅队行进路线的转折点因此无法辨认。我们派出的斥候建议走东边的一条山口，次日伊萨跋涉一英尺深的积雪前去探勘，等我到达那里时（海拔一万八千四百英尺）发现，主脊就在山口东南方附近，但是伊萨却越过山口，下到东北方一座被雪覆盖的荒僻山谷扎营。这里既无燃料也无水草，我们靠空箱子维持营火燃烧不灭，沉重的云堆下降到白色的山头，天上再度飘起雪花。我们的营地上方就有一条小山脊，高度大概只有四十英尺，顺着一名手下的方向望过去，山脊上站着两头正在观察我们的野牦牛，它们和我们一样吃惊。黑色的牦牛衬着漩涡似从天而降的白雪，着实是一幅奇妙的景象。

夜里马匹互相嚼着对方的尾巴和驮鞍，其中两匹在当晚死去。下一个营地仍然笼罩着愁云惨雾，伊萨出去探路，回来时带了新消息：他在三个小时的路程外找到一片开阔的地面。旅队开拔向前走，黄昏时伊萨突兴一股冲动，要求大家继续走，直到抵达那片平坦的草原为止。我走在罗伯特、泽仁和拉希姆后面，其他人马分成三组，牧羊人和他带领的绵羊殿后，他们像幽灵般消失在黑暗中；酷寒的天气砭人肌骨，不过没关系，因为我们都充满希望，明天早晨的情况必然会好转。

两头可怜的骡子跟着我们这一组，半夜里其中一头死了，另一头到隔天早晨也已经消耗得不成形，我们用刀子帮它解脱，它睁着双眼凝望太阳，像钻石般闪闪发亮，它淌下的血液被皑皑白雪衬托得艳红斑斑，令人毛骨悚然。

我们跟随其他组人马的足迹前进，不久遇到唐德普，他说旅队在黑夜里迷失方向，几组小队也失去了联系，另外有四头骡子丧命。我们在他的带领下继续走，途中经过一头倒毙的骡子和原本绑在它背上、现在掉落一旁的两袋白米。伊萨在远方出现，他带领两名手下出来探路，最后我们终于抵达那处水草丰美的平原。大伙儿翻身下马，早已冻得半死的我们赶紧生火取暖，接着其他小组也逐一抵达会合，我们为这处营地编号为四十七号。宋南第一个出现，他带领幸存的骡子前来，见到我们时不禁为旅队的损失哭泣起来，昨夜的折腾使我们折损七头骡子与两匹马。牧羊人和其他队员完全失去联系，他带领绵羊进入一处峡谷，自己坐在绵羊群中取暖；他们竟然没有遭野狼跟踪与攻击，真是一桩奇迹。

我们大略清点一下旅队实力，现在剩下三十二驮的行李、二十一匹马、二十头骡子，但是有四头骡子已经不堪使用。如今只有罗伯特与我继续骑马，我决定将七驮白米中的五驮拿来喂食牲口，毕竟旅队的存亡完全依靠它们。唐德普射杀了三头羚羊，为我们凄惨的处境带来一些喜气；几名人员出去宰杀猎物、准备餐点时发现，在这空当有一头羚羊已经被野狼所吞噬了。

在十月二十四日的跋涉途中，又有两头骡子和一匹马不支倒毙，我们的处境一天比一天凶险，营火前人人沉默不语。这天的营地位于一座小湖边，我们在湖岸上发现干枯的野草和一口涌出地面的泉水，晚上十点钟，一群南飞的野雁从我们头顶上飞过，清明无比的月光照亮整个大地，今晚相当宁静平和。从野雁聒噪的叫声，我们推测出它们可能想飞下来在泉水边休息，却发现泉水被人类占据了，因此野雁首领发出一声响亮的新口令，雁群再度起飞，目标应是南方下一处泉水。毋庸置疑，几千年来这些候鸟年年循着相同的路线飞越西藏，在秋天与春天往返印度。

陷入昏迷的八十四小时

打从离开列城就一直是我的坐骑的斑点大马已经显出疲态，于是我换骑一匹体形娇小的拉达克白马，它是我的好朋友，虽然我碰触马鞍时它会咬人、踢人，但只要我一坐上马鞍，它就

受伤的野牦牛

以自信稳健的步伐向前走。我们在两个地方看见一种常见的石头三脚凳，那是猎牦牛的猎人用来煮食的炉灶，经过六十五天与世隔绝的旅程之后，我们终于发现人烟，每个人都开始放眼寻找黑色西藏式帐篷的踪影。我们越晚与游牧民族接触，我们正逐渐接近的谣言就越晚抵达拉萨；尽管如此，大伙儿还是渴望快点找到其他人类，因为旅队中幸存的马匹和骡子再也撑不下去了。此处水源非常稀少，有时候我们必须将冰块放在锅子里融解，好让牲口有水喝。

我们在严寒的暴风雪中走了一段短短的路，便开始搭建第五十一号营地，之前我已累得快坐不住马鞍，大伙儿两度停下脚步来点燃牛粪取暖。帐篷一搭好，我立刻爬进去倒在床褥上睡觉，这回我得了很严重的疟疾，头痛欲裂，而且发烧到将近四十一度半。罗伯特将宝来威康制药公司赠送的药箱拿来，真感谢这家公司！过去，他们也送药品给斯坦利、埃明帕夏 ①、

---

① 埃明帕夏（1840—1892），德国探险家，原名 Eduard Schnitzer，是德国驻苏丹的行政官，对于非洲东部的地理、自然史与民族的研究贡献良多。

杰克森①、斯科特②等人。罗伯特和泽仁脱掉我的衣服，彻夜守护着我；梦言呓语的我仿佛离开了西藏，就这样躺了八十四个小时，这期间，罗伯特大声念书给我听。外面一场暴风整整肆虐六天，粉尘吹进我的帐篷里，将蜡烛吹得时明时灭；野狼大胆逼近营地，唐德普开枪击中一头，还有一只大乌鸦专爱啄马的鬃毛，也被唐德普给打死了。旅队里很多人生病，原本的五十八匹马现在只剩十六匹还活着。

十一月三日，我可以继续上路了——密实裹在毛毯里。我们经常选在前人的旧营地上扎营，利用他们留下来的炉石烹煮。两天过后，我们发现金矿和挖掘的痕迹，有条路显然是人类的脚步踩踏出来的。狭窄的山谷中有群野牦牛在吃草，唐德普上前发动攻击，枪声响，除了一头大如小象的老公牛以外，其余的牦牛悉数逃入峡谷的另一端，留在原地的公牦牛压低犄角，朝猎人的方向逼近，唐德普来不及撤退到安全地点，迅即精确地射出两枪撂倒牦牛；我为这头俊美的动物拍了好几张照片。

十一月七日，我们有一段不寻常的际遇，当时我在专心收集矿物标本、绘制路线图、素描和拍照，像往常一样落在旅队最后面，陪伴我的是骑马的罗伯特与徒步的拉希姆；每当我一

---

① 弗雷德里克·杰克森（1860—1938），英国探险家，曾到过世界各地探勘，包括澳洲沙漠、北极、非洲等地。

② 罗伯特·斯科特（1868—1912），英国探险家，两度指挥南极探险队；一九一二年抵达南极点，回程时却因气候恶劣、粮食用罄而不幸丧命。

跨下坐骑，拉希姆就会在一旁为我牵着马。我们沿着一座湖的岸边前进，右手边有一堵陡峭的山壁，两群野绵羊出现在眼前，四下还经常可见探矿人堆砌的引路石标；接着来到一处平原上，正在吃草的五十头牦牛飞也似的逃走，没多久，又见到一群二十头左右的西藏羚羊，当我们靠近时，它们像云影般霎时消失无踪。先我们抵达的旅队已在前面半英里处搭好第五十六号营地，营火烟雾也已袅袅升起，再过几分钟我们就可以到达营地。离营地两百步左右有一头黑色的大牦牛在吃草，伊萨走出帐篷外对牦牛开了一枪，受伤的牦牛变得狂暴，它瞥见正在靠近的我们，认定我们是敌人，便笔直朝我们三个人冲撞过来，拉希姆绝望地大声喊叫，赶紧朝帐篷方向逃命；这时候牦牛改变主意，调头往回跑，我们的马嘶鸣起来，也开始放蹄狂奔，拉希姆抓住罗伯特坐骑的尾巴，发怒的牦牛已经相当逼近，它的嘴边冒出白沫，血红色的眼珠子滚来滚去，蓝紫色的舌头吐了出来，气息像水蒸气从鼻孔里喷出来，一阵烟尘在它后方卷起。牦牛低着头往前冲，我正好骑在最右侧，因此它第一个刺中的必是我的坐骑，接着会把马儿和我顶起来抛向空中，等我们落地再将我们踩成肉酱，我恍惚已听到自己的肋骨被牦牛踩断的喀啦声。现在牦牛离我们只有五十英尺距离，我将短袄抛出去，希望能转移牦牛的注意力，可是它视若无睹；我再把腰带解下来，想趁牦牛更接近时把羊皮外套丢出去蒙住它的眼睛，我觉得自己好像马上的斗牛士，正与狂暴的公牛作殊死搏斗。

牦牛压低犄角向我们冲过来

生死一线间！我还来不及脱下外套，就已听见一声划破天际的凄厉喊叫，那是发自奔跑中跌倒在地的拉希姆口中，这一来牦牛的注意力立刻转移到拉希姆身上，它压低犄角冲到拉希姆身边。不晓得牦牛是以为拉希姆已经死了，还是认为他不具备伤害力（因为拉希姆始终一动也不动），总之，它只用犄角顶顶拉希姆，然后就以战胜之姿跑离平原了。

　　我立即调头，下马跑到拉希姆身边，心想他一定没命了，只见拉希姆直挺挺地躺着，衣服破破烂烂，全身沾满尘土。我问他怎么样了，他举起一只手做了个滑稽的动作，好像在说："别理我，我已经死透了。"这时营地的援手也赶了过来，可怜的拉希姆看起来真的很凄惨，他的一条腿裂开一道长长的伤口，还好并不碍事，同伴将他放在马上，为他清理伤口，并带他回帐篷好好照料。从此拉希姆改为骑马旅行，但是这次遭遇让他变得有些古怪，很久以后才恢复正常。

喜见第一批人类

在下一个营地时我们浪费了一天，因为一群野狼将我们的马追得往回跑，使得我们只好重新搜寻自己在北边留下的脚印。十一月十日，我们看见一个人和一头驯养牦牛在湖边留下的新脚印，而唐德普出去找寻猎物时，也遇上一顶孤零零的帐篷，里面住着一个妇人和三个小孩。两天之后我们又折损了三匹马，这时马仅剩下十三匹。我们那矫健的猎人忽然带着两名骑马的藏族人回到营地，这是我们八十一天来所见到的第一批人类。

这两个藏族人大约是五十岁和四十岁，年纪大的叫庞策克，年纪轻的叫札林，他们算是半游牧、半捕猎牦牛的人，自称为羌巴。整个西藏北部都叫作羌塘，意思是北方高原。这两位藏人叫我"大首领"；他们浑身脏兮兮的，披头散发，戴的帽子可以保护两颊和下巴，身上穿着温暖的羊皮外套和毛毡靴，还配备了原始的长剑、拨火棒和步枪，但却缺少一样东西——长裤！

他们愿意卖我们一些牦牛和绵羊吗？答案是：求之不得！他们说第二天早上会再回来，可我们不太信任他们，于是当晚将他们留在伊萨的帐篷里监视。次日早晨，我的人随同前往他们的帐篷，不久，他们便带回五头健壮的牦牛，每一头都能驮上两匹马所负载的行李。另外，他们还带了四只绵羊和八只山羊回来。我们支付了一笔丰厚的报酬，因为这两位藏人真的救了我们一命。

藏人一五一十地诉说他们对这个地区的熟识，也说了一些自己在此间游牧的经验。他们靠又老又硬的肉干、奶油、酸奶、茶砖维生，狩猎时躲在泉水旁边低矮的石墙后面，等候猎

我们遇上的第一批游牧民族

物到来；札林信誓旦旦说他年轻时猎过三百头野牦牛。藏族人用野驴皮制作靴子和皮索，然后将皮索穿过野兽的脚腱；驯养的牦牛和绵羊、山羊都是由他们自己和妻子一同照料，日子过得虽然单调，却相当健康而有活力。一年复一年，他们就在这令人晕眩的高山上、在刺骨的风寒与霜雪中生活下去；他们竖立献给山神的石堆，对居住在湖泊、河川、山脉间的鬼神均心存敬畏。最后大限来临了，亲人便将死者的尸体带到山里，任由野狼与秃鹰收拾善后。

十一月十四日，我们离开营地继续前进，庞策克和札林担任向导，他们沿途解说地名，我和伊萨拿相同的问题分别去问

他们，借此查证两人的说法是否吻合。据他们说，挖金矿的人一年工作两三个月，回家的时候满载着盐巴，之后再以盐巴换取谷物。每天晚上庞策克和札林都会清点我给他们的卢比，并且把玩这些亮晃晃的银币。他们的小马常逗得我哈哈大笑。当我和札林抵达营地时，领先到达的庞策克早已把马儿放出去吃草，一等到我们接近，他总是上马急驰过来迎接他的伙伴，两个人开开心心地说笑，然后彼此摩擦鼻子欢迎对方。藏族人的马儿对我们的马儿极感兴趣，似乎无法理解我们那些憔悴、虚弱的马儿其实是它们的同类。在一旁观看这些小马嚼着切成长条的肉干，实在趣味盎然；在水草如此稀罕的地方，游牧民族不得不将他们的马儿训练成肉食动物。

有一天唐德普射死两头牦牛，我们尽可能带走许多肉，其余的都留给庞策克和札林，不过大概又会被野狼捷足先登。

接下来我们骑马越过察孔拉山口，这里的标高（一万七千九百五十英尺）和墨西哥的波波卡特佩特火山①一样。沿途有寻金人留下的足迹，我们停在这条山脉的南方扎营；新交的西藏朋友央求我让他们回家，因为他们从来没有到过比此处更偏南的地方，我答应他们，并且慷慨送了一笔小费，看来他们似乎从未想过会有我们这种人存在。

又过了一天，我们从另一山口上瞧见六顶帐篷，周围环绕

---

① 位处墨西哥城东南七十二公里，为境内第二高峰。

着吃草的牲口，这些帐篷住着四十个人，他们拥有一千只绵羊、六十头牦牛和四十匹马，其中一个跛脚老人洛桑卖给我们三头壮硕的牦牛，每头索价二十三卢比，他的一名同伴也以同样的价格卖给我们两头，因此我们现在总共有十头牦牛，为其他的牲口减轻不少重担。洛桑穿着红色的羊皮外套，戴着红色头巾，看来相当英俊，他说这个地区蕴藏丰富的金矿和盐矿，吸引了拉萨人前来开采，他自己和其他游牧民族则是来自西南方改则一带，他们似乎很热衷于帮助我们，族人间却彼此害怕，显然他们还没有收到任何拉萨来的特别命令。

我们带着十四头骡子、十二匹马、十头牦牛上路，在十一月二十二日行抵一条高突的道路，显然这是为了寻金客和他们的牦牛，以及载盐商旅与他们的绵羊所辟建。每天吹刮的风暴简直是酷刑，我们全身上下裹得像是北极探险家，骑马穿越不见天日的尘云，大伙儿的皮肤都龟裂了，尤其是指甲周围长出慢性疮伤，龟裂的情况更严重。夜里风暴夹着隆隆的低吼，好似罩顶的火车站驶进庞大的火车，或是重炮队全速压过石子路的声音。

行踪暴露

第二天死了四头骡子，气温降到零下三十三点三摄氏度；我们再次扎营，营地附近有一座被石墙环抱的帐篷村，村子里六顶帐篷都住着纳灿人，他们听命于拉萨政府。伊萨同他们交涉，试图购买一些牦牛和绵羊，可是有个看似官员的人走进帐篷，禁止这些居民卖任何东西给我们，他知道我们的旅队里藏着一个欧洲人，建议我们立刻回去。

我心想："开始了，现在他们立刻会派遣快马信差去拉萨通风报信，然后间谍与监督行为就会开始出现在我们周遭，最后他们将动员所有骑马的民兵。"

离这要命的地方不远之处，我们遇到一支来自那曲的三十五人朝圣团，他们赶着六百只绵羊和一百头牦牛，进行圣山冈仁波齐峰的朝拜之旅，他们旅行的速度极为缓慢，来回一共花了两年时间。到达下一处营地，我们发现有两名间谍在监视我们。那天夜里一头骡子死了，它的尸体立刻引来五头野狼啃食，当我骑马接近时，这些野狼甚至毫不退避。

我们加快速度赶路，筋疲力尽的牲口尽力卖命。一天晚上我们正在乱石堆里扎营时，两名骑士接近我们的帐篷，他们的辫子盘在头的周围，饰以红色的带子，外套缀有红色与绿色的缎带，剑鞘上镶着次等宝石，靴子则是用多种颜色的毛毡做成的。这两人说他们是那支那曲朝圣团的队员，不过他们以下的说法听起来比较真实：

"你是五年前带了两名随从抵达那曲的白人，其中一个随从叫薛瑞伯喇嘛。"

"没有错。"

"你的旅队里有骆驼和俄国人，整个那曲的百姓都谈论着你。"

我心里想：好极了，现在，地方首长很快就会知道我在半路上，而且肯定会出面阻止我们。"

"你有没有牦牛可卖？"我问他们。

"有啊，我们明天早上会再过来；不过你绝对不能让任何人知道我们卖牦牛给你。"

"一言为定，你们过来，我们不会告诉任何人。"

第二天日出以前他们就来了，携带了牦牛、奶油、茶砖，还有不丹的烟草。

"如果你们陪我们一起走，我每天给你们每人三个卢比。"我说。

"不，谢了！"他们回答，"已经有话传到南方要阻挡你，并且强迫你向西走，就和上次一样。"

这两个人就这么走了。现在我们拥有十八头牦牛，队伍继续经由一处山口往南走，我们发现山口的另一边遍布积雪。当旅队通过一处平原时，我和罗伯特、哈吉骑着马远远落在旅队后面，哈吉忽然指着我们身后的山口说："三匹快马！"

"真正的麻烦来了。"我心里想着。三个骑士笔直朝我们而来，一个体型结实的汉子以官方口吻要求我们说明自己是谁，我们反过来问他们又是谁；他们盘问了一会儿，便向已经扎营的旅队走去，经过一番严密的检查后，策马向西方离去。

十二月四日，我们穿过一片有数百头野驴在吃草的带状平原，直抵波仓藏布；在前次的旅程中我得知了这条河，这里海拔只有一万五千六百英尺，对我们来说真是难得的低。我们分秒必争，和当地人建立友善关系，他们总算才愿意卖食物给我们，这买卖来的真是时候，因为我们的白米、面粉、酥烤面粉都吃光了；我每天还有一小块白面包可吃，但是手下只剩下肉和茶可食用。

我们还没有被限制行动自由。眼前这条路正是我在一九〇一年走过的同一条，而波仓藏布的南面正是地图上一大片空白的起点，换句话说，这里正是我此次探险的主要目标。不过我们多舛的旅队再度被乌云笼罩，第二天，有六名男子骑马来到营地，其中地位最高的是"噶本"，意思是地区首长，他说道：

"我从北方得到关于你的消息，现在我要知道一切内情。上次你带着骆驼经过这个区域，现在我要派遣一名信差去通报纳灿的总督，否则他会杀了我。请大首领您在这里静候回音。"

"要等到什么时候？"

"大约二十天。"

"不了，谢谢你！我没有时间，明天我们的队伍还是要前进。"

这位老先生很慈祥，个性也讨人喜欢，他和我们一起骑马到江边，把自己的帐篷搭在我们的帐篷旁，对于游牧者协助我们一事也不予置评；牧民向我保证，现在所有的纳灿人都知道我的行踪。

十二月十三日，我们从一处山口上瞧见期盼已久的当惹雍错，先前我命信差到这座湖的南岸与我们会合，如今我们已迟延了半个月，尽管如此，我还是决定先往东走一点到昂孜错（西藏中部的湖泊）。

营地附近面对一条峡谷的出口，开口处极为狭窄，有些地点甚至张臂可以同时碰触两侧山壁。我带了两名随从走路到那里，洛布桑随后再带牦牛来接我们，当他来到预定地点和我们会合时，情绪显得相当低落，原因是营地来了十二个武装骑士试图阻止我们。

我们才在未知之境走了几天，现在我的路途又像从前一样被堵住了，整个冬天的受苦受难、所有牲口的牺牲性命，全都白白浪费了。我情绪沉重地骑马返回帐篷，当泽仁把暖好的火盆带进帐篷时，我说：

"我先前说我们会被阻止，现在你明白我说对了吧！"

"住嘴！"他叫嚷起来，"没有人阻止我们啊！"

"可是洛布桑说有十二个骑士到过这里。"

"他误会了，那只是谣言罢了。"

"太好了，既然这样，今晚我们把最瘦的羊宰了，好好庆祝一番！"

第五十章
地图上"尚未探勘"的处女地

晚上又有三个藏族人骑马来到我们营地，态度倒是非常友善，他们警告我们有一帮那曲强盗转向北方，而且四处造谣我们是强盗。这三个人表示很高兴发现我们是好人；其中一人曾经在五年前见过我，他还记得当年西藏士兵护送我的情形，这几位仁兄一点儿也不介意卖几头牦牛给我们，甚至为我们找了一位向导。

我们买下三头强健的牦牛，这一来我们最后的十匹马和两头骡子就不必再驮载行李了。快要跨过纳灿边境之际，我们遇到一大队骑马人士，身边还带了大批牦牛，我心想："他们一定会在边界阻拦我们。"可是不然，他们只是从波仓藏布来的游牧民族，刚从南方采买货物回来。又过了几天，我们在路上碰到一些帐篷住民，他们卤莽地对伊萨叫喊："回去，你们无权在此旅行。"伊萨怒不可遏，便请其中态度最恶劣的一人吃了一记马鞭，这些人登时噤若寒蝉，温驯如羔羊。

雪地上的圣诞夜

十二月二十四日早晨，我被一阵忧郁的歌声吵醒，原来是我的帐篷外坐了个流浪的乞丐和他年迈的妻子，一边唱歌一边摇着神杵。我们的向导是个小男孩，他带领我们越过山口，另由一个汉子牵我的斑点马攀上峰顶，当马儿爬上山巅时，我拍了拍这匹忠实的牲口，希望它的体力足以支撑到下一个营地。马儿沉郁地叹息，当我骑上它继续前进那一刻，它深深地凝望着我；结果，这匹马儿永远也没见着那处营地。

圣诞前夕的跋涉极为漫长，随着黄昏的阴影掩过山脚，我们下到一处圆形山谷，谷地中央是结冰而泛着白光的唐博错，湖心有座岩石小岛。我们生起圣诞营火，黄色的火焰照耀湖岸附近；今天工作已告一段落，我想做点什么来庆祝圣诞节，罗伯特存下大约四十根残烛，我们把它们整齐地排列在一只箱子里，然后点燃。我把所有人员召来，要他们坐在密闭的帐篷前面，然后我和罗伯特突如其来地掀起帐篷前帘，大伙儿意外看见一片光明，都感到非常惊奇，他们于是找来了长笛和锅碗瓢盆，开始嬉闹、唱歌和跳舞；附近的游牧民族可能认为这些仪式与祷词是巫术的一部分，不过我们的小向导则深信我们都疯了，要求回到自己的帐篷。队里的佛教徒唱了一首歌颂扎什伦布寺的歌曲，等到喧嚣声稍歇，我朗读《圣经》上几段应景的文字，也就是圣诞夜时瑞典和其他基督教教堂都会诵读的经文。

测量大盐湖"昂孜错"

第九十七号营地驻扎在昂孜错的北岸，这是一座浅水的大盐湖，由印度学者纳因·辛所发现，我们这里正巧和他的探险路线交叉。此处水草丰沛，我要牲口和手下都能好好休息，再叫几个最强壮的随从和我一起干活，测量已经结了厚冰层的昂孜错的深度。这么做其实相当冒险，因为我应该赶紧深入禁区，而不应该在此浪费时间，然而我们的牲口急需休息，同时我也必须测量昂孜错的深度并绘制地图。

我们做了一个雪橇，我双脚交叠坐在上面，身上紧紧裹着羊皮外套，洛布桑和哈吉为我拉橇，其他七人则背着粮食和一顶小帐篷横越冰层。每隔一段适当的间距，我们就停下来在冰上凿洞，再将铅锤丢入洞里。我们的第一个营地位于昂孜错南岸，第二趟旅程则往西北走，在一处宽度几达五英尺的罅隙，我们费尽千辛万苦才渡过这片广阔的水域。十二月三十一日，我们在昂孜错西岸搭起第一百号营地，那里有个牧人正在看管五百只绵羊，他一见我们上岸，立刻全速逃跑，留下绵羊自求多福。

一九〇七年元旦，我们走对角线朝南偏东南方向越过湖面，一阵强风卷起盐粉，吹过亮晶晶的深绿色冰层，我们已经可以看到南岸的帐篷、驯养牦牛和野驴，这时忽然刮起狂风，旅队里的拉达克人围坐在露天营火前，在满天尘埃和朦胧的月色中构成一幅美丽的景致。

一月二日，我们顶着强风朝西南方向渡湖，在一处测量洞口边，我留在雪橇上没有下来，忽然刮起一阵暴风，将雪橇像冰艇似的吹过湖面，假如不是冰面上的一条裂缝使雪橇翻覆，我很可能就在强风的带动下穿过整座湖面；回到营地，我们将雪橇牢牢绑住。我们在畜栏找到一些羊粪，生了火之后，仍花了一个小时才使身体暖和起来。大伙儿的样子真是狼狈，脸沾满了盐粉，白皙得像是面粉磨坊的工人。

之后我们向东北方走，小白也做伴同行，这次刮来的一阵风倒是帮了我们一个大忙，雪橇滑板所经之处喷起磨碎的冰粉；我们向游牧民族买了些粮食。一月四日，我们看见远处的冰上有个黑点，来者是伊斯兰，他送来罗伯特的一封信；他已经找我们整整两天了。罗伯特信上说一支武装军队将抵达我们的营地，目的是阻止我们再往前推进；他们坚持要和我面谈。

这么说来，他们当真是要阻止我们，情况和一九〇一年如出一辙。就在我已经抵达极南点的此刻，通往"圣典之土"的大门再次当着我的面甩上，理由正是：

大门由我开启，
大门任我关闭，

我为舍下树立规矩，

白雪夫人如是说。

第二天，我们再沿另一条路线测量湖深，总结多次测量结果，昂孜错最深的地方只有三十三英尺。旅队又遭来另一位信差，这回带来的口讯是："地区首长本人四天内将抵达，我们已被严密监视。"不知道这位地区首长是否为上次的赫拉耶大人？当初我怎么不按照原先的计划先去当惹雍错？如此就能避开纳灿地区了。

一月六日，我们进行最后一条路线的深度探测，正忙着的时候，伊萨独自一人出现，他告诉我有二十五名藏族人在我们的营地搭起帐篷，而且不时有骑马的信差来来去去，但是没有人听说过有为我送书信的信差；我先前托人央信差于十一月二十五日到当惹雍错会面，而现在已经一月六日了。话又说回来，邓洛普-史密斯上校明知英国政府想尽办法阻止我，那么他为何要顺从我的要求派信差来当惹雍错呢？

受阻于赫拉耶大人

一月七日，旅队带了马匹来接我们，我们骑马抵达离昂孜错东北岸不远的第一〇七号营地。我坐在伊萨的帐篷里接见西藏长老，他们对我深深鞠躬，把舌头伸出来；其中有一位在上次赫拉耶大人拦截我时见过面。

"赫拉耶大人还是纳灿的首长吗？"

"是的，他也知道是您回来了。赫拉耶大人已经把您来的消息送到拉萨，四天之内他就会抵达，您务必在此等候。"

一月十一日晚上，一支骑兵队抵达营地，并搭起一顶蓝白相间的大帐篷。第二天，首长本人带着一位年轻的喇嘛前来拜访；

"真高兴再见到你，赫定大人。"
赫拉耶说。

首长头戴一顶中国无边帽，帽子上装饰两条狐狸尾巴和一颗白色的玻璃纽扣，身穿一袭宽袖丝质长袍，领口镶了水獭毛皮，足蹬丝绒靴子，还戴着耳环。他热情地招呼我，事实上，我们几乎是拥抱着对方，不过赫拉耶对于命令仍是一丝不苟：

"你不能穿越纳灿，赫定大人，你必须折回北边。虽然我们是老朋友，但是我不能让你给我们添新的麻烦。"

"赫拉耶大人，"我回答，"我这趟旅途出发时有一百三十头满载行李的驮兽，现在只剩下八匹马和一头骡子，你怎能要我带这样的旅队走回危险万分的羌塘呢？"

"你想去哪里都成，就是不能穿越我的辖地。"

"达赖喇嘛已经逃走了，现在西藏政权和我上次来时不一样。班禅喇嘛正等候我前去呢。"

"我只听拉萨政府的号令。"

"我正等着印度来的信件，它们会从班禅喇嘛那里转来给我。"

"空口无凭，除非你返回北边的原路，否则我是不会离开这里的。"

"除非我拿到印度来的书信，否则我也不会离开西藏。"

想来当初我真该先去当惹雍错，那里不属于纳灿地区，就不会遇上这样的麻烦，现在唯一的办法是退回波仓藏布，再从那里转往当惹雍错。

赫拉耶回到帐篷后，遣人带来了白米、奶油和其他见面礼，我也回赠他两样礼品，外加两把克什米尔小刀。之后，我到他美轮美奂的大帐篷作礼尚往来的拜访，两人在那里继续交涉。赫拉耶并不反对我派遣两名信差去江孜见欧康纳上尉，于是我要鲁布和谭度准备好第二天傍晚出发。他们两人后来并未成行，因为赫拉耶次日又登门拜访，说他改变了主意。他的话令我极为惊诧：

"我和几个心腹讨论过这件事，我们同意你只有一条路可走，那就是离开此处前往拉布仁区 ①，我要求你明天即刻启程。"

到底发生了什么事？他这么说用意何在？难道他接到拉萨

---

① 拉布仁区，即扎什伦布寺所在之处。

的命令了吗？我不敢相信自己的耳朵，但仍然保持镇定，相当冷静地说：

"好吧，如果你能替我弄来一些新的驮兽，我就向南走。"

"你可以向游牧人购买。你的路线是在昂孜错以东。"

结束这次礼貌性的回拜之后，我们仔细地重新打包行李。赫拉耶对我们的打包工作极感兴趣，还索取我们留下来的空箱子，于是我送给他一只红色的皮箱和一些零碎的小东西；赫拉耶绝对值得我送他这些礼物，因为他为我打开了"圣典之土"的大门。

峰回路转

一月十四日是值得纪念的一天，这天正午出现日蚀现象，太阳有九成的表面转为黑暗，我花了三个小时以经纬仪观察日蚀过程，并且记录温度、风向等变化。一开始天空极为晴朗，然后天色变得越来越暗，四下一片岑寂，藏族人全都躲到帐篷里，拉达克人嘴里念念有词地祷告着，羊群从牧草地走回来，大乌鸦栖息在枝头，停止聒噪而且昏昏欲睡，仿佛黑夜已然接近。

一待日蚀现象结束，我立刻跑到赫拉耶的帐篷。

我说："你看吧，当惹雍错的神明生气了，因为你封闭道路不让我去他们的湖泊。"

但见赫拉耶居高临下地笑笑说：

"那不过是天狗在漫步罢了，有时候是会遮住太阳的。"

就在我们坐着说话的当儿，帐篷的门霍然被冲开，惊惶的洛布桑跑进来大喊：

"信件来了！"

"是谁带来的？"我十分镇静。

"一个从日喀则来的人。"

"怎么回事？"赫拉耶问我。

我回答："噢，只不过是班禅喇嘛罢了，他差人把我的信件送来了。"

赫拉耶派遣一位心腹出去证实我所说的话，信差对那名心腹说班禅喇嘛的弟弟康古须克爵爷命令他冒死前来寻我，他是从游牧人口中打听到我的下落。

这回轮到赫拉耶吃惊了，他圆睁着双眼，张大嘴巴，呆呆望着前面，最后好不容易挤出话来：

"好吧，既然我知道神圣的班禅喇嘛亲自期待你到访，我也无话可说，你现在可以通过了。后天我就回香沙宗。"

我回答："我不是告诉过你班禅喇嘛会替我把信件转来吗？"

我向赫拉耶告辞后立刻赶回我的帐篷，接见这位顶呱呱的信差安顾尔布，这个宝贝邮袋从加尔各答送到江孜，然后转交给班禅喇嘛，他受托将这批书信转送当惹雍错。还好邮件和我们一样都耽搁了。

我收到成堆的信件！家里捎来好消息，还有报纸与书籍！终于再度和外面的世界联系上了。我贪婪地阅读所有信件和报纸，这天晚上，拉达克人特地安排了舞蹈和音乐表演，我出去和他们同乐，用杰格塔突厥语向他们致词，感谢他们整个冬天的坚忍与忠实，现在我将发放他们的薪资，不久之后，他们就能亲眼看到扎什伦布寺，以及西藏最崇高的精神领袖。

帐篷内的温度是零下二十五摄氏度，帐篷外狼群呜呜长嚎，我躺着挑灯阅读书信直到半夜，次日仍是整天花在阅读上。一月十六日，老好人赫拉耶大人拔营离开，我们再次交换礼物，互道珍重，他登上坐骑离去，和扈从消失在最近的山坡后面。

这真是我的一大胜利！过去从未有欧洲人或印度学者到过的大片空白区域，现在任由我穿越其东部，所有的路障似乎顿时一扫而空。

我们向附近的游牧人买了三匹新马，开始向昂孜错的东南岸前进，到了那里，我们看见地上有一头被野狼吃剩的野驴遗骸。此地气温低到零下三十四点五度。

下一处营地位于一座河谷中，从那里可以眺望马扎尔错的优美风景，小白和另一只波卜仁的黑狗不见了，它们铁定还留在先前见到野驴的附近，我调派两个人去找它们回来，但是狗儿却从此消失，永远没有再回来。两天之后，有两条流浪狗加入我们的旅队，其中一只又老又瘸，浑身毛茸茸的；手下扔掷石头想把它赶走，可是这条狗一直跟随到下一处营地，又与我们一块旅行了好几百英里，它变成了每个人的宠物。这条狗夜夜尽职地看守营地，大家索性喊它"瘸子"。

我们骑马穿越蜿蜒的河谷，结冰的水系和深色的山脉形成迷宫似的地形，这是过去从未在地图中记录过的区域，也是开天辟地以来从未有欧洲人到过的地方，游牧民族为这里的主要山脊取名为帕布拉。我们在暴风雪天来到此山脊，漫天大雪如往常一样下着，每一座山口都插着长幡旗的石堆，幡旗上面毫无例外写着神圣的六字真言。海拔一万八千零六十英尺高的西拉山口（位于香沙宗西南方）是整条路线上最高、最重要的山口，它的位置刚好是西藏内陆水系和印度洋水系的分水岭，山口以南的大小河川全都汇入雅鲁藏布江，也就是布拉玛普特拉河的上游。

下了西山口，我们遇到三个人带着七匹马，想必马是偷来的，因为他们看到我们时特地绕了好大一圈。一天之后，我们遇上七个全副武装的男子，问我们是否看见偷马贼了，听到我们肯定的答复，他们立刻跃上马鞍跑向山口。

为了加快行程，我们雇了二十五头新的牦牛。这里的地形非常难走，事实很明显：我们必须翻越帕布拉山脊上的一连串山口，而且每一处山口的高度都和西拉山口不相上下。在众多山口间往西流的美曲藏布各支流都已结冰，这条河是拉嘎藏布江 [①] 的

---

① 拉嘎藏布江，位于日喀则以西，为雅鲁藏布江上游。

支流。这些二线山口当中，第一座叫作西白山口 ①，这条路线是极为重要的交通要道，我们经常遇见各种旅队，包括牦牛队、骑士队、游牧民族、猎人、朝圣客、乞丐等，形形色色。路上到处看得到信徒奉献的石祭坛和经墙。我们来到一个相当大的宗教中心，这里的牧民亲切友善，因为我们的先导斥候安顾尔布替我们建立了好名声。

越过彻桑山口之后，我留下从羌塘买来的牦牛，将筋疲力尽的它们留给唐德普和塔希照顾，我交代他们慢慢跟上我们的脚步；假如我能预卜往后发生的事，我会把整支旅队都留下来，只带三四名手下前往日喀则，可是我们完全没有心怀戒慎，把一切都看得太容易了。

在这里每跨出一步都是新发现，每个名字让我们多认识地球一些，一九〇七年元月以前，地球表面的这个部分就像月球背面一样不为人所知，人们对月球可见的一面远比对地表这个多山之境更为熟悉。

一条陡峭的山路通往标高一万七千八百英尺的塔山口，泽仁和玻鲁两人在山口的石祭坛和长幡旗前五体投地，参拜山神。眺望东南方，景色极为壮观，峰峦相连的山脉呈现各种颜色，色调深浅不一，山峦像熊掌般向下伸展，触及雅鲁藏布江谷地，这座雄伟河谷的另一边雄峙着喜马拉雅山的山脊与峰顶，刺眼

---

① 西白山口，在西拉山口南方，日喀则以北。

的积雪衬着浅蓝色的天空，偶有棉絮状的白云漂浮其间。我们真的成功了吗？真的穿越了不为人知的疆域来到伟大的圣河了吗？

二月五日，我们经过一座村子，大约四十个藏族人从芦苇帐篷里跑出来迎接我们，他们把舌头吐到长得不能再长，用左手拿着帽子，用右手骚着头，这些动作都在同一时刻间进行。

第二天，我们来到海拔一万四千五百六十英尺的拉洛克山口的石祭坛，自从离开塔拉山口之后，我们的高度降低了三千三百英尺。远方的河流看似一条细长的丝带，我们离喜马拉雅山更近了，但是世界最高峰珠穆朗玛峰却隐没在云层后面，使我们无法一睹其风采。

第五十一章
圣河上的朝圣之旅

  我们从拉洛克山口循一条陡峭的路径下到亦雄，河谷在这里变得开阔起来，现在的高度不超过一万二千九百五十英尺，四周的房舍都是白色的，屋顶上插着长长的幡旗。札西建白寺和吐格丹寺召唤着我。这里有通往日喀则、扎什伦布寺、拉萨的公路，数百名藏族人围住我们的帐篷，兜售绵羊、油脂、奶油、鲜奶、萝卜、干草、青稞和青稞酒。信差安顾尔布也在这里谒见康古须克爵爷，并受到他的欢迎。

  我们该在这里休息一天吗？不行，我们可以到日喀则再好好休息，所以，继续向前走！

  我们行经村庄与青稞田，路上交通相当繁忙，有一大部分旅客是正要赶往扎什伦布寺参加新年传召大法会的朝圣客。这条路沿着雅鲁藏布江的北岸前进，透明的江水静谧地流淌，这就是圣水了。我们喝了些圣水。在朗玛村，我们见到了自从离开列城之后的第一批树木，便决定在这里停留，用真正的木材生起营火。

二月八日，风景如画的窄路继续沿着多山的北岸前进，江面上满是咔嗒作响的浮冰；位于碎石高地上的大那克村坐拥壮丽的河谷景色。

　　我们这趟旅程的最后一天是前往著名的喇嘛寺，我命令伊萨带着旅队继续沿着陆路走，罗伯特、洛布桑和我则取道雅鲁藏布江。我们雇了一艘样子滑稽的船，这种简陋的船只有在木材稀少的地方才发明得出来，而且此处只有靠人工园林种植少数树木，在海拔这么高的地方是没有野生树林的。

搭乘牦牛皮扎成的小船游雅鲁藏布江

这艘船呈长方形，船身由四头牦牛的皮缝在一起，然后扎在轻质树枝做成的框架上，船桨划水的一头呈叉状，上面绑着一块三角形的兽皮，看起来仿佛鸭蹼。桨手将乘客送到目的地，譬如从大那克送到日喀则河谷的开口之后，便将船扛在背上徒步回大那克；雅鲁藏布江的急流每秒钟流经四五英尺，没有人能够逆流而上。

　　古法儒将会牵着马在公路和河流交会处等候我们。取道雅鲁藏布江的水上之旅其实是我的策略，这样我可以不受到监视而通过这段路，万一拉萨官方在最后一刻发出拦截令，士兵只能抓到岸上的伊萨和旅队，想在江上找到我，恐怕是难上加难。

开船了，我的双眼尽收逼人而来的景色，趁此机会，我描绘起水道、河岸与周围的地形，这就是雅鲁藏布江，也就是布拉玛普特拉河的上游；"藏布"是藏语"河流"之意。我揉揉眼睛，不敢相信自己已经成功越过禁地。江水清澈而带点浅绿色，感觉上船是静止不动的，反而是江岸急速向我们身后飞去；我瞧瞧船边的水面，江底的圆石和沙岸在船底下快速延展。江的右岸耸立着喜马拉雅山最远端的山脉，北面的左岸则是广大山系的支脉终点，也就是我们不久前才经由西拉山口跨越的无名山系，我称之为"外喜马拉雅山"，它位于喜马拉雅山（意为"冬之居"）的另一边，而且已经不属于喜马拉雅山系。江上之旅的每一分钟都展现此片疆域不同的面貌，由于江水常有急剧的弯道，我们可说是朝着各个方向行进，这会儿太阳在我们正前方，下一刻却又跑到我们的背后；一会儿我们还贴着北边山麓前进，一会儿又贴到南岸的山脚跟了。江边栖息着大批灰色野雁，它们从江岸上观望我们，当船通过野雁身旁时，它们全都引颈高歌，不过并没有骚动；这里没有人杀过野雁，所以这些鸟儿非常亲近人。

虽然景色十分迷人且壮观，我却无法将视线转开江上的朝圣船队，长长的队伍顺着圣河滑下，有时我们的船超越朝圣船队，有时则和某一艘朝圣船并肩同行。偶尔我们会将船划到岸

朝圣客正要赶往扎什伦布寺参加新年庆典

边，让新来的船队通过，他们通常两三艘绑在一起，船上不分农人、村民、游牧民族一律带着妻儿，准备上扎什伦布寺去参加即将举行的新年传召大法会。朝圣者都穿着过节服装，色彩非红即绿，再不然就是深蓝色；妇女头戴高拱帽，像是顶着一轮光环，上面镶饰有珊瑚和蓝玉，头发扎成辫子，发尾上绑着的红色、绿色、黄色的丝带直垂到脚跟，发上还缀满了珠饰和银币；穿红色袈裟、不戴帽子的喇嘛随处可见。船上的乘客都是一个样儿，全忙着嚼舌根、吸烟、喝茶、吃东西，朝圣客把木棍直立固定在船缘，顶上系着祈祷幡，以安抚河神和保平安。江面上尽是成群结队的船只，简直像五颜六色的小岛，但并未抢走夹峙在高山之间的这条孔雀绿江水的美丽风采。

江岸上偶尔出现用旗杆环绕的石堆，这是意味着江水即将有岔道的指标，乘客和牲口可以在这里搭乘牦牛皮做成的轻巧渡船。西藏的牦牛生时驮载游牧民族翻山越岭，死后变成人类旅游圣河的交通工具。

江边陡峭的黑色花岗岩山脉沉降至水中，我们飞过一处又一处的绝壁。南岸的步道上，有一些汉子正扛着船徒步往上游走，从背后望去，这些扛船的人好像奇形怪状的硕大甲虫。江上也有渔夫忙着撒网捕鱼，所得的渔获全卖给汉族的鱼贩。我买了一些渔夫打算第二天卖到日喀则市场的渔获。

"还要走多远？"我问我们的船长。

"噢，还远着哪，最远的那一点后面就是通到日喀则的马路。"

我开始陷入冥想。放眼看去既无间谍也无士兵，江水在狭窄的河道中粼粼生波，但是没有潜藏漩涡。我的思绪落在塔里木河的九百英里旅程上，可惜这次只能借用一天江水的力量！且慢——一个念头在我的脑中盘桓：我们可否顺着雅鲁藏布江河谷直下，抵达吉曲河（即拉萨河）汇入雅鲁藏布江的地点，然后上岸买三匹马，直接骑到拉萨？

不行！我在一九〇一年渴望乔装潜入圣城的欲望完全熄灭了，那股不知名的魅力已经消失无踪，原因是三年前荣赫鹏和麦克唐纳将军才率领一整队军官和两千名英国士兵到过那里，而且探险家赖德、罗林、贝利和伍德也都探访过拉萨，更别提随行的大报特派员与藏传佛教专家瓦德尔上校 ① 了。

雅鲁藏布江右岸散布着一些村庄，新来的一列列船队停泊在河岸上，小山似的干草、牛粪、农作物堆放在岸边，等待商队的牲口将它们运往日喀则。在拥挤的藏族人群中，站着我们的队员古法儒和四匹马。

我付了船资和一点小费，便上马往年楚河谷前进，这是通往日喀则的必经之地。太阳下山了，影子越拉越长，虽然没有向导，但是路很好找，因为沿路不断有朝圣队伍与商队为我们指引方向；我们吸引很多人的瞩目，不过没有人前来干涉我们的行动，黄昏与夜色更让我欣喜，在昏暗之中没有人会注意我们。右手边出现一座高耸的白色舍利塔，再往下走一点，一座孤立的山丘上矗立着"日喀则宗"，也就是管辖这个城市的雄壮堡垒，黑暗中隐约可见堡垒两侧的白色屋宇。现下，我们已经站在日喀则的街道上了。

一名男子走过来，竟然是自己人纳姆加尔！他带领我们走

---

① 一九二三年，还有另一位英国人抵达拉萨，他的成就详载于《地理杂志》，其后曾在欧洲与美国发表相关演说，并出版一本专书。圣地亚哥一份报纸以这样的字眼宣传此人："演讲真实故事，主人翁亲述如何前往禁止'异教狗'进入的城市，演说者据称是唯一到过西藏首府拉萨的白人。"事实上，此人抵达拉萨前不久，贝尔先生才在拉萨住了一年；柏来乐将军也刚到过那里；贝利少校拜访过拉萨；地质学家海登博士在达赖喇嘛的布达拉宫住了六个星期；两位机械师在布达拉宫住了一个半月，为宫殿安装电话；拉萨电报局雇用两位英国官员达数年之久，更遑论荣赫鹏征服拉萨的军旅，以及多年来陆续抵达的天主教传教士了。——原注

到一扇大门前，门后就是康古须克爵爷的园林，伊萨和其他人已经在此等候我们了。这里也有一些藏族人，都是康古须克的仆人，他们领我进入大门内的一间屋子，屋子已经打理好供我使用，但我宁愿住在园林里的帐篷。手下已经在园内搭起通风的帐篷，营火也已生了起来，我坐下，怀疑自己在做梦。那天深夜，班禅喇嘛的一位俗家官员来到我的帐篷，而且问了我许多问题，也做了一些笔记。吃过晚餐，我便在日喀则市呼呼大睡起来。

次日清晨我四处走动，检查一下我们的营地。随我们从列城出发的牲口，只剩下六匹马和一头骡子，不料其中的一匹马竟然倒毙在马厩里，被仆人拖走了；我为它悲剧性的命运深感哀伤，半年来它在羌塘上出生入死，熬过了多少艰辛，却在抵达终点后魂归离恨天，它所攀越的多座山口几乎高达一万九千英尺，好不容易到了海拔只有一万二千七百英尺的地方，居然死在装满粮草的秣槽之前。我们尽心尽力照料幸存的六头牲口，为它们铺上干草床，让它们能舒舒服服地休息，我们供应充足的青稞、苜蓿、清水，还带它们出去走动走动，以免筋骨僵硬。我的拉达克小马也在幸存的牲口之列，它载着我经历许许多多的暴风雪，我走进它的马厩爱怜地抚摸它，却只换来它的啮咬和蹬脚。

第五十二章
与班禅喇嘛共度新年传召大法会

我才刚刚巡视完营地，就来了一个笑眯眯、胖嘟嘟的男人，他是当地一百四十名戍边驻军的指挥官，我邀请他进帐篷内喝茶、抽烟。这位指挥官姓马，他弄不明白我打哪里来，深信我从天而降，因为我无声无息突然在日喀则冒出来。

"假如我事先知道你要来日喀则，早就带领武装军队去拦截你了，因为这里和拉萨一样，是不准欧洲人来的。"

我笑了笑，开玩笑地说，既然我已经平安到达此地，现在又能怎么办呢。

中国护照派上用场

二月十一日一大早，洛桑泽林喇嘛和汉人段宣来拜访我，他们也和马指挥官一样对于我如何来到日喀则一头雾水，也许他们以为我是从地底下钻出来的。他们同样询问我问题、记下笔记。

我说："我知道新年传召大法会今天开始了，我很想去参观。"

"不可能，欧洲人不能去。"

"我也希望觐见班禅仁波切（即班禅喇嘛）。"

"极少人有幸谒见他本人。"

这时我灵机一动，把我的中国护照掏出来给段宣看，他仔细地看，越看兴趣越浓，双眼也越睁越大，最后他说：

"这本护照太好了！你为什么不早一点儿拿出来？"

"因为那是新疆所核发，可我来的是西藏。"

"没有关系，这份文件太重要了。"

他们告辞离去，不久我就收到班禅喇嘛的欢迎礼物，那是一条浅蓝色的哈达，这种礼物象征尊敬、祝福、欢迎之意，更重要的是，扎什伦布寺郑重邀请我去参加新年传召大法会。此刻我十分感激印度政府坚持要我取得中国护照，否则我绝无机会亲访扎什伦布寺。一直到今天，我对于自己能够不动声色地出现在日喀则，仍然觉得难以置信，也许部分原因是英国军队在一九〇三年、一九〇四年进军拉萨时，藏族人对欧洲人的武器产生敬畏；另一个可能是许多藏族首领都忙着赶往扎什伦布寺参加传召大法会，当我和旅队入境时，他们并不在驻地；还有一个原因可能是我最后一天走水路，又在天黑后才抵达。然而，更幸运的是，我抵达后两天新年传召大法会才展开，这也让我有机会目睹藏传佛教每年最盛大的仪式。就眼前来说，扎什伦布寺是世界上最重要的藏传佛教中心，因为达赖喇嘛仍然避走乌兰巴托未归 ①。

新年传召大法会在藏语里称为"罗撒尔"，目的是纪念释迦牟尼佛以神变之法大败六种外道的功德，是藏传佛教赢得信众的一大胜利。此外，这项庆典也代表藏民欢庆春天与光明重回大地，战胜寒冷与黑暗的象征，此时种子再度萌芽，游牧民族的牲口又有鲜嫩的水草可吃。新年传召大法会一共进行十五天，远近朝圣者全聚集到扎什伦布寺，任何角落都听得到神圣的六字真言祷词。

班禅喇嘛的侍臣察则堪带来更进一步的欢迎口信，他说洛桑泽林喇嘛和他本人接获命令，担任我停留日喀则期间的导游。

传召大法会

我穿上最好的服装，伊萨也穿上华丽的庆典礼服——大红色的袍子加上绣金线的头巾。罗伯特、泽仁和另外两名藏佛教徒获准陪伴我同往，我们骑马到扎什伦布寺，大约花了十二分钟。朝圣的信徒从四面八方涌来，路旁排满小摊子，为远道而来的宾客供应蜜饯和其他食品。

---

① 一九〇三年英军据锡金，入西藏，一九〇四年占领拉萨，据城五十天。十三世达赖逃往青海，并辗转流亡至乌兰巴托，直至一九〇九年才返回西藏，但旋即被清朝政府废除权位。

我们在寺外的大门前下马，登上一条陡峭的街道，地上嵌着深色大石板，几百年来无数朝圣客的足迹踏过，因此石板十分平滑光亮。街道两旁是高突的僧舍，更高处为美丽的白色大殿，那便是班禅喇嘛的寝宫，窗框是深色，屋顶有红黑条纹相间的壁缘，还有小小的阳台。我们被带领穿越迷宫似的暗室和甬道，登上滑不溜丢、几成垂直状的木头阶梯，又穿过许多回廊与厅堂，至此开始有日光穿透进来，一群群身穿红袈裟的僧众背对光线，构成了剪影般画面。最后我们终于走到一条回廊，回廊边缘放置一张椅子，原来是为我所准备。

我坐在椅子上视线极佳，即将举行传召大法会的中庭广场一览无遗，广场四周筑有回廊，廊柱高高低低，形成鳞次栉比的多层回廊。回廊上有露天阳台，譬如我们脚下就有一个这样的阳台，许多朝圣客就坐在阳台上，聊天、吃零嘴，大家都是不相识的藏佛教徒，当中不乏来自拉达克、不丹、锡金、尼泊尔和蒙古的信徒。阳台上还有身穿华丽官服、戴着夸张帽子的一群官员，围坐在一起；另一个阳台上则坐

宗教庆典在法螺声中揭幕

扎什伦布寺里埋葬三位班禅喇嘛的灵塔

着这些官员的女眷，衣着也是华丽非凡。放眼望去，处处是拥挤的人群，即使寺庙的屋顶也不例外。最下方是一个铺砌石板的广场，正中央竖起一根很高的柱子，上面系扎五颜六色的彩带；广场四方有石级通往"红回廊"，回廊隐没在以黑牦牛毛织成的沉重帘幕后面。

两位僧人出现在最高的一处屋顶上，吹响低沉的法螺，然后他们低头喝茶，此时红回廊里面传出旋律优雅的众人齐唱，仿佛海浪般起伏有致。班禅喇嘛所在的回廊位于红回廊的上方，廊外悬挂一方宽大的黄色丝绸，边缘镶着金穗，这位西藏最崇高的喇嘛便透过一小块方形开口垂视大典的进行。

僧人吹起大唢呐，宣布班禅喇嘛已经离开寝宫，等候的人群交头接耳。接着，典礼队伍抵达，领头的是手执班禅徽旗的寺内高僧，之后班禅喇嘛本人现身了，所有的人都站起身来深深鞠躬。班禅喇嘛身穿黄色丝绸袍子，厚重的毛织僧帽类似古罗马人的头盔，他盘坐在软垫上，母亲、兄弟（爵爷）和几位高僧分坐在两旁，这些显贵的动作都刻意放慢，以显出庄严气派。

几名僧人在我面前摆好一张桌子，桌上放满了蜜饯、柑橘和热茶，食物的重量将桌子压得弯了下去。他们说我是班禅喇嘛的贵客；这时我的眼睛接触到班禅喇嘛的视线，我站起来鞠了一个躬，他对我友善地点点头。

班禅喇嘛和官员就坐之后，典礼随之开始。两位戴着面具的喇嘛从红回廊踩着舞步下阶梯，在广场上转起神秘的圈子，在他们后面跟着十一位喇嘛，每一位手里都拿着一面折叠好的旗帜，随后他们摊开旗帜升上长竿，此举是对班禅喇嘛致敬；旗帜颜色缤纷多彩，每一面旗帜又垂下三条不同颜色的长条。

奇异的仪式一波接着一波，紧接着出现的是一群身穿白衣的喇嘛，手中各自拿着不同的宗教象征物件，譬如有些喇嘛摇晃金质的悬吊香炉，蓝灰色的轻烟从香炉中袅袅升起；一些喇嘛背着缰辔和其他皮件装备；还有些则穿着绣金线的丝质坎肩。接下来演奏圣乐，吹奏的乐器是六支铜唢呐，这种唢呐长达十英尺，黄铜镶边，喇叭口放置在见习僧的肩上，唢呐乐声在广场上激荡出庄严而响亮的回音，与婉转的长笛声、尖锐的铙钹声、铃声和低沉的鼓声交织在一块儿，喧天乐音直冲云霄。头戴黄色僧帽的乐师坐在广场的一边。

红回廊的阶梯走出来一位喇嘛，他的手里捧着满满一碗山羊血，一面跳着不停旋转的舞步，一面将山羊血洒在阶梯上。不知这是否为藏传佛教成立以前，迷信的古代藏人用活人献祭的象征？

十二名戴着面具的喇嘛进入广场，他们假扮妖魔、恶龙和野兽，开始跳起兜圈子的驱邪舞，乐声不间断地演奏着，节奏越来越快，舞者的步伐也越来越迅捷，他们身上所穿的法衣巨大无比，质料是五颜六色绣着金线的丝绸，在激烈的舞蹈中鼓起如张开的雨伞。舞者戴着一种方形领，头从中间的洞伸进去，当他们舞动时，领子从颈项朝水平方向扬起。他们手里拿着飘

戴着面具的喇嘛开始跳起驱邪舞

动的彩带与旗帜，随着乐音逐渐加速，舞蹈动作也变得越来越激烈，足以令观者眼花缭乱。朝圣者的情绪越来越炽烈，一把又一把的白米和青稞从他们手里洒向广场上的舞者，栖息在寺庙里的鸽子快乐地飞来享受这些谷粮。

广场上点起一把火，僧人拿着一大张纸靠近火焰，纸上写着人们去年遭受的灾难厄运，希望借法会来除灾解厄。一名喇嘛手持一碗易燃的火药，趋前吟诵难以理解的咒语，双手画着神秘的符号，现在大纸挪近火焰，喇嘛将碗里的火药倒进火里，霎时冲天烈焰吞噬了纸张和去年危害人们的一切灾厄，看得众人均欣喜欢呼。法会的最后仪式是由六十名喇嘛群体起舞。

仪式顺利完成，班禅喇嘛起身，如同进场时缓慢而庄严地离去，朝圣者也朝四方离开，好像强风下凌空散去的麦麸。

面见班禅喇嘛

我才刚回到住处，园林里就来了一支骡队，骡背上载满了白米、面粉、青稞、干果、水果和各式食品，这些都是班禅喇嘛的见面礼；这份礼物事实上相当贵重，因为这么多食物足够我的手下和牲口吃上一个月。最后察则堪出现在我面前，他宣布班禅喇嘛将在第二天早晨接见我。

我带着伊萨当翻译，在两个权位颇高的喇嘛的陪伴下穿越重重屋宇、廊梯，来到班禅喇嘛的寝宫。扎什伦布寺里一位阶

通往班禅寝宫的陡峭楼梯和开放式佛堂

层极高的僧侣首先出来接见我，他个子矮胖，秃顶像弹子一样光滑，他的禅房富丽堂皇，佛坛、书架、桌几、凳子都上了一层光可鉴人的明漆，各式佛像非金即银，各自收放在金、银佛龛里，前面点着永不熄灭的酥油灯。这位高僧送我一尊佛像，我也回赠他一把银刀鞘匕首。

一个小时之后，一道口信传下来，我现在可以去位于扎什伦布寺最高点的班禅寝宫了。沿途经过的走廊和厅堂各站立着一小群、一小群念念有词的喇嘛，我们终于来到班禅喇嘛的寝宫，除了伊萨之外，其他人都不许随我进入。这个房间比先前那名胖喇嘛的禅房大，但摆设朴素得多，房间有一半直接暴露在天空下，另一半高出一阶，上方罩着屋顶。右手边有个凹室，班禅喇嘛盘腿坐在一张固定在墙堵的长几上，凹室有个小方窗，班禅喇嘛便透过这扇小窗眺望日喀则与整个河谷。在他面前有一张桌子，桌上摆置一个茶杯、一副望远镜和一些印刷文件。就衣着看来，班禅喇嘛和寻常的喇嘛并无不同，唯一的特殊之处是一件黄色绣金线的背心，他的双臂未着寸缕。

班禅喇嘛将双手伸给我，这象征最诚挚的荣宠与欢迎，并示意我坐在他身边的一张欧式扶手椅上。此刻我终于可以近距离地仔细端详他了；以欧洲人的标准而言他并不好看，但是我根本就忘了这回事，因为他的眼睛、笑容、极为谦虚的态度，以及轻柔得近乎羞怯的声音，从头到尾已深深掳获我的心神。他为招待简慢向我致歉，我则极力向他保证，能够到扎什伦布寺、能够蒙宠贵为他的座上宾，已经让我觉得三生有幸了。

接下来我们整整聊了三个小时，若要逐一记录我们对话的细节不免无趣，总而言之，内容包括我的旅途、欧洲、中国、日本、印度、明托勋爵、基钦纳将军，还有其他成百上千个话题。班禅喇嘛告诉我，他曾于一年前拜访过明托勋爵，也提到他参拜释迦牟尼佛生前住过、走过的几处圣地。两个侍仆喇嘛直挺挺地站在房间露天的那半边，班禅喇嘛两度挥手命他们退下，显然有不欲人知的话要告诉我，其中一次是要求我莫让中国政府知道我曾经到此做客，也切勿泄露他对我透露寺内的秘密。班禅喇嘛表示我拥有绝对的自由，可以随意走动、拍照、绘画、记录，他自称是我的朋友，并说他会指示手下带我参观整座扎什伦布寺。

班禅喇嘛从六岁坐床（登基），至今已有十九年。藏族人称班禅喇嘛为"班禅仁波切"，意思是"大师"；称达赖喇嘛为"甲波仁波切"，意思是"尊王"。两个头衔本身已经区分了精神与俗世权力。达赖喇嘛在政治上握有较高的权力，因为他统治整个西藏，唯一例外的就是班禅喇嘛所管辖的日喀则地区；相对而论，班禅喇嘛在宗教神圣性和经文修为上胜于达赖喇嘛。一九〇三年英军入侵，达赖喇嘛出走，截至我拜访扎什伦布寺时仍流亡未归，因此目前西藏最有权力的人便是班禅喇嘛，这清楚地解释了何以英国邀请他访问印度，目的就在于争取班禅喇嘛的支持与信赖，至于班禅本人拜访印度之后，也对大英帝国的势力与荣耀留下深刻的印象。

达赖与班禅两位高僧其实维持互为师徒的关系，当转世活佛（达赖）被正式指定之后，班禅喇嘛就开始对这个灵童施以教化，指导他关于宗教与经典的知识；同样地，新任班禅喇嘛也受到达赖的照拂。班禅喇嘛是无量光佛（阿弥陀佛）的化身，转世到今生，他也是宗教改革家宗喀巴的转世活佛，因为与帖木儿同时期的宗喀巴正是无量光佛的化身。至于达赖喇嘛则是欣然僧佛的化身，也就是我们熟知的观世音菩萨，他主管众生和佛寺的事务，是西藏的精神领袖。

藏族人相信轮回，当班禅喇嘛圆寂之后，他的灵魂（也就是无量光佛的灵魂）便开始游荡，最后选择一个呱呱坠地的婴儿投胎，这就是所谓的活佛转世。

然后整个藏传佛教世界都在探询活佛转世的灵童，有关当局要花数年时间确认谁是转世活佛。认为自己的儿子是活佛的父母必须提出说明，譬如他们的儿子出生时伴随何种奇迹或征兆，申请查验的有好几百件，这些父母带着孩子来到扎什伦布寺接受调查，初次遴选出最有可能的几个，接下来再进行复验，最后只留下来的少数几个候选人，其中当然会有真正的新任班禅喇嘛。寺方将男婴的名字写在纸条上，然后放在一只有盖的金瓶里，由一位高僧抽签，抽中的那个名字就是无量光佛转世的继承人。

我与班禅喇嘛的会面终于结束，我嘱咐伊萨呈上宝来威康制药公司赠送的铝制医药箱，我们已事先将箱子擦得似白银般雪亮，再用一块黄丝绸包裹起来。班禅喇嘛很开心，不过后来当我对两位主管医事的喇嘛解释不同病症该如何用药时，发现很难讲清楚，只好以藏文逐一写下来。至于旅队自己需要的珍贵药品，我们也事先保留了足够的分量。

班禅喇嘛与我道别，他的脸上一如先前挂着友善的微笑。他与我都不相信他是神，但是这位高贵而谦冲的凡人一直以眼光跟随我，直到房门在我身后合上为止。

自此之后，整个日喀则都议论纷纷，藏族人对于一个陌生人竟能获得如此荣宠感到不可思议，当远道而来的朝圣者回到深谷里的家乡时，也不忘提起这件事。事后证明这对我后来的旅行极有帮助，甚至比护照还要管用，深山的游牧民族不止一次指着我说："噢，你就是班禅喇嘛的朋友！"每逢此时，我总会在心里感念这位仁慈的大喇嘛。

第五十三章
扎什伦布寺与日喀则见闻

　　扎什伦布寺是个"贡巴"，也就是藏语"寺院"的意思。这座宏伟繁复的寺院供修道、礼拜之用，本身像座城镇，至少有一百栋各自独立的屋舍，石头砌成的房子外表涂了白灰水，屋檐镶着红色和黑色的饰边，众多房舍组成一座大迷宫，彼此以狭窄的巷弄和阶梯相隔。扎什伦布寺建在山脚下，最高的建筑是班禅喇嘛所居住的拉布仁寝宫，背衬犷野的山脊。拉布仁寝宫的前方和下方屹立一排五座鎏金的中国式宝塔，这些是历任班禅喇嘛的灵塔。扎什伦布寺建于一四四五年，一世班禅喇嘛的灵塔便耸立在举办新年传召大法会的广场上，灵塔内部非常阴暗，参观者可以看见金字塔似的舍利塔，高高的舍利塔由金银珠宝建成，里面供奉着已逝班禅喇嘛的石棺，班禅喇嘛圆寂后的肉身以坐姿停放，全身埋在盐里，因为喇嘛必须像菩萨一样坐着咽气。

　　我们从这处灵塔走到六世班禅喇嘛的灵塔，无量光佛于一七三八年至一七八〇年间化身为六世班禅班丹意西，他曾经和印度总督哈斯丁斯 ① 折冲谈判，迷信的乾隆皇帝还请他到热河祝寿，最后客死北京；他的灵塔入口处有一块匾额，上面用鲜艳的色彩写着他的名字。

五世班禅的灵塔是朝圣者出资兴建的，灵塔殿对外开放，游牧民族排队瞻仰，全身俯伏在一列神像前的木质地板上；他们在石棺前的神桌上供奉碗食，并点亮小蜡烛。

每座灵塔前有一个中庭，一座三段式木梯从中庭通往灵塔门口，灵塔的壁堵画着四位护法天王，其形像面目狰狞的野兽

朝圣徒在五世班禅喇嘛的陵墓前祭拜

① 瓦伦·哈斯丁斯（1732—1818），为英国殖民地长官，曾经任职东印度公司。一七七三年成为首任印度总督，实施多项改革。回英国后遭到政治斗争，后以其在印度贪污与残暴统治的罪名被弹劾。

与恶龙，四周环绕火焰与云彩，手执武器和法器。灵塔的红漆大门很结实，门上镶着黄铜饰，推开大门，即可进入墓室。

看守宗喀巴殿的是个愉悦的老人，大殿内有一尊这位宗教改革家的雕像，面带微笑，色彩丰富，好似从莲花座里浮出来，而莲花正象征他圣洁的出身。宗喀巴是格鲁派（俗称黄教）的创始人，现在西藏最重要的喇嘛庙和高僧都属于这个派系；他和弟子在拉萨附近建立了三大寺：甘丹寺、哲蚌寺、色拉寺，并严禁僧侣娶妻。宗喀巴圆寂之后葬于甘丹寺，石棺悬吊在空中。僧人在宗喀巴雕像前诵经吟唱，击鼓摇铃，两名喇嘛为我奉茶，并捎来班禅喇嘛的关心问候，他希望我不要累坏了身体。

与各色人等交往

我在扎什伦布寺的游历有太多值得记述，一一记录势将占去过多篇幅。如今回想那段奇妙的时光，我的内心依然充塞着惊奇与喜悦。有一天，班禅喇嘛坐在仪典厅旁的圣座上聆听一场教义辩论，他本人偶尔也会加入辩论；辩论结束后，僧众开始享用餐点，班禅喇嘛的茶壶是金质的，其余的人则使用银质茶壶，然后他由两位僧人搀扶着走下红回廊的阶梯，第三位僧人在他身后打起一把黄色的遮阳伞。

我们走进僧人的禅房，观察他们如何在朴素的禅房里生活。我们也走到红回廊下面的厨房，里面有六只巨大的锅子熬着三千八百名僧人喝的茶，法螺声吹响表示喝茶时间到了。我悠闲漫步在这座寺庙城里，有时会见到班禅喇嘛在扈从的陪伴下往来于某些神圣仪典。有一次我们进入藏经大殿，殿中有个方池，这里藏经一百零八册，长凳和桌边有年轻的喇嘛正在接受堪布喇嘛（掌理佛学院的经师）的教诲；寺中共有四位堪布喇嘛，但是只有两位摄政大臣。小喇嘛和着节奏齐声吟诵，不时有信徒抓一把白米洒在他们身上，只要供奉几个卢比，他们就会额外吟唱一段经文来安抚施主的灵魂——我自然没有错过这样的机会，为自己买了一首平安曲。

二月十六日，班禅喇嘛要我进宫与他合影。当我抵达拉布仁寝宫时，班禅喇嘛刚刚为一团朝圣的比丘尼祈福加持完毕，这次我们又聊了三个小时，话题大多环绕在地理上。我告辞时，班禅喇嘛赠送我许多西藏土产食品、中国的绣金线布料、美不胜收的红壁毯（至今仍悬挂在我的屋子里）、铜制与银制的茶杯和碗，另外还有一帧镀金的无量光佛像，包裹在黄色丝缎里，班禅喇嘛说："他会保佑你享有无量长寿。"这项礼物象征班禅喇嘛祝我长命百岁的祈愿。

我天天在扎什伦布寺内外闲逛，写生作画或以相机猎取景物。寺里的喇嘛个个和善有礼；每一个角落和屋檐下均悬挂铃铛，铃舌上系着鸷鹰的羽毛，每当轻风拂过这座寺庙城，叮当的铃声处处可闻。

新年庆典不局限于宗教仪式，毕竟朝圣的香客也是凡人，他们需要一些娱乐。有一天，群众聚集到日喀则外的一处场地，七十个衣着鲜艳的骑士在此比赛骑射，他们以全速在跑马场上竞跑，并从狂奔的马身上以弓箭射击极小的目标，赛后我邀请所有参加比赛的骑士到我住的园林一游。有天晚上，我的朋友马指挥官在他的驻所庆祝中国新年，不但燃放鞭炮，还有龙、马造型的纸糊花灯在热闹的人群里穿梭。

日喀则的房舍一式白墙，顶上红黑饰边，平坦的屋顶用栏杆围绕着，民间的屋顶也和庙宇一样，以布料扎捆枯枝、断株做成驱魔的饰品。我们住处的院子里有一只巨大的看门狗，它有一对赤红的眼睛，像野狼一样凶猛，平常以铁链拴着。就我们所见，日喀则最豪华的宅子当是康古须克爵爷的宅邸，房间内有地毯、坐垫、书架、佛堂和桌子；爵爷夫人相貌俊美，我很荣幸为她画了一张肖像。

班禅喇嘛的弟媳——爵爷夫人

我不在寺庙里走动时，便忙着为来自各地的人们素描，我们的园子里来了各式各样的人——化缘的比丘尼和修行者、跳舞的男孩，还有刺探我们的间谍；有一天，甚至来了一位天葬师，他住在扎什伦布寺西南方不远的村子。当有喇嘛重病垂死时，僧众会为他念经祈祷，即使喇嘛断气了，僧众仍继续念经不辍，因为死者的灵魂三天后才会出窍；之后，由一或两名喇嘛将死者的遗体带到天葬师居住的村子，亲自剥除遗体的衣物，随即迅速离开，让天葬师处理遗体。天葬师将绳子的一头绑住尸体颈部，另一头绑在地上的一根桩子上，将尸体拉直、剥皮，这时守候已久的秃鹰一拥而上，不消几分钟，地上只剩下一具不见皮肉的骸骨，天葬师接着在臼里将骨头磨成粉，再将骨灰和脑髓混合，捏成一块块团状，丢给秃鹰吃；许多寺庙特别豢养圣狗以取代秃鹰的工作。天葬不只用于僧尼，一般俗众也采用相同的葬礼。这位天葬师对我叙述这些习俗时，一旁的伊萨听得脸色发白，要求先行退下。

迭经折冲交涉

我在日喀则停留了四十七天，人们原先对我的热情和好客逐渐趋于冷淡，许多喇嘛对于我经常出入扎什伦布寺显露不悦的脸色，汉人也常对我恶言相向。日喀则最喧嚣的地方要算市集广场，那里西藏商贩摆摊卖东西，妇女穿着红衣裳席地而坐贩售物品，另外汉人、拉达克人、尼泊尔人也有自己的摊位，他们七嘴八舌地热烈讨论我的事情。乔装的间谍天天出现在我的园子里和客厅里，终日盘桓不去。二月十四日一早，拉萨的一位喇嘛和一名官员前来造访，他们告诉我当惹雍错和纳灿错附近有一队侦查间谍已经搜索我的下落达二十二天，最后追踪到我们的去处，并在我们抵达日喀则的三十六小时后也来到此地，这意味着我们差一点点就功败垂成。另一方面，拉萨也派出一支队伍来拦截我们。

现在两位拉萨代表坐在我的帐篷里，他们宣称根据西藏地区和英国订定的条约，西藏只有三座边塞城市对"欧洲大人"开放，也就是江孜、亚东及嘎托，我的回答是："首先，我并没有签署那项条约；第二，多谢你们的疏失，我人已经到达日喀则了；第三，我是班禅喇嘛的朋友，是不可侵犯的。"

他们垂头丧气地离开，不过经常回来刺探，以便随时掌握我们的动态，好向拉萨政府报告；即使他们自己不出现，也会派间谍来看着我们。我们以其人之道还治其人之身，派遣我们的拉达克人暗中刺探拉萨政府派来的间谍。

自此我再也没有班禅喇嘛的消息，为了政治因素他必须谨慎行事，到了最后我在西藏的朋友只剩下一位，那就是江孜的欧康纳上尉，他不必担心政治纠纷，私底下竭尽所能地给予我一切帮助。他替我将金子换成银子，送给我一箱箱粮食，为我转寄往返印度的信件，并且慷慨借给我极为需要的相关书籍与文献。我们的交往纯粹只有书信往来，但我永远不会忘记自己欠了他多少人情。

想要离去的不耐烦啃噬着我，可是我仍勉强一天又一天地待下来，目的是争取对我后续行动最有利的条件。有一天，我接到中国派驻江孜代表高大人的简短来信，他直截了当地寄来一份中英条约的数项条款，其中一条规定："任何外国势力的代表或代理人均不得进入西藏。"我在回信上大致这么写着："假如阁下想多了解我与我的计划，最好亲自去拜访欧康纳上尉，而非写这些不恰当的信函。"

高大人又捎来了一封信，表明："无论如何，阁下不可前往江孜。"

我心想："当然不可，我会小心绝不到那里去。"不过我在回信上的答复却是："无论英国和西藏地区签定任何条约，皆与吾人无关，既然吾已身在西藏，当即由此算起。"高大人又来信："我接获敝国政府命令，假如阁下出现在江孜，当立刻遣送阁下穿过印度边界。若阁下能善意取道原路回去，敝国政府感激不尽。"

如果我去江孜，当然会待在欧康纳的家里，一个中国官员竟敢威胁逮捕英国代表的客人！欧康纳的来信对这样的想法表示讥评之意。

马指挥官沮丧极了，他被拉萨的西藏办事大臣连大人痛斥一顿，只因为他没有及时阻拦我。拉萨当局告诫扎什伦布寺的僧众必须冷淡对待我，现在拉萨、日喀则、扎什伦布寺、江孜、北京、加尔各答和伦敦之间开始进行一场公文往返大战，我被四国政府压得喘不过气来，但是最后仍然赢得了胜利。

三月五日，高大人建议我写信给拉萨的中国督统唐大人和办事大臣连大人，请求他们特准我前往江孜，这项缓颊之举显然是一种谋略，于是我致书唐大人，向他说明我无意违反中国政府禁令前往江孜，只要他们愿意提供我牦牛，我愿意朝西北方前进。至于给连大人的信，我这么写着："如果阁下有意请我离开，理当促成我的归途，我绝不前往印度，因为手下人等均来自高山地区，若至印度必死无疑。他们皆为英国子民，我对他们负有责任。"

三月四日，我最后一次拜访扎什伦布寺，僧众要求我不要再去了。三月十二日之后，各造间出现僵滞的沉默，马指挥官、察则堪和所有的朋友皆不见踪影，没有任何人登门拜访；我们被孤立了。官方禁止所有人与我们接触，我觉得自己像是深锁在自己帐篷内的囚犯，只要我人在西藏，英国人便对我视如禁忌，然而只要屹立不屈，就没有人动得了我。话虽如此，我只要一出门就变成真正的囚犯，因为一支武装护卫随时围绕在身边。我在此地待得越久，他们就越可能顺从我的要求。一个星期过去了，最后，马指挥官、两位拉萨官员和几位日喀则宗的军官出现了，他们急欲了解我打算走哪一条路回去。我的回答是："沿拉嘎藏布走到河流的发源地，然后穿过雅鲁藏布江北方的疆域。"经过一番会商，他们决定接受我的条件，并且由他们自己承担同意的责任。

接下来各级官员再三商讨，然后我收到唐大人一封措词客气的来信，以及连大人同样语气和缓的文件；显见众人的态度都软化了。他们经常造访我的住处，致赠我们一切必需品，最后甚至给我一份通行西藏的新护照，要我指出我打算接触的地点；关于这点我相当谨慎，并没有透露确实的计划。

三月二十五日，我的帐篷忽然增加几名新住户：小黄生下四只小黑狗，我和做母亲的小黄争着宠爱这些乳狗，为新添的

圣湖和魔鬼湖

旅伴感到欣喜万分。第二天我向马指挥官辞别，并送给他三匹劣马，一来补偿他所承受的痛苦，二来报答他没有阻止我在此地的行动。这一来，我们从列城带来的一百三十头牲口只剩下两匹马和一头骡子，虽然在日喀则也买了几头骡子和马匹，但庞大的行李还是交给雇来的牦牛驮载。护送我们的是两名汉人和两名藏人，其中一个藏人来自拉布仁寝宫，另一个来自日喀则宗，他们各自备有人手、坐骑和驮兽。

三月二十七日清晨，我派伊萨捎信向班禅喇嘛告辞，班禅喇嘛的回函充满了诚挚的祝福，并为中国上级阻挠他与我的交谊表达遗憾。

我们拔营离开，一场风暴从西方席卷而来。毫无疑问，此刻班禅喇嘛正坐在他那扇小窗户前面，手拿望远镜观看我们离城。雅鲁藏布江上白浪滔滔，我们费了好大的劲才把马匹弄上渡河的牛皮筏。

第五十四章
奇怪的寺庙——壁窟中的僧人

　　我和手下很快就和护送人员建立友好关系，我想尽一切办法削弱四名护卫的监视，譬如送他们香烟、小礼物和银币，而收到的第一个成效就是不反对我前往塔定寺；该寺大殿在微弱的光线下美不胜收，四十八根大红柱子耸立在大石板铺成的地

四个喇嘛为圆寂的住持诵经

板上。塔定寺的僧人非常好客，他们属于"苯教"派系（佛教传入西藏之前盛行的原始宗教，属于泛灵信仰，教徒头裹黑巾，因此俗称黑教），拥有自己的宗教特色，例如他们旋转经轮时，方向与藏佛相反；朝圣者绕行寺庙或圣山，也与藏佛反向而行，以逆时针方向绕行。根据黄教（格鲁派）的看法，这么做无非离经叛道，不管如何，就寺庙的风景而论，这座以高山和旷野河谷为背景的塔定寺实在是美丽绝伦。

一八三二年，也就是七十五年前，五岁的游牧男童杨敦萨丁来到塔定寺做见习僧，法名南岗喇嘛，他一步步往上爬，终于成为塔定寺的住持，成就知名的南岗仁波切。南岗仁波切在我们抵达该寺的前一夜圆寂，遗体仍然停放在禅房里。我与两位手下抵达时，一对老夫妇坐在中庭里劈柴，准备火化南岗仁波切肉身所用的柴火；南岗仁波切的肉身将在山谷里火化，骨灰则带到圣山冈仁波齐峰。我们走进住持喇嘛圆寂的禅房，房里坐着四名喇嘛，他们必须为死者诵经助念三天三夜。已故的老人坐在床上，身体稍微前倾，额头围着一条布巾，头戴多彩帽冠，遗体前面放置一张几凳，上有佛像及两盏点亮的酥油灯。

四名喇嘛对于我们的突然闯入目瞪口呆，如此亵渎之事闻所未闻，但是他们未置一辞，只是口中毫不间断地诵经。我在禅房里待了许久，对于死亡的庄严感触良深。七十五年来，南岗仁波切听尽风中的铃声、看尽日出月落，在诸多圣山间往来不辍，现在这一刻，他的灵魂从肉身解脱，游荡至未知之境，也是在这一刻——他命运中极为重要的时刻，竟然被我们所打扰。

我们转到根登佛庵参观，这是一座有十六位比丘尼的尼姑庵，佛殿黑暗而孤寂，擎立六根巨大的红柱，这幅景观远胜于观看那些又穷

根登佛庵的比丘尼

又脏的比丘尼；她们的穿着与喇嘛无异，头发也剃得短短的。

塔西吉木北寺

最美丽的风景在札西建白寺。札西建白寺是外喜马拉雅山区南麓的一座白色小城，寺院的大中庭有一张专为班禅喇嘛所设的圣座，因为班禅喇嘛每年都会拜访此寺。大殿上充满珍贵的佛像和金饰，藏经院里有一百零八卷《甘珠尔》和两百三十五部厚重的《丹珠尔》，至少要五十头骡子才驮得完。塔西吉木北寺有个高达十一英尺的转经轮，圆周长四倍于我伸展的双臂；另一个小型的转经轮上缘装着一只木钉，每转一圈转经轮，木钉便撞击上方的铜铃，发出清脆的铃响。年复一年，转经轮下始终有两位僧人从日出坐到夜半，不停转着转经轮；

塔西吉木北寺的巨大转经轮

每天转经轮要转上十万次，为几百万个写在薄纸上的许愿香客祈福。这些僧人闭着双眼，嘴里喃喃念着祷文，仿佛进入恍惚之境，不时大声喝叫、仆倒在地，任何话语皆充耳不闻。

殿柱上方悬着幕布、盔甲、烛台和寺庙的幡旗，柱子上画着释迦牟尼佛和其他高僧的行谊，品位甚为高雅。供桌上有数碗供物和长生灯，供桌后是释迦牟尼佛的塑像，仿佛刚从莲花座上起身，集世人之梦想，神秘不可测，胸怀对世人的大爱。

我发现自己真舍不得离开这座吸引人的寺庙，一日将尽，夕阳将浓烈的红光射进大殿的窗子，这是我在西藏所见过的寺庙中采光最好的一座。庙柱全刷上寻常的红漆，透进大殿的夕阳将它们染成透明的红宝石光彩；身着朱

巨大的花岗岩佛像

红色袈裟的僧人坐在红色长椅上，背后拉出黑暗的影子，殿内黄金色的佛像和莲花座都闪耀生辉。

我们上路继续朝西走，沿着雅鲁藏布江北岸来到卡嘎村，这里有一座怪异的铁索桥，跨越大河到达对岸的彭措林寺，桥身已经有些老旧[①]。此地以西便是拉嘎藏布汇入雅鲁藏布江之处，至于雅鲁藏布江的主流则来自南方，穿过河谷黝黑深邃的入口，继续向东奔流。我希望在这一点测量两条河流，而旅队却必须赶往拉嘎藏布江边的唐玛村；我将折叠船组合起来，找了一名

塔西吉木北寺里上了金、红、黄漆的佛像

① 此处言及的彭措林寺即今觉囊寺，但此寺与作者提及的怪异铁索桥乃位于西藏拉孜县境，而非坐落隶属昂仁县的卡嘎村。

藏族人当桨手，乘着江水漂流到两江交会处，部分人马则携带粮食继续前进。桨手非常熟练，始终保持警觉，他操控小船越过嘶嘶作响的泡沫，神乎其技地穿过悬崖峭壁间的狭窄河道。护送人员不确定我的意图，只好骑马沿着河岸跟随。几名手下津津有味地观看，也忍不住要求我让他们泛舟游雅鲁藏布江，我爽快应允，接下来大伙儿在河上逗留一整天，一直玩到天黑才返回营地。路上中国马的铃铛交织着拉达克人的歌声，在狭隘的河谷中激荡出旋律诱人的回音。

旅队往河谷上游走，来到了美曲藏布汇入拉嘎藏布的林谷村，这里有两尊巨大的佛像雕嵌在光滑垂直的花岗岩壁上。护送队伍没有领我们往拉嘎藏布河谷的上游走，反而朝北走进美曲藏布谷地，此举让我大吃一惊，因为这条河从外喜马拉雅山的主脊开始延伸，正是我想去的地方。地势越来越高，我们几乎每天都必须雇一组新的牦牛来驮载行李，沿途不断经过经墙、石祭坛、幡旗；我们走的是朝圣香客前往一座寺庙朝拜的路线，来往行旅相当频繁，而所遇到过的旅队、商队、农人、朝圣者、骑士和乞丐，几乎都很有礼貌地吐出舌头向我们致敬。

走过的山路尽是花岗岩与板岩地质，荒野的美曲藏布谷地风光无限，我们终于抵达通村的一座大寺庙，村子里的屋宇清一色是白色的。从日喀则沿路护送我们的队伍在这里由新的守卫接替。到达锡尔中村时，我们的位置已达海拔一万三千七百英尺，村中有个二十岁的已婚妇人叫作朴婷，她的容貌出奇的美，身段玲珑；藏族人不容许嫉妒心作祟，因为这里盛行一妻多夫制，两三个丈夫通常是亲兄弟，因此藏人对婚姻的忠诚心便没有那么看重。

美曲藏布河谷的美人朴婷

美曲藏布的激流发出滔滔的欢唱旋律，在幽美的河水深处回荡不已，山壁间常见老鹰冲天飞起，有时也听见岩鸽的咕咕叫声，山鹧鸪在碎石地上筑巢，野鸭则在河岸上嘎嘎乱叫。每到一处新寺庙，我总是花好几个小时参观，其中列伦寺的规模算得上相当大；我在这些大大小小的寺庙里所见所闻真足以写成一本书。这条路上经常可见风景如画的桥梁，当河谷缩成狭窄的走廊时，危机四伏的路面悬挂在河谷上方两百英尺处，筑路人将铁桩或木桩敲进陡峻山壁的裂缝中，片岩岩板松垮地架在桩上充作路面，这种吊架式的路面有些地方宽仅一英尺，底下则是万丈深渊。我们来时从西拉山口开始翻越重重支流谷地，这些谷地全都切过美曲藏布东边的山脉。

在岩窟中闭黑关的苦行僧

我们停在美曲藏布河谷的一段延伸谷地上扎营，这里有一

林迦寺佛殿里诵经的喇嘛

座筑在沉箱上的桥梁横跨美曲藏布。群山间有一陡峭的小峡谷，峡谷中坐落一座奇怪的林迦寺，由四十间独立的屋舍所组成，和这地区的其他事物一样，它过去从来不为欧洲人所知晓。我带了两名手下骑马到该寺，背阳山坡以巨大的石板拼出六字真言。神秘的昏暗光线弥漫大殿，墙堵和柱子均饰有寺庙的幡旗、烛台、鼓、铜锣和唢呐，天花板上一方开口透进微光，洒在佛像上。寺里的僧人坐在长椅上吟唱经曲，歌声如海浪般起伏有致。

在一处平台似的岩脊上，沛苏寺拔地而起，我们站在屋顶平台和窗口边往下眺望，只见寺庙三面的无底深渊。从屋顶上饱览的山中全景，实非笔墨所能形容。寺庙内部也充塞一股神秘的氛围，我爬上一段陡峭的楼梯，进入一个供奉许多圣像的佛堂，光线从左手边的窗扉射进来——窗板被风吹得格格响，落在一整排中型的佛祖塑像上。我的随从留在入口大厅里，这里只有我和这些佛像独处一室，偶尔从黑暗中跑出一只耗子偷吃桌上的供品。从窗户灌进来的冷风吹动佛堂左手边的手绘幡旗，佛像的形态因而改观，不经意瞥见蹲坐的佛像对着肆无忌

林迦寺附近河谷上游的苦行僧洞穴

惮的耗子咧齿大笑，不禁让人毛骨悚然。

迷人的林迦寺让我多逗留了好几天。有一天，我们攀爬到山壁脚下一处苦行僧的洞窟，那是用大石块堆起来的简陋处所，没有窗子，入口以一道墙堵住，屋顶上有个小烟囱，靠近地面的石壁有个小孔，食物就放在一块板子上推进洞窟中。

在这个漆黑的洞穴里，有位喇嘛已经面壁整整三年，与外界完全隔绝！这位无名的喇嘛三年前来到林迦，由于洞穴无人使用，他便立下僧侣最严酷的誓言，将自己的余生闭关在洞穴中。听说另一位苦行僧才在不久前去世，他在山壁中待了十二年；在他之前，一名僧人在黑暗的洞穴里修行达四十年之久！事实上，通村也有个类似的洞穴，那里的僧人告诉我们，有个

圣僧走向即将度过余生的洞窟

苦行僧年纪还相当轻就进了洞窟，他在里面修行六十九年之后，自知死期将近，终于忍不住重见阳光的渴望，于是发信号给外面的僧人，要求重获自由，怎奈老人已经两眼全瞎，体力也无法支撑到爬出洞窟，最后像块破布似的气绝洞中。当年与这位苦行僧同时入洞的那批喇嘛，这时也全都辞世了。

现在我们就站在林迦寺附近的一个洞窟外，遁世的苦行僧被尊称为"喇嘛仁波切"（圣僧之意），人们说他的年纪大约四十岁，日日静思默念，企求悟得涅槃。他自愿苦行修道所换得的回报是灵魂完全自轮回的痛苦中解脱，死后立即获得永恒的安息——断灭一切，化于无限。

每天早上，僧人会端一碗糌粑给穴中的苦行僧，有时再加一小团奶油，饮水来自洞窟内涌出的天然泉水。空碗每早由外面的僧人收走并添上新的食物，每六天僧人会奉上一撮茶叶，每个月送上几根柴火，苦行僧可以用拨火棒引燃。假如每天送食物来的喇嘛透过小孔对他说话，苦行僧将永远遭致地狱之苦，因此他始终保持沉默；如果苦行僧自己对送饭的僧人说话，那么他多年孤独的修行将前功尽弃。送饭的僧人若发现碗内的食物没有动过，便明白苦行僧不是病了就是死了，这时他会将碗再推回去，郁郁寡欢地走开；这种情况若持续到六

对日光的最后一瞥

天，洞窟将被强行破开，因为经过这么长一段时间，已足以确定苦行僧圆寂归天了。僧人将死者抬出来焚化，就像对待圣人一样。

"他听得见我们的声音吗？"我问寺里的僧人。

"听不见，墙壁太厚了。"

我感觉自己似乎走不开那个地方，想到有个人在离我数英尺之外的洞穴里，而他所拥有的意志力让世人望尘莫及，他已经遗弃了这个世界，与死亡无异，他已属于永恒的境界。战场上视死如归的士兵被当作英雄，但那不过是一生经历一次的命运，然而喇嘛仁波切的精神生活却是数十年的坚持，他的苦修一直持续到死亡才能获得解脱，我想他必然对死亡怀有无可遏

止的憧憬。我被喇嘛仁波切牢牢吸引了，过了很久，我还经常在夜里想起他，甚至十七年后的今天，我还常常动念，不知洞窟里的他是否还活着？即使我有权力和许可，我也绝不会将他释放出来，使他重回阳光之下。面对这么伟大的意志力和神圣的情操，我觉得自己像个一文不值的罪人和懦夫。

我想象自己看见他出现在我面前——苦行僧此生绝无仅有的一次，他庄严地走着，身旁伴随林迦寺的喇嘛，队伍沿着我们来时的路线向上游河谷走去；每个人都沉默不语，他感觉到太阳的热度，看到山坡上明亮的原野，也看见落在自己和其他人身后的影子。从今以后，他再也看不见影子的挪动，因为他即将住进死寂的阴影中——直到死亡为止，这是他最后一次仰望天空与浮云，观赏山峰与峰顶上闪闪发光的雪原。

苦行僧走到洞穴前面，凝视着打开的门，走了进去，身边只带了一条充当床褥的破地毡；僧人开始诵经，门锁上了，门外筑起大石块叠起的厚墙，从地上一直盖到洞穴顶。此刻，不知苦行僧是否站在门内，捕捉最后一线日光？当最后一块大石砌上墙头，全然的黑暗无情地落在他身上。而伴随的僧人出于敬爱完成这番劳役之后，沉默而肃穆地走回林迦寺。

闭关在石墙内的苦行僧再也听不到外界的任何声音，盈耳的只有他自己诵经祈祷的喃喃声。长夜漫漫，但是他无从知道太阳何时下山，夜晚又是何时到来，因为对他而言只有无边的黑暗存在。苦行僧睡着了，过了一会儿清醒过来，不知道外面

是否已经破晓。夏日到了尾
声，这一点他倒是清楚，因为
温度日益下降，湿气也越来越
重；冬天来了，他感到寒冻噬
人，然后春天和夏天又来了，
升高的温度让他感受到一丝幸
福。一年又一年，周而复始，
他不断诵念经文，梦想早日得
道，进入至高的涅槃境界。渐
渐地，他放松了对时间的悬
念，不再知觉漫长的日夜循
环，因为他总是坐在地毡上，

死神

忘我地梦想涅槃，他知道只要有无比的自制力，当可进入天国
的大门。

　　苦行僧日渐老去，但是自己却浑然不知，对他而言时间是
静止的，和涅槃的永恒境界相比，生命恍如一瞬。除了偶尔爬
到他头上的蜘蛛或蜈蚣以外，他别无访客，身上的衣服早已褴
褛不堪，指甲长而蜷曲，长长的头发纠结成团。他并没有注意
到自己的肤色变得极为苍白，视力变得模糊，直至眼睛完全瞎
掉；他渴望得救。有一天他的门会被敲响，唯一可能到洞穴造
访他的朋友来了，那是死神，前来带领他走出黑暗、进入涅槃
的光明之境。

第五十五章
伊萨最后的旅途

四月十七日，我们骑马来到戈沃村，这是最后一个石头小屋的聚落，过了这里，宽广的高山原野再度出现游牧民族的黑色帐篷，以及成群吃草的黑牦牛和白绵羊。

一座山耸立在我们左手边，上面有个奇怪的垂直洞穴，下方的洞口有两个化缘的喇嘛和两个比丘尼，他们是从尼泊尔来到此地的，专门服侍住在山腰洞窟里的两位苦行僧。眼前出现一座天然的螺旋梯，滑溜而危险，梯子通往上面凹壁的修行洞窟，洞里住着一位百岁的苦行僧。为了一探究竟，我们必须将洞口薄薄的片岩遮板挪开，不过那些尼泊尔僧尼央求我不要打扰这位圣僧，因此我只透过遮板下的裂缝向内窥探，我看见两个人形，也听见老人诵经的喃喃声。冬天在这上面一定很冷，不过至少他看得见太阳、星辰和飘落的白雪，因为岩穴面向河谷的方向是开展的；不过他可能都不开口说话，甚至也不知道隔壁洞穴竟有另一名苦行僧。

外喜马拉雅山区的新山口

我们接着来到不远处的昌喇波拉山口，标高一万八千二百七十英尺，位于西拉山口西方四十三英里处，是外喜马拉雅山分水岭上最重要的山口，这是个意义重大的新发现。我们第二度跨越外喜马拉雅山区和雅鲁藏布江北方的大片空白，我的梦想是一步一步填满这片空白，一直延伸到西方末端。

旅队朝着西北方前进，我摸不清护卫队在打什么算盘，何以一径领着我们往这个方向走，还好这正中我下怀。护送队伍里有一位首领以前在通村当过喇嘛，后来因为爱上一个女子而被逐出佛门。

越过昌喇波拉山口，我们再次进入没有印度洋出海口的区域，这里的水系最终都会注入当惹雍错，我试图深入这座湖的岸边。在一处插着祈祷幡的石祭坛，我们首度眺望到圣山塔哥岗日山，印度学者纳因·辛曾经从北方见到这座山；藏族人来到此处，无不五体投地朝拜圣山。

再一次更换护卫队时，来了五名老人和一大批守卫，他们想要带我们回拉嘎藏布，但是我说服他们继续往西北方前进。他们共有十一顶帐篷，还带了一百头左右的牦牛，我经常到他们帐篷里拜访，为老人素描。

我们正往圣山接近，巨大的峰顶积满白雪，还有五道清晰可辨的冰河；西南偏西方向矗立着一条广阔、未知的新山脉，山脊上堆着永不消融的白雪。我们在塔哥岗日山山脚的达果藏布畔扎营，营地编号第一百五十号；达果藏布注入当惹雍错，沿河步行只花两天就能抵达那座湖泊。截至目前为止，一切进行得很顺利，然而此时却出现二十名武装军人，原来是赫拉耶大人派他们来阻止我们前往这座圣湖，队伍的首领是在纳灿错见过面的杨度克，当时他是赫拉耶的随员。他们宣称我们无论如何不许去当惹雍错，我想到离我们营地不远处，就在达果藏布谷地右手边，有一块突出的红色岩壁，据说站在那块岩壁上可以望见当惹雍错，于是我答应如果他们能让我爬上红岩壁，就克制自己不到湖边上。杨度克他们并不反对，就在我们准备出发的四月二十八日，拉迦（Largäp）区域的首长却率领六十个骑士出现，骑士身穿红色或五颜六色的衣服，胯下骑着白色、黑色或栗色的马，一行人将我们团团围住，彼此争吵叫嚣，不让我离开营地一步。我们花了一整天工夫谈判，最后他们总算让步，答应让我带两位随从骑马到岩壁边；遥望北方的当惹雍错闪耀着蓝色光芒，好似锋利的剑刃发出寒光。

我们从这个地点转往东南方，以便第三回合穿越外喜马拉雅山，途中我们发现一座中型湖泊许如错，湖水依然冰冻未消。五月六日，我们再度跨越外喜马拉雅山，这次走的是安格丁山口，标高一万八千五百英尺，位置在昌喇波拉山口西边五十二英里外，我又一次成功地在地图的大片空白处填上一小块。南北两方的风景壮丽非凡，在我们身后的北方，塔哥岗日山依然可见，面前的南方出现的是喜马拉雅山雪白的峰顶。

旅队现在的目标是拉嘎藏布江。一天晚上手下报告说老古法儒病了，他躺在自己的帐篷里已经奄奄一息，他要求儿子将他的寿衣准备妥当。老人肚子疼得厉害，我指示手下为他热敷，他却叫我回家躺下，伊萨差点笑岔了气，其他人则围在老人床前开心地打打闹闹。我让古法儒服用了一些鸦片，第二天早上，他又是生龙活虎的了。

冀望走向扎日南木错与昂拉仁错

五月十一日，我们在纷飞的大雪中抵达拉嘎藏布江畔，窝在篮子里旅行的初生小狗追咬着新奇的雪花。我们走的路线是赖德和他的同伴曾经绘图标记的部分，不过在前往玛那萨罗沃池①的八十三天旅途中，除了其中两天半的行程之外，其余都是不为人知的新路线。

拉嘎札桑（即驿站）的两位首领很顽固，他们出示来自拉萨政府的命令，要求我们只能走札桑道，也就是当年赖德探险队通往拉达克的主要商旅路线。我只得又致书唐大人和连大人，

---

① 玛那萨罗沃池，即玛旁雍错，喜马拉雅山区里的湖泊，位于西藏西南方、冈仁波齐峰南方，是印度教徒的朝圣胜地。

请他们准许我前往扎日南木错 ① 和昂拉仁错 ②，最后经由玛那萨罗沃池抵达印度；我将送信的重任托付给手下唐德普和塔希，要他们徒步把信件送达日喀则的马指挥官手中，路程长达两百英里，之后再与我们会合。

我们不急着赶路，主要是不想超前两位信差太多，便在原地停留了一个星期。五月十五日，夜里的气温降到零下二十六点一摄氏度，西藏护卫队大失所望，因为我们选择经过雄伟的珠穆琼山群，这里地形粗犷，气候凛冽彻骨。翻越珠穆琼山群后，我们在巴桑河谷的入口处停留了一天，从那里到地区首长所在的萨嘎宗只需要一天的路程，可是我并不想走那条路，而希望绕到更南方恰克塔藏布汇入雅鲁藏布江的地点。西藏护卫答应我的要求，条件是由伊萨带领大部分旅队走主要道路去萨嘎宗。

我们分手的前一晚，拉达克人围着营火跳舞，伊萨弹吉他助兴。五月二十七日早晨，旅队分道扬镳，原地只留下马儿上的我和伊萨，和往常一样，我对伊萨下了一些命令，然后我们互道再会。这位优秀的领队快马跟上其他队员时，身体看起来正处在巅峰状况，没想到这竟是我最后一次向他下达命令。

我自己也赶上罗伯特与泽仁所带领的支队。这趟旅程收获极为丰硕，我们以小船为工具，测量两条河的水量，工作四天

① 扎日南木错，是西藏中部的湖泊，位于当惹雍错西方。
② 昂拉仁错，位于扎日南木错西方的湖泊。

之后，在塔布尔区扎营休息。五月三十一日，我们准备启程前往萨嘎宗，可是这天清晨却来了一个不通人情的野蛮首领，他带着一群雇来的帮手到我们营地，不分青红皂白地鞭打服侍我们的藏族人，而且喝令他们带着我们向他们租用的马匹离开，并留置我们当他的囚犯三个月，不给任何粮食。我悄悄派了一名手下赶到萨嘎宗给伊萨捎口信，要他赶紧为我们送五匹马过来。然后我把这个首领叫到我的帐篷来，他宣称我无权涉足札桑道以外的任何道路，我警告他不要装腔作势，只要我高兴，随时可以请我在拉萨的大官朋友取他的性命，此话一出激得他暴跳如雷，他站起来用长剑刺向我，我仍旧保持坐姿，完全没有表现任何恐惧，他于是停下比画的动作拂袖而去。当天晚上，他带着人手和牦牛回来，宣告我们可以前往萨嘎宗了。

伊萨走了！

六月一日早晨，几名队友带五匹马前来接应，伊萨也捎来口信，表示营地一切安好。我们拔营前进，这是一条漫漫长路，我和往常一样专心工作，落在队伍后面姗姗抵达营地，古法儒和所有队员都跑来欢迎我。

"伊萨人呢？他一向都不会跑远的。"我问。

"他在帐篷里躺着，已经病了一整天了。"

我知道他常犯头疼的老毛病，所以不以为意地直接进帐篷吃晚饭。天黑以后，洛布桑跑来告诉我他们叫伊萨时，伊萨没有反应，我赶紧跑到他的帐篷，看见他的嘴巴扭曲变形，瞳孔涣散无光，这显示他中风了。在我追问之下，其他人才说伊萨中午突然摔倒，几个小时以后就无法说话了。一盏油灯在他头边燃着，伊萨的弟弟泽仁坐在一旁低泣。我叫着伊萨的名字，他虚弱地想转过头来；我低声对罗伯特说，伊萨活不过明天早上了，罗伯特感到十分惊恐。现在我们唯一能做的是在他额前放些冰块，在脚边放置热水瓶，但这些都于事无补，伊萨的大限已到。晚上九点钟，伊萨开始垂死前的挣扎，他的手脚冰冷，身体不断冷颤，沉重的呼吸声越来越微弱，最后完全停止。过了一分钟，他吐出最后一口气息，伊萨就这么与世长辞了。

我被死亡的庄严攫住，旅队的佛教徒用自己的语言为伊萨诵经，穆斯林则呼喊："伟哉安拉！"古法儒将死者的下巴绑起来，以使下颚固定，并在他的脸上蒙上一块白布。泽仁痛哭流涕，捶打自己的额头，身体前俯后仰，我试着想安抚他，最后大伙儿将他抬回帐篷，他才慢慢睡着。

穆斯林把帐篷改装成灵堂，其中五人为伊萨守夜，午夜之后我也来到灵堂，看见魁梧正直的伊萨躺在那里，嘴角还带着一抹安静的微笑，他的脸上毫无光泽，在历经羌塘无数的暴风雪和西藏的艳阳天之后，皮肤却仍然透着古铜色。

六月二日是星期日，伊萨的遗体清洗干净，裹上古法儒的寿衣和一条灰色的毛毯，放在一顶粗糙的尸架上，八名穆斯林将他的遗体抬到萨嘎宗官方拨给我们的一块墓地。这时候底下的佛教徒仍然在坟墓边忙着。送葬队伍很简单，我走在尸架后面，罗伯特和另外几个队友走在我的身后，泽仁因为太过悲伤而留在帐篷里。外面来了一些藏族人围观，他们从来没有见过这样的仪式；西藏风俗是把死者遗体喂给野兽。扶棺者唱了一支哀悼的丧曲，他们走得很慢，中途停下来休息两次——他们的负担确实太沉重了！

墓穴里凿了一个边室，伊萨的遗体便放在边室里面，脸朝着麦加的方向，这样覆土时才不会被泥沙压到。当墓穴慢慢填上泥土时，我走向前，谢谢伊萨始终如一的忠心。

葬礼结束，我们沉默而哀伤地回到帐篷。我在一块石板上用英文写下伊萨生前服务过的欧洲人姓名（他来到我的旅队之前已有三十年经验），并且注明他于一九〇七年六月一日辞世，享年五十三岁。我还用阿拉伯文填上伊萨的名字，为了让藏族人珍视这个坟墓，还加上六字真言，然后把这些字都刻在伊萨的墓碑上，旁边同时放了一小块石板，万一有穆斯林经过，可以跪在石板上为死者祈祷。

六月三日，穆斯林和其他队员要求我给他们一只绵羊，目的是举办一场纪念领队的宴会，这时大家才明白我们失去了多么宝贵的朋友；每个人都心怀悲痛地思念着伊萨[1]。此刻，每个

---

[1] 在第一次世界大战中捐躯的罗林上尉，曾在一九〇九年的《地理杂志》第四四二页发表过一篇悼念伊萨的墓志铭。——原注

人也都变得思乡情切，拉达克人围坐在营火前，热心地为家里的妻儿做鞋子，让一旁观看的我感动莫名；罗伯特也一样，渴望见到母亲、妻子和兄弟。因为渴望发掘雅鲁藏布江北方的未知之境，我真希望能立刻获准离开，可是却花上一个星期和藏族人折冲协调我的路线；经过许多"假如……"和"同时……"的考虑之后，他们终于准许我的要求，让旅队走北边路线到尼玉库区。

我指派古法儒继任领队职务，并告诫手下：若有任何人不能以服从伊萨的心来服从古法儒，立刻解雇。我们把伊萨的东西封在两口箱子里，打算未来送到他的遗孀手中；我们发现他的财产只有十个卢比，证明他是诚实保管我们的经费的。

我们在六月七日离开营地，我骑马到伊萨坟前致上最后一次敬意。旅队开拔之后，土坡很快就遮住了伊萨的坟墓，只留下永恒的孤寂伴随着他。

第五十六章
发现布拉玛普特拉河发源地

路径引领我们走过塔迦林寺，寺里傲慢的僧侣威胁说，假如我们胆敢踏上他们的圣殿，将赏我们子弹吃。我捎信请他们无需担忧，我们连扎什伦布寺都看过了，又何必费事去看他们的破庙。

尼玉库的首长是个明快果决的"噶本"，他爽快地允诺我们攀登海拔一万七千四百英尺的吉伦山口，这是由外喜马拉雅山群分出来的一支山脉，从山口上我们可以眺望冷布岗日山（又称罗波峰）的几处积雪高峰，这正是赖德探险队从雅鲁藏布江谷地出发所走过的三角地带。我很想继续攀登主脊，不过我答应过"噶本"不会越过山口，尽管心痒难耐，终究还是放弃探勘这大片未知之境的机会。

再度遭官方拒绝

六月十七日，我们在丹巴绒谷地扎营，听见外面路上传来铃铛声，一名骑士策马奔驰直达我的帐篷外，翻身下马递给我一封信。我揣着狂跳的心阅读封印上的英文字："大清帝国使节团，西藏"，这封信即是对我的判决，所有的手下群集在帐篷前，他们满心渴望早日回拉达克，希望别再被额外的探险耽搁。发信人是唐大人，信中措词周到婉转，不过主要意思却是："阁下请径回拉达克，不可往北方或其他方向旅行！"我向手下传达这项讯息，他们一言不发地径自走回帐篷，现在回家的路似乎比以前更近了。这些傲慢的大官真是把我给激怒了，我决定设法打败他们；越往西边走，我身后那片未知的疆域就拉得越广，无论如何，我一定要到达彼处。

被派往日喀则的唐德普和塔希正巧在当天晚上回来，他们一完成送信任务就立即赶路回营。但离开日喀则没多远，有一天夜里竟遭到强盗持枪洗劫，除了身上的衣物之外，他们所有的东西都被抢光，还好运气不错，盗匪漏掉了其中一人缝在腰带背面的三十枚银币。只是唐德普和塔希惊魂未定，在后来的路途中开始杯弓蛇影，看到阴影、石头都误以为是强盗。终于回到营地了，两人疲倦不堪，但心里很开心；我赏给他们相当优渥的报酬，而关于伊萨死亡的传言，他们也在路上得知了。

接着，队中四条乳狗得了一种怪病，眼看它们就快长大成活泼的帐篷伴侣时，却在一个星期内相继死去，我的帐篷里又只剩下小黄和我了。

到了寺庙村特拉多穆（位于萨嘎以西），我们重新走回札桑道，这里主事的"噶本"以前是个喇嘛，也是因为男女之事被黄教逐出佛门。这个"噶本"是个大恶棍，虽说如此，有时结交恶棍也会有好处，我答应如果他让我们瞧一眼尼泊尔北部，就送他一大笔银子，他的回答是"荣幸之至"，甚至让我雇用他的几匹马。假如我能多一点警觉心，就不难发现他这种不寻常的殷勤可能有诈：第一，进入一个禁止欧洲人旅游的国家风险很大，即使幸运获准，也必须遵照特定路线，持有适当的护照；第二，一旦进入尼泊尔，我就已经离开西藏领土，当我想重回西藏边境时，藏族人大可加以阻止。

尽管如此，我还是在六月二十日出发，当晚在雅鲁藏布江南岸的林色寺借宿，这间小庙只有一桩事值得一提，那就是寺里所豢养的圣狗以僧人的排泄物维生，并吃掉他们死后的尸体，而寺中僧人饮用的容器竟是白森森的人头骷髅。

进入尼泊尔

两天之后，我们骑马攀上喜马拉雅山脉的廓尔拉山口，此地海拔一万五千二百九十英尺，是布拉玛普特拉河（雅鲁藏布江）和恒河这两条圣河的分水岭。从布拉玛普特拉河爬升到山口的坡度几乎察觉不出来，整个高度变化只有三百一十五英尺，因此开凿一条运河，将布拉玛普特拉河上游强行变成恒河的支流，是一件可行的方案；如今这两条河奔流至胡格里^①三角洲会合。

从山口上眺望，景色美妙极了，南方尼泊尔的山脊与河谷在阳光下闪闪发光，北边则是横躺的外喜马拉雅山，沐浴在暖暖的骄阳下；积雪的喜马拉雅山峰顶被云雾笼罩着，使得二万六千八百三十英尺高的道拉吉里峰^②完全隐没。

我们下山进入尼泊尔境内，一路往下走到喀利干达克河^③谷地，这条河流是圣河恒河的支流，地势陡峭非凡，使得我们无法骑马下山。气温逐渐暖和，我们比较容易流汗，也看见越来越多在西藏气候下无法生存的植物。接着，我们来到一处比廓尔拉山口低二千八百英尺的地方，旅队停下来扎营过夜，此地已经靠近纳马希村。营地位居一座园林中，主人是号称"南土之王"的罗嘉浦亲王，他管辖尼泊尔边境的一个邦邑，臣属于加德满都的大君。温暖的风拂过浓密的树梢，就像天堂一般。罗嘉浦亲王的两名手下前来邀请我们到亲王府做客，那是在下游谷地里，但是我婉拒了，万一他把我们收为禁脔，怎么办？第二天早上我们上马回到廓尔拉山口，尽管停留如此短暂，我到尼泊尔拜访一事却已传到大君耳中；一年多之后，我的家人和朋友都极为忧虑我的性命安危，瑞典王储曾在伦敦会晤过尼

---

① 在印度东北方，濒临孟加拉湾。
② 尼泊尔西部山峰，属于喜马拉雅山群。
③ 尼泊尔与印度北部河流。

泊尔大君，当时大君告诉王储我曾经造访过他的属地，并且暗示无需操心我的安危，但是那个时候我早已回到西藏了。

我将特拉多穆"噶本"的马匹毫发无伤地奉还，并如数付给他允诺的酬劳。我们加入古法儒和旅队，重新朝西方与西北方向行进，路线仍然沿着雅鲁藏布江南岸，只是这一大片疆域均是陌生之境。我们在纳穆喇寺渡过雅鲁藏布江，这里江面宽达二千九百英尺，大小同湖泊；几天之后我们来到达克桑村，还帮助一位喇嘛过河，这里的雅鲁藏布江流速每秒钟达到三千二百四十立方英尺。来自西藏极东之地康区的五名女子前来我们的营地拜访，她们远道而来朝拜圣山冈仁波齐峰，只有背上的包袱加上一根手杖，沿路到别人的帐篷行乞以完成朝圣之旅。

寻找水源头

现在我已接近最想解决的重要地理问题之一，我一直希望成为首位深入布拉玛普特拉河发源地的白人，并在地图上画出发源地的位置。杰出的印度学者纳因·辛曾于一八六五年走商旅要道从拉达克抵达拉萨，他知道布拉玛普特拉河发源自西南方的冰河，可惜的是从未踏足该处；一九〇四年，赖德和他的探险队也取道相同的途径，然而他所走的路线偏向布拉玛普特拉河发源地北方三十英里。为了解决这项问题，首先我必须测量雅鲁藏布江（布拉玛普特拉河上游）源头水系的水流量，这件工作只能挑天气晴朗的日子进行，而且最好在同一个时间测量各条源流。我发现其中一条源流库别藏布江的水流量是其他源流总和的三倍半，因此只要找到库别藏布江的源头，就相当于找到布拉玛普特拉河的发源地了。

我先派遣古法儒带领旅队沿着主要道路前往托克钦，这个帐篷村距离圣湖玛那萨罗沃池的东北岸不远；留下来陪我的只有罗伯特、三位拉达克人和三位藏族人。这些藏族人很熟悉这个地区，他们皮肤黝黑，身穿羊皮外套，肩上扛着好大的毛瑟枪，我在日记上称他们作"三枪客"。

我们沿着库别藏布江向西南方前进，南方和西南方向耸立

雄伟的库别冈日山，山顶覆盖永不消融的积雪与冰河

着雄伟的黑色山峰，峰顶覆盖永不消融的雪，坚挺的山峰像是野狼的森森白牙，巨大的冰河则像舌头般从白牙间垂挂下来。我们的位置越来越高，发现桦树和其他尼泊尔树木的薄薄树皮，它们是被强风吹过喜马拉雅山而流落至此的。三枪客见我用经纬仪测量地形，很紧张地问天空不下雨是不是我的杰作，我向他们保证，我也和他们一样期盼老天快点下雨，因为雨水能滋润青草和牲口。

攀爬得越高，我们头上库别冈日山那九座粗犷的雪峰就变得越巨大。一天深夜，急骤的闪电击中南方某处，蓝白色的电光引燃火焰，深黑色山巅衬着浅色背景，仿佛有人拿剪刀在黑纸上剪出山峰的形状。布拉玛普特拉河发源地的圣山诞生了 ①！这条河穿越西藏南方的大部分地区，切过喜马拉雅山，灌溉阿萨姆农夫的田地，惊人的水量和胡格里三角洲的恒河水系交织在一起。

七月十三日，我们骑马爬上一块巨大无比的老冰碛石，从那里饱览令人惊奇的巍峨山色，粗犷的黑色岩石、圆锥峰顶、高耸山口、万年雪原的盆地、壮阔的冰河，山脉表面有深色带状的冰碛石，冰里则有蓝绿色的神仙洞窟。我们脚下是一条冰河的底部，它正是库别藏布江所有源头的主要水源，也是布拉玛普特拉河的发源地，标高一万五千九百五十英尺。

---

① 布拉玛普特拉在印度文中的意思是"梵天之子"，梵天是印度教创造之神的化身。

三枪客的任务完成，我发给他们酬劳之后便让他们离去，整趟旅程只花了七英镑！能够发现世界上名气响当当的河流发源地，代价又如此低廉，何乐而不为？可是三名向导觉得我疯了，不过才骑几天马就给他们这么多银子！至于发现布拉玛普特拉河发源地的荣耀，我很荣幸能与纳因·辛和赖德两人分享，即使他们并没有抵达发源地，但是他们确实在这个地区留下了足迹。

　　接下来几天我们继续朝西行，越过塔木伦拉山口，也就是布拉玛普特拉河与圣湖的分水岭。我们左手边的山脉是萨特莱杰河真正的源头所在的光伦冈日山，以及高耸的弧状山峰古尔拉曼达塔峰；朗钦藏布江下游变成象泉河，是萨特莱杰河上游的支流，也是注入圣湖的最大水源。我们在象泉河畔停留短暂时间，这里有个被人们视为奇迹的泉水，它和法国南部城市卢尔德①一样，拥有治病、驱邪的神力，据说甚至可以抵御饥荒、干旱、盗匪；北方是圣山冈仁波齐峰，也就是印度人所称的凯拉斯山，据说山顶有湿婆（印度教三大神之一）的仙境，也是藏族人心目中最神圣的山脉。最后，我们可以瞥见冈仁波齐山麓的圣湖玛那萨罗沃池一角。

　　旅队于托克钦全员到齐，我进行重大的调整，其中十三人在古法儒的率领下直接返回拉达克的家乡，同时请他们把我

---

　　① 罗马天主教的重要朝圣地，有圣母显灵的泉水。

多余的行李和多达三百页的信件带走。这些分寄亲友的信件之
中，最重要的是寄给邓洛普–史密斯上校的信，我要求他将我的
信件、六千卢比、左轮手枪、粮食补给等物送到嘎托，我预计
在一个半月之后抵达该处。至于留下来的十二个人继续跟随我，
领队职务由泽仁担当。七月二十六日，我们两支队伍分道扬镳，
古法儒带领十三头牦牛和小队首途返乡，大伙儿分别之际都流
下不少依依不舍的眼泪；旅队的藏族人以为这次分手和以往一
样，隔几天就会再聚首。

　　我和其他人转向西南方，当晚在玛那萨罗沃池畔扎营，位
置靠近圣湖边的色瓦龙寺。玛那萨罗沃池边的朝圣要道上有八
座名寺，色瓦龙寺是其中第一座，它们散布在道路沿线上，仿
佛一条神圣的手镯上镶着八颗璀璨的宝石。

第五十七章
圣湖玛那萨罗沃池

　　藏族人称这座圣湖为"玛旁雍错"或"仁波齐错"，印度人称它"玛那萨罗沃池"，意为梵天的灵魂，不论是哪个名字，只有一个词可以形容，那就是神圣、神圣、神圣！湖岸上镶着一圈高山，北边冈仁波齐峰和南方古尔拉曼达塔峰的永冻雪原下，金雕从巢里起飞，翱翔在群山之间，俯瞰玛那萨罗沃池青蓝如玉的湖水；虔诚的印度朝圣客在湖上看见过湿婆神显灵，他化身为一只白天鹅，缓缓从圣山上的仙境盘旋而下，栖息在湖水上。几千年来，古老的宗教赞美诗即有赞颂这座湖泊的诗句，例如《塞犍陀往世书》①里有篇《玛那萨堪达》，内容描述：

　　当玛那萨罗沃池的泥土沾上任何人的身体，或当任何人在玛那萨罗沃池里沐浴，他就能前往梵天仙境；喝下玛那萨罗沃池的水，他便能前往湿婆神的仙境，免去百次轮回的罪孽；即

---

　　① 《塞犍陀往世书》，印度教的一部经典。

使是玛那萨罗沃的野兽，也能进入梵天仙境。这座湖的水像是珍珠。喜马拉雅山无与伦比，因为凯拉斯山和玛那萨罗沃池都藏在其中；当露珠在朝阳里升华，人类的罪孽在见到喜马拉雅山的那一刻也消失了。

我在玛那萨罗沃池畔扎营，但心中并无瞻仰之意，只是想测量这座湖的地形，调查其水位与萨特莱杰河之间的关系（这是地理学上悬而未决的老问题）；测量其深度（从来没有人做过这件事），并且以行动赞美其蓝绿色的波浪。玛那萨罗沃池的湖面高度海拔一万五千二百英尺，形状呈椭圆形，湖泊北方向外突出，直径约为十五英里长。

横渡圣湖

现在我们即将到圣湖上探险。七月二十六日、二十七日两天我们在等待中度过，风力实在太强劲了，旅队里的藏族人警告我们，冒险前进必然会被卷进湖里灭顶。到了七月二十七日晚上，风速减弱，我决定当夜横渡圣湖；我以罗盘测量对岸（西岸）的方位，将路线画向西南方五十九度。舒库尔和拉希姆担任桨手，我们还带了一条铅线、测速仪、灯笼，以及两天的粮食。推船下水出发时，营火的烟垂直升向星空，队上的藏族人说："他们永远也到不了对岸，湖神会把他们拉进湖底。"泽

喇嘛招呼着印度商人

仁也和藏族人一样忧虑。时间是晚上九点钟，风势减缓下，已呈强弩之末的波浪轻轻拍击湖岸，发出柔和的旋律；才经过二十分钟稳定的划行，岸上营火的光芒已消失，但是远方浪花拍岸的声音隐约听得见，除此之外，打破天地间一片阒寂的，只有船桨溅起水花和桨手哼歌的声音。

午夜，在南方群山背面放出大片闪电，整个天空都被电光点亮而呈现蓝白色，一瞬间，天色通亮如同正午时分，月亮倒映在湖水上的影子，将晶莹的水面染成银白色；此处的湖深已达二百一十英尺，我的桨手心生畏怯，都不知如何启口唱歌了。

我就着灯笼的光线读取测深仪和其他仪器的指数，并且记在笔记本上；我们徜徉在午夜的湖心，四周弥漫着仙境般的气氛，对于千千万万亚洲人来说，玛那萨罗沃池的圣洁并不亚于基督教徒心目中的圣湖加利利湖①；更有甚者，比起《圣经》上赞美提比略湖、迦百农②、救世主的记载，东方人对玛那萨罗沃池的神圣信仰早了好几千年。

夜晚时光过得很慢，东方逐渐出现淡淡的晓色，新的一天在山峰上方悄悄探出头来，轻如羽毛的云朵染上玫瑰红色彩，倒映在湖水里的云彩仿佛轻轻滑过一座玫瑰花园。太阳的金光洒在古尔拉曼达塔峰顶，散放出紫色与金色的亮光，阴影如大氅般披挂在向东的山侧，古尔拉曼达塔峰的半山腰围着一圈云彩，阳光将云影投射在山坡上。

太阳升上天空，像颗钻石闪闪发光，为这片举世无双的景色添加无限生气与色彩。多少年来，数以百万计的朝圣信徒目睹晨曦照耀在圣湖上，但是在我们之前，没有人从玛那萨罗沃池的湖心瞻仰这一奇景。

三个小喇嘛

野雁、海鸥、海燕聒聒叫着飞过湖水，我的两位桨手昏昏欲睡，有时候竟趴在船

---

① 位于今以色列北方的淡水湖，《圣经》上记载许多关于此湖的事迹。
② 古巴勒斯坦城镇，位于加利利湖西北岸。

桨上睡得酣甜。早晨已经过去，而我们仍然在湖中央游荡，我自己也开始困乏，我闭上眼睛，想象天空传来竖琴乐音，还有成群的红色野驴在湖里嬉戏追逐的景象。

"不行，这样下去不行！"我心想。

为了提振桨手的精神，我用双手撩起水花洒了他们一身。在第二个探测点，我们发现湖水最深的地方是两百六十八英尺。早餐我们吃雁蛋、面包和牛奶，湖水甘甜似井水。正午时分，我们开始确定小船逐渐靠近西岸，因为岸边景物变得十分明晰；经过十八个小时的划行，小船终于靠岸了。

我们收集一些燃料，开始煮茶、烤羊肉，一边抽烟斗聊天，还把小船和船帆改装成一顶帐篷，然后蒙头大睡，这时候才七点钟。第二天早上向北航行，离岸不远有一座建在高地上的果足寺，这天我们又在西岸过了一夜。离破晓时分还早，西风呼啸而至，我们四点半就下水出航，才划了几百英寻，浪头已变得相当高，在顺风的襄助下，我们轻盈地飞回营地，旅队人员高兴而惊讶地迎接我们；自从我们的船帆像个白点消失在远方，他们就一直在岸边守候。

八月一日，我们将营地往南边迁移，旅队沿着湖泊的东岸前行，我则走水路。耸立在南方的正是光伦冈日山，我就是在这山脚下发现萨特莱杰河的发源地。到了严国寺，我们很快浏览拜访了一下，寺里有一位比丘尼和十位僧人；晚上我们在楚古寺的墙外扎营，寺里的十三位僧人热情地款待我们，他们对小船行驶在圣湖上颇感诧异，对于我能顺利完成湖上之旅，他们只能找到一个理由，那就是拜班禅喇嘛的友谊所赐。寺庙里供奉湖神的黝暗大殿有一幅图画，描绘湖神踏浪升起的姿态，他背后则是崇峻的圣山冈仁波齐峰。

一九〇七年八月七日是很特别的一天，在我的一生中值得画上三颗星星。日出时，一位喇嘛站在楚古寺的屋顶上吹起法螺，一群印度朝圣客在圣湖里洗澡，他们把水淋在头上，如同婆罗门教徒在贝那拉斯岸边崇奉圣河恒河一般。此时的冈仁波齐峰隐蔽在云雾之中。

湖神发怒

我和舒库尔、唐德普走进船里，同时携带了毛皮、食物、船帆和备用船桨；这次湖水平静无波，因此无需将船桅竖起来。我们前进的方向是西北方二十七度，划了好几个钟头之后，果足寺远远出现在左舷方向，细小如黑点，时间是下午一点钟，西北岸上卷起了大片漩涡似的黄色尘云，这是一阵强劲的西北风，山坡上开始下起倾盆大雨，雨势逐渐延伸到我们头上，暴雨转变成冰雹。我从没见过那么厉害的冰雹，大小有如榛果，亿兆颗冰雹像炮弹一样对着湖水发射，水花受到冲击飞溅起来，湖水像是沸腾的滚水嘶嘶作响，水雾旋喷四处，能见度之差只能看见附近的波浪。周围天色漆黑如

墨，但是船里却因冰雹而形成白色的小天地。冰雹瞬即又转成
滂沱大雨，疯狂地倾泻，我虽然把毛皮拉上膝盖，但折缝处仍
然积水成池。

　　风雨平静了片刻，可是下一刻又从东北方刮来新的风暴，
远远听来像是重炮队在打战；我们想要把船头转到西北，朝向
罗盘定位好的方向，然而浪头越来越猛，涌着白沫的波浪急速
从右舷扶手上灌进小船，船里的水位渐渐升高，随着我们的破
浪前进摇晃不止。我们必须顺风往西南方走，虽然危险却成功
了。接下来的旅程令我终生难忘。

　　飓风！我们三个人坐在坚果壳似的小船里，湖里波浪滔天，
力道不逊于瑞典家乡暴风天时海上的风浪。当湖水冲湿我的全
身、钻入我的皮背心时，我并没有注意自己有多寒冷；小船落
入凹陷的波底，蓝绿色的湖水就在我们眼前，透过清澈如玻璃

的浪头，可以见到太阳在远远的南方绽放光芒。下一刻钟，小船又被推高到波峰，这时周围尽是滚滚浪花，小船震动了一下，再度被抛入深沉的波底。船底的水逐渐溢上来，我们很怀疑能否撑到靠岸？如果我们出航时就把船帆升起来，那该有多好！这样就比较容易在强风中保持小船的稳定，现在情况可不是这么回事，倚在右舷扶手上的船帆几乎凌风飞去。我使出浑身解数靠在舵柄上，唐德普则拼命压在船桨上。

"划开，划开！"我大喊。

唐德普的确划开了，可是他的桨在一记巨响中应声而断。我心想：完了，现在，我们肯定会翻船。然而唐德普的确非常能干，他想也不想就拿起备用船桨套进桨圈里，小船还来不及翻覆，就被他顺利划开了。船里的积水越深，下沉的幅度越大，浪头也就越容易打进船里来。

"喔，安拉！"舒库尔悲叫道。

我们这番生死挣扎持续了一个小时又一刻钟，等天气恢复晴朗，我们霍地发现果足寺就在正前方的远处。很快地寺庙变得越来越大，僧人全站在寺里的阳台上看着我们，小船被拍岸的浪花卷进，随后又被湖水吸了回去。唐德普突然跳出船外。这家伙疯了吗？水深浸过他的胸膛，但见他稳稳抓着船，将我们拉向岸边，于是舒库尔和我也在浅水处如法炮制，把我们的迷你船拉回岸上。

经过生死挣扎之后，我们累惨了，三个人话也不说就一头栽在沙滩上。过了一会儿，几名僧人和见习喇嘛走到我们身旁。

"你们需要帮忙吗？今天浪大，看你们被浪头甩来甩去，真叫人捏一把冷汗。来吧，我们有温暖的房间可以休息。"

"不必了，谢谢你们！我们待在这里就好，但是请给我们一点燃料和食物。"

他们不久就带着甜食、酸奶和糌粑回来，而我们自己带来的粮食，只剩茶叶还能使用。僧人用树枝和牛粪生起一堆欢迎的营火，我们脱衣服在火边烤干；每次在西藏湖泊里翻船都要来这么一下，我们已经再熟练不过了。

第二天早上洛布桑骑马带来一些补给品，所有人都以为我们灭顶了。楚古寺的喇嘛还在湖神像前烧香祭拜，恳求他原谅我们；这些喇嘛真是体贴，希望上帝保佑他们！

我在果足寺停留十二个小时，时而坐在神殿的八根柱子间素描，时而观察僧人用孔雀羽毛沾着银碗里的圣水喷洒神像，嘴里还一边喃喃念着"嗡嘛呋"。这座湖神的殿堂也一样被神秘的微光所笼罩着。

我走到平坦的屋顶上眺望，昨天亟欲取我们性命的圣湖，现在却平滑得像一面镜子，空气中飘着微微的氤氲，我看不出湖的东岸究竟是山峰还是天空，只见湖天共一色。经过一天颠簸的航行，整座寺庙似乎在我脚下摇晃起来，眼前的景物也好像漂浮在水里，我觉得自己宛如一头栽进无垠的太空。事实上，圣湖仍然静卧于寺庙之下，湖岸上不计其数的朝圣者费尽千辛万苦才来到这里，希望求得灵魂的平安。玛那萨罗沃池——巨轮的中心点，生命的象征！我觉得自己可以在这里待上几年，观看湖水从表层结冰到里层，欣赏冬季暴风将大片雪花卷过大地与湖面，然后春天的脚步接近，破开湖水上方的冰罩，年年捎来季节讯息的群群野雁准时出现，随之而来的是温暖的夏季微风。我应该会喜爱坐在岸边凝视早晨开启新的一天，与古往今来的凡人共同瞻仰千变万化的圣湖、风采迷人的圣湖。

天色渐渐昏暗，夜色转浓，我站在一群喇嘛之间，攀着屋顶的扶手，嘴里喊着：

"嗡嘛吽！"

第五十八章
鬼湖

这天天气风和日丽，我们划回楚古寺时，受到喇嘛友善而热烈的欢迎。他们说玛那萨罗沃池有一株圣树，根部扎进池底的金沙中，树冠则突出于湖面上，圣树有一千条枝桠，每一条枝桠上悬吊着一千个僧人的禅房，河神的城堡就在圣树下。此外，有四条河流发源自圣湖，分别是卡尔纳利河[①]、布拉玛普特拉河、印度河与萨特莱杰河。

我们沿古尔拉山的山坡骑马，二度经过果足寺，抵达圣湖西北角的吉屋寺，那里只住着一位僧人；富有同情心但忧郁的泽林唐度普喇嘛已经厌倦孤单的生活，要求我让他跟随我们到山里去，但是当我们要离开的时候，他的勇气却消失无迹，最后还是没能抛弃他遁居的寺庙。我又乘船横渡圣湖两次，之后再骑马上庞第寺。洛布桑和我在附近差点被十二名强盗洗劫，所幸他们宁愿抢劫西藏商队的牲口和货物。到了朗保那寺，我

---

① 印度北边和尼泊尔境内的河流。

和十二岁的住持喝茶，他是个相当吸引人而且机警的男孩，对我的素描簿非常感兴趣；我们离开时他站在窗子里挥手道别。迦怡普寺是玛那萨罗沃池畔的第八座，也是最后一座寺庙，这里只住着一位孤零零的喇嘛，敲起大祈祷钟时并没有人留意；这口祈祷钟上镌刻着六字真言，每当钟声响起，音浪就飘过圣湖传出去。

我们又来到吉屋寺，玛那萨罗沃池偶尔会从这里经由一条峡道泛滥出去，流进西边的另一座湖泊，藏族人称之为拉昂错，印度人称作拉噶湖。平常这座湖的湖床是干的，而玛那萨罗沃池的水位必须上涨六英尺以上，才有足够的水泛滥流到拉噶湖。一八四六年探险家斯特雷奇抵达拉噶湖时，便碰巧遇到这样的情形；后来，我从吴拉姆的来信里得知一九〇九年也发生过一次。不过我抵达的时候，拉噶湖是干涸的湖泊，而对这项问题进行彻底的调查，也是我此行一项重要的目的。单就这个主题，便值得另出专书探讨 ①。藏族人对于我旁若无人的行为气坏了，邻近巴噶区的"噶本"派人从一个营地追到另一个营地，但是每次他的手下快马追到我们营地时，所得到的答复总是："他到湖上去了，有本事自己去抓他。"等到他们赶到对岸，我早已乘船朝相反方向走了。这些人变得相当困惑，结论是：我只是神

---

① 这本书已经写成，名为《西藏南方》(*Southern Tibet*)。——原注
斯文·赫定所著的《西藏南方》共有十二册，出版年份从一九一七年到一九二二年。——译者注

话。总之，他们连我的脸都没见到。

现在，"噶本"把最后通牒送到吉屋寺，声称假使我不主动向巴噶官府报到，他的手下将没收我的东西，用牦牛载到巴噶。我的回答是："好啊，随你高兴！"后来果真来了一小支军队，带着十五头牦牛，我们很开心地帮他们把东西装载好，他们列队离开时，我的一半手下跟着前去，另一半人手则和我前往拉噶湖。根据藏族人的说法，拉噶湖恰好和圣湖玛那萨罗沃池相反，住的尽是妖魔鬼怪。去年冬天有五个藏族人抄近路渡过结冰的湖面，结果冰层突然破裂，五个人不幸淹没湖底。拉噶湖形似沙漏，不过南半边的球形比北边的大。我们选在狭长的瓶颈地带的东岸扎营，第二天早上开始进行深度测量，尽管风势强劲，我还是平安抵达对岸，不过后来强风发展成飓风，将我

朗保那寺十二岁大的住持

们困在西岸一天一夜，第二天早上才在猛烈的风势下返回营地。经过这一遭，每件事似乎都和我们作对，强风和暴风日夜吹袭，我们只好把小船收起来，由蓬奇来的最后一头骡子运走，我们自己则骑马环绕崎岖、蛮荒但美丽的湖岸。

在野雁岛上过夜

有一天晚上，我们在南岸一块突出的岬地上扎营，湖中有个叫拉齐多的小岛孤立在浪花间，正好与岬地成一直线。五月，野雁在岛上平坦高地的沙石上产卵，拉萨政府雇了三个人在此保护野雁不受狐狸和野狼侵犯，这些人趁冬天湖水结冰时到岛上，然后在冰层消融以前返回。有一次他们来不及离开，一场春天的暴风便将冰层击碎，这些人只好在拉齐多岛上困守八个月，日日以雁蛋和野草果腹。

我期待前往这个野雁岛，由罗伯特和伊谢执桨，我们把船从岸上推下水。时间是下午，我们希望趁天黑前回来，到时在营地的人应该已将我的晚餐油炸野雁做好了。由于营地有很高的山壁遮挡，因此我们出发时并没有注意到风势其实很强，一直到离岸有一段距离才察觉，不过既然是顺风，小船自然轻盈地驶抵拉齐多岛，费了一番工夫才安然停靠在一处湖湾。这样的天气根本不可能划船回营，于是我们把船拖到岸上，开始深入小岛探勘，大概二十五分钟就走完了全岛一圈。

野雁的产卵地现在空无一鸟，不过有成千上万颗鸟蛋埋在沙堆里，因此我们有足够的食物可以撑到风势减弱，届时即可划船回去了。我们敲开一些鸟蛋，却发现里面已经腐败，接着又尝试多颗，总算发现有八颗蛋保存完好可供食用。伊谢带了一袋糌粑，我们在野雁建造的背风石壁下生火，将蛋烘熟了当晚餐。我想起几年前在楚克错的往事，想到万一小船被风飘走了，我们的处境势必危险万分！

这一夜我们睡在沙地上，第二天东方破晓之前便上路回营，那时我的野雁蛋已经干了，可是我还是吃得津津有味。同一天早上，巴噶来的"噶本"抵达营地，带来一份措词更严厉的最后通牒；我们以丰盛的宴席款待他，席间我开玩笑说："冷静一点，噶本大人，我和你一起去就是了。"接下来，我们在飞沙走石的风暴的追赶下，完成了骑马环湖之旅，穿越萨特莱杰河流出拉噶湖的旧河床，最后在某天晚上到达巴噶。

巴噶区的所有首领此刻必是欢喜在心头，因为他们终于将我一举擒拿。我们决定回拉达克的最后一段行程走主要道路，经过圣山冈仁波齐峰南方的哈雷布区。我对他们的头头说，我将遵照他们的要求回到拉达克，唯一的要求是让我们在哈雷布停留三天；他们没有反对我的请求。

九月二日离开巴噶，陪伴我们的是一位高僧，他不但带了一批红衣喇嘛当扈从，还有一支装备齐全的旅队。我们在哈雷布平原扎营，举头即可见到那座世界上最神圣的山峰。

第五十九章
从圣山到印度河发源地

第二天早上，我们已准备好捉弄这些呆板的藏族人。由于先前花了一个月时间探访两座湖泊，还在玛那萨罗沃池测量水深，也参观了八座寺庙，现在我更是不计一切代价想走访圣山，完成所有朝圣客的愿望——更何况这趟旅程未曾有白人涉足。

九月三日清早，我派遣泽仁、纳姆加尔和伊谢携带三天的粮食，前往冈仁波齐峰所在的河谷，一等他们身影消失，我便与洛布桑骑马追踪他们的足迹。我的帐篷依然扎在哈雷布，以便让"噶本"认定我当天晚上就会回营。

我们来到一座美丽而幽深的河谷，谷地两侧矗立着垂直的山壁，岩石是绿色与浅紫色的砂岩和砾岩。许多支朝圣团正穿越谷地，他们都打赤脚，彼此不说话，嘴里喃喃念着不朽的六字真言。我们在尼安底寺歇息了几个小时，大殿的佛坛上有两支象牙，"是从印度腾空飞来的"。从寺庙的屋顶上眺望圣山，山势雄浑壮观，侧面均为垂直的山壁，峰顶笼罩着亘古不变的冰雪，冰帽边缘的融冰簌簌流淌，宛如白色的新娘面纱。

绕行冈仁波齐峰

往河谷上游直走，两侧山壁转成花岗岩，感觉好像走在巨大堡垒的城墙与塔楼之间。右手边出现河谷的出口，冈仁波齐峰时隐时现，不管从哪一个方向眺望，圣山看起来都一样迷人，在它雄壮威严的映衬下，我们显得更加渺小了。

在荻尔普寺的屋顶上，我们和其他朝圣客共度了第一晚，从他们口中知道，印度河的发源地离这里只有三天行程！我们该继续到那里去吗？不行，我们必须完成预定的计划，日后当然不容错过！

荻尔普寺旁边的巨大花岗岩

我们继续和其他朝圣客绕着圣山行走（称为转山）。从南边仰望，圣山看起来像个巨大无比的水晶石，穿越整座树林的步道边满是虔诚的朝圣信徒所奉献的祈祷石坛；一个老人的遗骸躺在石头堆之间，他的朝圣之旅已经永远结束了。我们往一处山口攀爬，上坡路非常陡峻，山丘上有一块硕大的岩石，底下一条狭窄的穴道穿过松软的土质地表。藏族人相信没有罪孽的人可以爬过那条穴道，反之，担负罪恶的人会卡在中间。伊谢胆量十足，愿意舍身接受试炼，他爬进黑暗的洞口，以手肘和双足慢慢磨蹭到土壤深处；他在穴道里用力挣扎，还用趾尖使劲蹬着，踢起了一堆尘土。但是这些努力仍旧徒劳无功，因为伊谢还是卡在穴道中间，我们在一旁看得捧腹大笑，洛布桑狂笑，纳姆加尔也笑到跌坐在地上，泽仁笑得连眼泪都流下来了。我们听见地底下那个现出原形的罪人闷声求救，但是我们决定让他在洞里多待一会儿——这对他的灵魂有好处。一会儿我们拉着伊谢的腿将他拖出穴道，他看起来像个泥人似的，闷闷不乐的表情更甚以前。

来自西藏各地的朝圣客群集在冈仁波齐峰，山名的意思是"神圣的冰山"或"冰雪珠宝"。这座山是地球的中心，山顶是湿婆所居住的仙境。

据说绕着圣山行走可以减轻灵魂漂泊的痛苦，离涅槃之境将更接近，不但如此，连朝圣者家中六畜也会因而兴旺，衣食无缺。我们遇到一位老先生，他已经绕行圣山九次，准备再走四圈，他从早到晚蹒跚前进，再花两天就能走完全程。有些朝圣客并不以走路为满足，他们甚至匍匐在地，在步道上留下手印，然后起身来到手印的位置，再次五体投地；这样的动作一再重复，转山一圈需要花二十天的时间。

我们终于来到标高一万八千六百英尺的卓玛拉山口。这里有块巨大的花岗石，还有绑着经幡、绳子的竿子，虔诚的信徒会拔下一撮自己的头发或一颗牙齿塞进石头缝里，从身上的衣服撕下布条，绑在绳子上，然后匍匐绕行这块花岗岩，借此对冈仁波齐峰的神明致敬。

从卓玛拉山口往下走，极为陡峭的步道通向永远冻结的喀花喇错。我身边的四名佛教徒随从徒步前进，因为只有异教徒才能骑马通过圣地。我从祖初普寺骑马到塔辰拉布仁寺——转山路上的第三座寺庙，我们终于完成了朝圣者绕山的旅程；这就像抡动转经轮一样，每走一步就听见一声六字真言，第一个字"嗡"和最后一个字"哞"的音调拖得好长，带着神秘的色彩。阿诺德[①]曾为此真言下过这样的注解：

> 莲花上的露珠！升起吧，伟大的太阳！
>
> 举起我的叶，将我糅合在浪花里。
>
> 噢，莲花藏珠宝，旭日东升！

---

① 埃德温·阿诺德（1832—1904），英国诗人与新闻记者，在孟买住过几年，写过关于亚洲与释迦牟尼佛的史诗。

露珠滑进闪耀的大海里！

我回到哈雷布后特地去拜访友善的"噶本"，直截了当地告诉他我打算去印度河的发源地。经过冗长的谈判，他同意了我的要求，条件是半数旅队成员必须直接前往嘎托等我。

"你这趟旅途必须自负风险，"他说，"我们的官员会出面拦截，也可能有盗匪攻击掠夺你们。"

寻找印度河的源头

我带领五名随从、六头驮兽、两条狗、两管步枪、一把左轮手枪，还有好几天的粮食。我们熟悉旅途的首段路程，也就是从哈雷布到荻尔普寺，到了那里以后，我们离开朝圣路线，进入外喜马拉雅山杳无生机的谷地。我们经由策提喇辰山口标高一万七千九百英尺）翻越外喜马拉雅山脉的主脊；这已经是第四次了。我们在山脊北坡的印度河畔扎营，刚好一些牧羊人也在此扎营，他们赶着五百只驮运青稞的绵羊要去改则。

其中一位老牧羊人愿意和我们一起去找寻印度河源头，藏族人称呼源头为"辛吉卡巴"，是"狮口"的意思。老牧羊人索价每天七个卢比，另外我们还租用他的八只绵羊，买下一部分青稞，分量足够我们的马匹吃上一个星期。这位名叫裴马的老人对我们而言是无价之宝，他陪我们走了五天，离去时我给他相当于八英镑的报酬，对他来说是一笔巨款，但是对我而言，却是以低价发现印度河的源头。

我们和裴马沿着坡度缓升的河谷往上游走，走过一条条印度河的支流后，这条著名河流的规模便逐渐缩减。我们在一段支流的延伸处停留了一会儿，抓到三十七条鱼，因而为每日单调的食谱添了点花样。队伍继续前进，我们经过一块陡峻的岩石，看见一群野绵羊正在往上攀爬，这些动作敏捷的绵羊专注地观察路过的旅队，没有察觉到唐德普已悄悄掩近岩石下方，枪声呼啸而出，一头好看的野绵羊应声跌落河谷。

九月十日晚间，我的帐篷就搭在"狮口"处，也就是印度河的源头边！有一块板岩下涌出一道泉水，分而为四，之后又汇流为一股溪水。泉水旁有三堆高高的石祭坛，还有一座方形的圣墙，雕饰美丽的象征图像，以证明这个地点是神圣的。这里的高度为海拔一万六千九百四十英尺。大约四十年前，一位印度学者探访过印度河上游，他在距离源头三十英里处穿渡印度河，却从来没有走到这处重要的发源地。在我展开这趟行程的前一年，当时所出版的地图仍然将印度河的发源地定位在冈仁波齐峰的北坡，也就是外喜马拉雅山的南侧，然而事实上，这个地点应该落在这条庞大山系的北侧。

阿利安 ① 在其著作《印度志》(第六册第一章)里描写亚历

---

① 阿利安（86—160），希腊历史学家。

山大大帝时，曾经写下这段令人发噱的话：

　　一开始，他（亚历山大）看见印度河的鳄鱼时以为自己发现了尼罗河的源头，因为他只有在尼罗河见过鳄鱼。他以为尼罗河来自印度的某个地方，流过广阔无垠的沙漠后，印度河一名便被人遗忘了；等到它再度流经有人居住的土地，被埃塞俄比亚人和埃及人称为尼罗河，最后注入地中海。他在写给母亲奥林匹娅斯①的信上谈到印度，说完其他事情之后，他提起自己发现尼罗河源头一事。尽管如此，亚历山大在进一步研究印度河之后，从当地土著口中得知：西达佩斯河并入亚塞西涅斯河，亚塞西涅斯河又注入印度河，前两条河的名称屈从于后者，于是印度河有两个河口，最后流入大洋。这与埃及无关，于是亚历山大将关于尼罗河的那段话从给母亲的信中删去。

　　亚历山大大帝看见滔滔巨河在喜马拉雅山谷地中奔流，就认定他找到了源头，至于他何以以为发现了尼罗河发源地，肇因于对印度洋一无所知；他相信印度和非洲大陆相连，而他所目睹的大河起源自喜马拉雅山，转弯向南流之后又往北走，最后流入地中海。不过他很快就了解到，这两个大陆实际上是被一座海洋所隔开，而印度河正是注入这座海洋，因此他在发信

────────────

①　奥林匹娅斯（前375—前316），马其顿王后。

给母亲之前，还有机会更正先前的错误。换句话说，亚历山大大帝并没有发现尼罗河源头，而是发现了印度河发源地。不过，这本身又是另一个错误，因为亚历山大并不清楚这条河还有长达数百英里的上游河道。从那时算起，两千两百年的光阴倏忽消失，印度河真正的发源地终于在一九〇七年九月十日这一天被发现了。

我有幸成为首位深入布拉玛普特拉河和印度河源头的欧洲人，这两条自古以来便极为出名的河流像蟹螯一样绕过喜马拉雅山——世界上最高的山系。

这里天高皇帝远，没有任何官员来骚扰，于是我们继续朝地图上大片空白的西部挺进，进入阳巴梅参地区，再向西走到嘎托。我们翻越卓科山口，这里的高度蹿升到一万九千一百英尺，在此我们第五度跨越外喜马拉雅山区，不过卓科山口并非我的发现，一八六七年的纳因·辛和一九〇六年的英国人卡尔弗特都曾经走过这山口。然而，不管是白人或印度学者，都未曾跨越安格丁山口和策提喇辰山口之间广袤未知之境，这段距离长达三百英里，幅员广及四万五千平方英里。人们对这个地带的了解仅止于冷布岗日山的几座高峰，也就是赖德探险队完成探勘的三角地带；由于藏族人和中国政府的蓄意阻挠，我被迫放弃身后这一整片疆域，而它却是我此行的一大目标。

暗中筹划新的探险之旅

我一定要去那里！我实在无法想象自己没有完成计划、没有达成目标就打道回府。首先，我必须在嘎托和噶尔库沙（位于嘎托西北方）等候邓洛普－史密斯上校从印度寄钱和其他东西过来。我试图说服西藏西端的两位首长让我前往那片未知之境，可是他们丝毫不为所动，这意味着我必须花六个月而非一个月的时间，绕道冬天足以致命的羌塘，这也意味着会有更多马匹和骡子牺牲。

过滤掉挡在面前的一切阻碍之后，我的计划慢慢发展成形。现在的噶尔库沙是个重要的贸易城，来自拉萨和拉达克的商人都搭起帐篷卖东西。我在这里故意散播谣言，指出我已经受够了西藏，打算取道拉达克、新疆和田，抵达北京；由于这正是我的中国护照上载明的路线，因此在印度的朋友无人怀疑我的真正意图，我甚至写信给路透社派驻印度的特派记者，也就是我的朋友巴克先生，告诉他我准备前往和田。唯一晓得真相的是列城商人吴拉姆，我托他筹组整支新旅队，他在噶尔库沙有二十头骡子，我全数买下来，另外他还替我弄到十五匹骏马。在人员方面，我身边还留有五名旧旅队的成员；吴拉姆又写信到列城，代我招募十一位新随从，并请他们到德鲁古布与我会合。最后吴拉姆还采购粮食、毛皮、衣服、帐篷等物，总而言之，就是所有的重装备，而且还借给我五千银卢比。他的鼎力协助，后来获得瑞典古斯塔夫国王 ① 授颁金质勋章，印度政府也颁发给他"巴哈杜尔汗"的头衔。

十一月六日，印度方面终于寄来了我等候已久的东西，包括六千卢比和信件；我也在这时得知英国和俄国在同一年（一九〇七年）完成条约签署，其中有一款条文和我极有关系：

"大英帝国与俄国相互约束，若未获得事先同意，未来三年将禁绝一切进入西藏地区的科学探险，两国还将号召中国采取相同立场。"

在此之前，英国、印度、西藏、中国都和我作对，这一来又添上俄国。我在内心嘲笑那些可敬的外交官，他们在谈判桌上订下法律要我遵守。要解决这个问题只有溜过拉达克，我可以从那里走主要的商旅路线前往喀喇昆仑山口，就像我一年前所做的一样，然后向东进入西藏；遇到有人居住的地区，我就乔装打扮继续前进。

万事齐备之后，我们立刻前往谭克西和古尔鲁布；我遣散了包括罗伯特在内的所有旧部属，因为到西藏以后，万一有人认出他们曾经追随过我，那么整个计划将全盘泡汤。和老部属分别往往令我痛苦伤感，可是事出无奈！离别时这些手下都哭

---

① 古斯塔夫五世（1858—1950），一九〇七年即位。为奥斯卡二世国王的儿子，在位期间致力于社会政策与强化军备。在两次世界大战期间均坚持中立。

了，我只能用丰厚的报酬来安慰他们。我再一次孤零零地站在亚洲内陆，独自一人对抗联合起来阻挠我的五国政府。

吴拉姆雇用的十一个新部属抵达古尔鲁布，我形单影只的日子终告结束。这些手下有八名穆斯林、三名佛教徒，领队的名字叫科林姆，其他分别叫库德斯、古兰姆、苏恩、拉赛克、萨迪克、洛布桑、孔曲克、嘉发尔、阿布杜拉和索南，除了洛布桑是藏族人之外，其余都是拉达克人。洛布桑最为杰出，当然其他人也很优秀，我向他们致欢迎词，希望他们一路平安，直达——和田！没有一个人，包含科林姆在内，清楚我真正的计划，因此科林姆没准备足够牲口吃的青稞不能算是他的错；我交代他携带两个半月的青稞，可是去和田只需一个月路程，所以他只准备了一个月的青稞。

我们有三顶帐篷，我的帐篷小到只容得下行军床和两口箱子。旅队共有二十一头骡子和十九匹马，我还是骑我的拉达克小马，也就是上一趟旅途中全程陪伴我的白马；银两和罐头食品分装成四驮，烹饪用具装了两驮，其他的牲口则背运帐篷、皮毛和手下的行李。队员中只有科林姆和我骑马，其他牲口都驮载白米、面粉和糌粑，以及牲口吃的青稞。我们只有两只狗，分别是小黄和新来的大黄。除此之外，我们买了二十五只绵羊。

旅队从里到外都是簇新的，我们的老队员只剩下小黄、篷奇来的白骡子、我的小马。我明白这趟即将展开的旅程将会比上一趟更艰难；上次我们出发时是八月，现在已经十二月了，我们将笔直走进冻得人发麻的寒冬，以及足以毁灭一切的强风。这时的气温已降到零下二十三点三摄氏度，往后势必逐渐降到连水银都结冰的酷寒境界。

第六十章
藏北的酷烈寒冬

十二月四日是旅队上路的第一天，我们下到萨约克村，这段是整个旅程中极为难走的一部分；道路穿过一条窄仄的峡谷，绝大部分谷底都被河流所盘踞，河水部分结冰，部分仍然有汹涌的漩涡。这段路由人背运行李，牲口背上只有驮鞍；扛行李的脚夫有一百人左右，他们边唱歌边走下河谷不见了。过了一会儿，有一位队员骑马离去。这段路的距离只有六英里，可是足足花了我们八个小时才走完；我们必须一再渡河，有些河岸结了带状的厚冰，接下来一段却戛然而止，于是马匹必须从冰带的边缘跳进满是漩涡的河流里，河水深达四英尺，我们必须夹紧膝盖，否则胯下的马儿可能会把我们甩进河中。有几次我们赤脚滑过河流右岸的岩石基座，因而免去涉水渡河之苦，可是马匹仍必须艰苦地走过河床。苏恩在一处滩头骑马涉水，但河水太深了，马儿失足滑倒，苏恩只好游水到冰层边缘，挣扎着站了起来。到了最后一处滩头，行李都由赤裸的脚夫背运，他们维持平衡越过岩石河床，手里拿着木棍互相帮忙。我骑在

萨约克村的女孩围着营火起舞

一匹高大的马儿上过河，双脚都湿透了。我实在搞不懂，那些在两岸之间来回穿梭的脚夫怎么不会冻死？其中一人动也不动地停在河中央，其他同伴赶紧下去救他，上了岸以后，我们生起火堆让他们好好取暖。

到了萨约克村，我们生火烤干所有的驮鞍。此地标高为一万二千四百英尺，要再碰到这么低的海拔，恐怕是很久以后的事了。

最后一夜我们举办了一场告别晚宴，村子里的女孩围着一大圈营火尽情跳舞，一旁还有乐师弹奏助兴。

牲口的终结者

十二月六日，一段新的死亡之旅再度展开，这是我在西藏所经历过最劳顿的旅途。我们雇用一名萨约克牧羊人塔布吉斯，照料我们的绵羊几天；很快地，大家发现塔布吉斯是个神射手，所以便将他留在队上，至此我们的成员增加到十三名。

我们缓慢而艰辛地爬上萨约克谷地上游，一路上遇到莎车、和田来的商队。其中一名商队成员拿了两把桃干给我。

"你不认得我了吗，大人？"他问我。

"当然认得，穆拉。"

他从一九〇二年春天与我分手之后，至今还没有回过家里！现在他央求再度加入我们，可惜旅队已经没有空缺了。这条路上偶尔会见到一捆捆丝布散落地上，那是商队的牲口死了以后，商人不得已遗弃的。我们继续向北方走，萨约克河谷是个险恶之地，到处是岩石、冰块和漩涡。这里的气温降到零下二十五摄氏度，大黄趴在地上悲鸣，像是对这刺骨寒冬表达愤怒之意。除了狗吠声以外，天地间一片寂寥，砭人的寒意似乎从四面八方向我们袭来。突然间，我听到一声奇怪的哀鸣从新厨师古兰姆的帐篷里传出来，原来是小黄又产下四只黑色乳狗，仿佛又回到当年在日喀则的情景；其中两只是母狗，手下把它们给活活淹死了，留下来的两只备受队员宠爱，孔曲克一路带着它们走，还把小狗藏在他的毛皮里面，贴着自己温暖的身体。这条通往克什米尔、印度的商旅路线，无疑是地球上最难走的旅途，而且是地势最高的。我们在布拉克营地遇到一支莎车的商队，他们队上死了二十四匹马。在接下来的路程，我们曾在两小时之内经过六十三头倒卧路旁的牲口遗骸。

第二八三号营地附近没有水草，我检查了一下粮秣，发现剩下的青稞只够牲口再吃十天。

"我不是交代你要准备两个半月的青稞吗？"我问老领队科林姆。

"你是交代了，"科林姆呜咽着，"可是再过两个星期，我们就能在往和田途中的赛图拉买到青稞了。"

我措词严厉地谴责他，不过说起来是我自己的错，竟然没有在出发前检查粮食，现在我们不可能返回拉达克，否则我真正的计划就会曝光。那晚我在零下三十五摄氏度的气温中坐到半夜，不断研究地图；我们离去年秋天扎营的第八号营地有九十六英里，那里有非常丰沛的水草，从那里再走四百英里就可抵达洞错；我准备前往洞错，以探勘湖泊之南那片空白区域。在抵达洞错之前，我们应该会遇到游牧民族，向他们购买新鲜的牲口。我一定要完成这项计划，不论得经历多少痛苦，我都必须向前走，一步也不回头！

越早脱离往北的喀喇昆仑路线，转进东方和东南方的西藏内地，情况对我越有利。十二月二十日，我们碰到一座巨大的横向谷地，大伙儿不禁受诱惑走进去找寻通往东边的捷径，经过一整天朝向东方的挣扎，我们发现河谷缩小成一条峡谷，最后甚至仅成一道裂缝，只能勉强容一只猫钻过去。我们在此扎营，地表不见任何一株草，马儿互相啃着尾巴和绳索；夜里气温降到零下三十五度。第二天，我们循原路回到本来的路线，我骑马殿后，库德斯徒步走在我前面。先前，伊萨的日喀则白马倒毙在河谷里，我们回头路过时，白马已经结冻如僵硬的石头。

旅队又回到商队遗下死马的路线，谷地里弥漫着诡异的气氛，牲口的死尸随处可见，有些被雪盖住一半，我们的狗对着它们狂吠。南方吹来一阵强风，红色的尘土落在雪原上，一条条鲜红如血；此处称为"红山洞"，果真是名副其实。

我们在这里扎营，准备休息一晚，第二天早晨（圣诞前夕）往上爬升一千英尺，前往达普桑高地，假使在这里遭到暴风雪袭击，很可能会导致要命的后果，因此手下的心情都非常严肃。天黑之后，赶绵羊的两个人才姗姗到来，他们一路上折损了十二只绵羊，其他幸存者也都冻得半死。我们没有燃料，手下仅能坐在几根燃烧的棍子前面，一边唱着献给真神安拉的悲曲；通常他们喜欢唱轻松活泼的曲子，我只要听见这种深沉、严肃的调子，就明白他们认定我们的处境已陷入绝望。

转向东南方

圣诞前夕阳光普照，旅队攀爬达普桑高地时，我骑马走在前面。我转向东方，离开通往和田的商旅路径，手下们一头雾水；他们一路上渴望和田的葡萄和丰富的肉汤，然而，我却朝向那片令人恐惧的冰雪国度。

　　许多积雪的地面足以支撑马匹的重量，但是这样的雪层经常破裂，马匹因此陷入五六英尺深的雪洞里，好似海豚跃入细如粉末的雪堆；天地间一片惨白，旅队在雪白背景的衬托下俨然成了黑色影像。圣诞节这天，营地的温度在早上九点钟是零下二十七点二摄氏度，到了晚上最低温可达零下三十五点五度。这晚月光十分皎洁，亮晃晃照耀在这片死寂的大地上。我和往年一样诵读《圣经》中的应景章节，冷风吹袭帐篷传来断续的啪啪声；我只关心一件事：万一暴风雪淹没了为我们引路的足迹怎么办？清晨，我们发现一匹马气绝倒地。

　　我们追随一条向东的羚羊小径，仍然没有水草！现在只剩下两袋青稞了，一旦青稞吃完，就得喂牲口吃白米和糌粑，幸

已是奄奄一息的牲口，踩着深雪攀爬山口

好这些食物倒是不虞匮乏。每个人都深受头疼的折磨，当然我又听到那首诡异的真主安拉赞美歌；科林姆每天晚上都为大伙儿祷告，希望真主宽宥其他的人。他们是对的，也许我把自己的目标定得太高了！事到如今，我们必须往前走，即使必须赤脚向游牧民族乞讨也不停止。

现在我们沿着河谷行进，这里的雪比较少，霍地在我们左手边的山坡上有些黄色的东西发出亮光，一瞧竟是野草！我们停下脚步，牲口顾不得卸下重担便跑过去吃草，苏恩兴奋得跳起滑稽的舞蹈，把大伙儿逗得哈哈大笑。一头骡子死在草地上。附近曾经有牦牛走动过，所以我们又有燃料可用了；就在一处岩石山坡上，我们见到二十二只野绵羊正爬上坡地。

我把科林姆、古兰姆和库德斯招来我的帐篷，对他们透露我的全盘计划，我说我想跨越东南方一大片未知的疆域，也告诉他们藏族人紧盯着我不放，因此只要一看到第一批游牧民族，我必须立刻乔装打扮，届时科林姆扮成旅队首领，我则乔装成他手下最不起眼的仆人。他们三人面面相觑，也许他们心里正想着怎么这么倒霉加入一个疯子的旅队，但仍然对我的交代点头称是。

我们抵达喀拉喀什河谷地，这是和田河的两条上游支流之一，我忆起十三年前的沙漠之旅，那次多亏和田河救了我一命。旅队在这里再度尝试走捷径到西藏内地，但是经过两天人畜俱疲的旅程后，徒劳无功的我们只得又返回原点，这就是一九〇八年元旦的情况。显然，新的一年有个糟透的开始。

旅队还是继续往东走，跨过两座高峻的山口；一头野牦牛向我们跑过来，后来察觉到情况不妙才调头回去，这下子，反而被我们的狗儿追赶。翻过第二座山口之后，飘雪戛然停止，我们从最后一堆积雪中挖了两袋雪带走。这天扎营地点选在一处开阔的谷地，这里有燃料，所有的牲口都被带到一片草场，那里有一口结冰的泉水，可以一解牲口的干渴。这天晚上牲口逃脱出去找寻更好的草场，它们跑得相当远，随从整整花了一天工夫才把它们找回来。在此同时，我独坐在帐篷里，小黄和乳狗贝比陪伴着我；另一只乳狗已经死了。一股奇怪的孤寂攫住我。只要太阳高挂，云朵和山峰的岩质、颜色清楚可见，所有的辛苦都可以忍受，可是太阳一下山，漫漫冬夜和蚀人心骨的酷寒便不留情地笼罩下来。

一月八日，一匹马和一头骡子相继死去，第二天我们只走了几英里路，来到一口出水量很丰盛的泉水；从这处营地（第三百号营地）往东方看，已经可以见到我去年拜访过的羌塘了。又走了一天，我们停在一片丰美的水草边，这里正是我曾经停留过的第八号营地，当年伊萨竖起的一堆石标还屹立在高高的山坡上，恰似一座灯塔。一月十四日，温度降到零下三十九点八摄氏度！我们根本无法保持温暖，每天晚上我都要古兰姆为我摩擦冻僵的双脚。塔布吉斯在第三〇六号营地猎杀到一只野绵羊和一头羚羊，我们劫后余生的两只绵羊因而免去一死。

转进东南方，我们发现自己站在高山世界中，无时不受风暴的袭击；旅队牲口已经死了四分之一，连蓬奇来的最后一头骡子也倒下了。我们每天顶多只能走六英里路，青稞已经吃完，牲口改吃白米和饭团，这段日子像一场大灾难，每一天都有牲口倒地而死。

狄西与罗林曾经拜访过的窝尔巴错刚好横亘在我们的路线上，湖泊中段非常狭窄；洛布桑担任探路的职务，他跨过结冰的湖水，冰层清亮如水晶，透着深绿色。冰块之间的裂缝里堆积着松软的白雪，刚好作为牲口落脚的位置，否则狂暴的强风早把整支旅队给卷走了。较远的岸边泉水不断涌出来，迫使我们爬上山坡，在一处内湾，地上长满茂盛的水草，两匹马和一头骡子被留了下来。我们能够撑到遇见游牧民族吗？

暴风雪中，我们强迫自己登上海拔一万八千三百英尺的山口，途中两匹马不支倒地，现在科林姆也必须徒步前进，因为我们需要他的坐骑。积雪深达一英尺，库德斯和我远远落在其他人后面，我们发现索南和苏恩倒在雪堆里；他们感到头痛和心脏不适，我要他们休息一会儿，然后跟随我们的足迹赶上来，到了晚上，他们终于拖着疲惫的身体抵达营地。科林姆沮丧地来到我的营地，他说假如十天之内得不到游牧民族的协助，我们大家都会死在这里。"是的，我知道，"我回答他，"你帮其他人打打气，照顾好牲口，我们会否极泰来的。"

一月三十日更为艰苦，遍地是两三英尺深的积雪，手持棍棒的两名向导领着奄奄一息的旅队攀上一座山口。此处高度惊人，深深的积雪夺走了旅队最好的牲口；大雪和强风像刀子一样割过我们的皮肤，我们排成一列纵队踏着向导的脚印前进，偶尔马匹和骡子跌倒了，还必须帮助它们站起来。一匹棕色的马跌倒了，几分钟之内便气绝而亡，漫天飞舞的雪花随即为它余温犹存的尸骨覆上一袭细白的寿衣。进展慢得令人绝望，我们不禁怀疑自己有没有力气爬上这座害死人的山口。我坐在马鞍上，雪花很快便堆满鞍座，我的四肢已冻得麻木了，可是仍然不敢轻忽手里的地图、罗盘和怀表，拿铅笔的姿势更是沉重得好像握着一把榔头。山口的高度前所未有，我们缓缓下降，不久，深达一码的积雪就将旅队困住了；我们以铲子挖掘积雪，辛苦地搭起帐篷，暴风雪仍然从四面八方吹来，卷起四周细白、干燥、强劲的雪块。黑夜来临了，即使附近有水草，在这样深的积雪中也不可能找到。我们把牲口拴好，暴风在营地四周呼啸来去，我依然听得见手下从帐篷里隐约传来的悲歌。到隔天早上，又有一头驴子死去。

一月的最后一天，我们只走了三英里，四头老牦牛在营

四头老牦牛沿着山坡踏雪前进

地的山坡上踏雪前进。我把所有的行李筛选一遍，不是绝对需要的东西都集中起来烧掉，然后把箱子击碎，存起来作为往后的燃料，箱子里的东西都装进袋子里，因为袋子不但轻，也比较适合牲口驮载。

　　大雪下了一整夜，前面经过的山口现在一定都被雪封住了，假使我们困在其中一座，绝对是求生无门，不过至少有件好事——我们不必担心北方有追兵。至于东南方向是什么等在我们前方？大伙儿只能猜想了。我们继续走下一座大而开阔的谷地，雪渐渐小了，天气晴朗起来，我们来到薛门错，在西岸附近扎营，此处有丰美的水草。暴风不间断地刮了两个星期，筋疲力尽的我们在湖边休息了三天，我好似囚犯般呆坐在帐篷里；小黄和我都渴望春天赶快来临。哎呀，还有四个月呢！生在寒冬的贝比一点儿也不知道春天暖风拂人的滋味。

　　二月四日，太阳从云隙间探了一下头。一匹马和一头骡子又接连死亡，我们带领仅剩的十七头牲口沿着薛门错北岸前进，山脉似焰火般艳黄，风景美不胜收。湖岸一圈圈阶梯式的线条，显示湖水逐渐干涸的状态。

　　现在我们每天都可见到游牧民族或猎人的脚印，而队中又有两头体力衰竭的牲口不支倒地。这一路上，我一直骑着那匹白色的拉达克小马，可是现在它也疲倦了，在平地上绊了一跤，将我重重摔在西藏的土地上，从此以后，小马也除役了。

　　我们在一处相当宽敞的峡谷里扎营，科林姆来到我的帐篷，以严肃的语调告诉我北边来了三个人，我拿着望远镜跑出去，由于距离非常远，氤氲的水汽使他们看起来极为高大，我们凝视许久，他们终于接近了，结果，竟然只是三头觅草的牦牛。

像去年一样，两种情绪折磨着我：一方面迫切期望早日遇到游牧民族，以便向他们购买牦牛和绵羊；另一方面又不想让任何人看见我们，如此才能保障旅队的安全。因为一旦和游牧民族接触，关于旅队的流言立刻就会在一顶顶帐篷间传开来，那时阻止我们的力量将会逐日增强。无论如何，我们应该在旅队的最后一头牲口倒下之前，赶紧找到当地牧民。

第六十一章
假扮牧羊人

　　二月八日是另一个值得大书特书的日子。我们在穿越一座广阔的河谷时，看见上方一百英尺处有只藏羚羊；它并没有跑开，我们立即注意到它的一只脚踩进陷阱，可怜的它使劲挣扎，直至折断了腿才逃离陷阱。狗儿追赶上去，马上被我们的两名队员赶跑，最后我们宰杀了这只羚羊，并且在不远的地方扎营。这个陷阱呈漏斗状，由有弹性的羚羊肋骨所制成，一头圈在坚固的植物纤维上，另一头则集拢呈锥尖。西藏猎人把陷阱安装在地洞底部，从地表看不出漏斗陷阱所在，根据多年的经验，他们晓得羚羊在行进中如果碰到一列长好几百码的石堆，就会停下脚步，然后以相当近的距离沿着石堆走到尽头，因此石堆旁边很快就出现

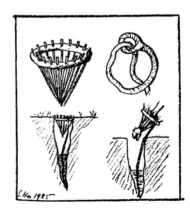

捕捉羚羊的陷阱做法

一条羚羊踏出的小径，猎人于是将陷阱设在小径下。

显然旅队已经离游牧民族的黑帐篷不远了。我们看见两个人的脚印，是新近留下的，也许我们已经被人监视，又或许我现在乔装打扮已经太迟了。我将手下唤进帐篷，向他们叮咛各自应该扮演的角色；我们将扮成十三个拉达克人，主人是富商吴拉姆，商队的领导人是科林姆，我则是他十二个仆人当中的一个，名叫哈吉巴巴，此行是吴拉姆吩咐我们前来这些区域，调查值不值得在明年夏季派遣一大支商队到西藏西部采购羊毛。

终于遇见游牧民族

我们还在说话的当儿，洛布桑跑进帐篷里来，报告他见到远处有两顶帐篷。

我派遣科林姆和其他两人前往，三个小时过后，他们带回一只绵羊和一些鲜奶。那两顶帐篷里住了九个人，大人小孩都有，他们拥有一百五十只绵羊，但主要食物完全依赖用陷阱捕来的羚羊肉。由于我们带走那只被陷阱捕获的羚羊，因此科林姆也付钱给他们。这地方叫黎奥琼，而帐篷里的住民也是六十四天以来我们所遇见的第一批人类。

此后我们必须有心理准备，因为随时都可能遇到更多游牧民族；我换上拉达克装束，出入都和随从的衣着打扮没有差别，只不过我的衣服太整齐、太干净了，所幸不久营火的煤灰和食物里的羊脂就把衣服弄得脏兮兮的了。

到达第三二九号营地，我的小马真的不行了，当其他牲口在贫瘠的草地上吃草时，它还是站在我的帐篷边，眼睑下方和鼻孔悬挂着小冰柱，我替它摘去冰柱，喂它吃一些饭团。

二月十五日，旅队缓缓爬上一座新山口，我一马当先，在标高一万五千五百英尺的山口顶端停下来等候。西北方的山口背面景色瑰丽无比，仿佛有人擒住一片晃动的海水，波峰上尽是眩人的雪原，构成山体的黏板岩、斑岩、花岗岩，呈现出千变万化的色泽层次。我等到九头驮兽爬上山口，其他四头因过于疲倦，必须由手下分担部分重物，才能爬上顶端；我们从峰顶往下走进一座布满石头的谷地，积雪深厚，我们在火上融化雪块喂饮牲口。黑幕笼罩，落在后面的手下抵达营地，他们只领着一头骡子，其他三头牲口（包括我的拉达克小马）都在路途中死去。自从我和小马一起离开列城，至今已有一年半时间，小马最终选了一个特别的地方归西：在山口顶端，它的骨骸将在冬日的风雪和夏季的日光下变得森白。小马的死在我心中留下极大的空虚感，我们都觉得孤寂难当，再走一座像这样的山口，恐怕整支旅队的牲口都将无一幸免。

对于仅剩的十头牲口而言，要驮负所有的行李太过沉重了，于是我只留下一些内衣，把所有的欧式衣服全烧了；另外，毛毡垫、不需要的厨房用具、我所有的盥洗用具（包括刮胡刀）也一并丢弃，只留下一块肥皂；除了一盒奎宁之外，所有的药品也被淘汰；可以扔掉的书籍都遭到烈火吞噬。我们好像热气球上的乘客，拼命丢出压舱沙袋，好让气球继续漂浮空中。

在往小湖蓝琼错的途中，羚羊和大批瞪羚为我们即将穿过的大平原添加不少活泼的生气；这里临界广袤的未知疆域，我们将狄西与罗林的探险路线抛在身后。蓝琼错上覆满厚冰，我们在冰上凿了一个洞，然后把一些金属物件沉进水里，包括一些昂贵的备用仪器。

第二天来到大片金矿脉，浅浅的矿层分布在一条筑有石水闸的小溪溪床上。我们看见远处有两顶游牧民族的帐篷，并没有加以理会；塔布吉斯射杀了五只野兔，这些兔肉来得正是时候，因为肉品存量已经告罄。在一座美丽而宽广的河谷中，我

野驴行进的姿态优雅，步伐和谐一致

们看见至少一千头野驴，分散成大小群队，更远的下游处还有五群野驴，其中一群多达一百三十五头。野驴在我们奄奄一息的旅队周围围成一圈，好像在嘲笑我们一般，它们高雅的姿态实在难以形容，令人怀疑是否有隐身的哥萨克人坐在它们背上操练；野驴经过我们身边时，踢踏的脚步相当和谐一致。

我们在第三四一号营地附近遇见一些游牧民族，他们卖给我们两只绵羊、一些鲜奶和酥油；从那里走向一处洼地上的两座湖泊，离湖岸不远处有两个牧羊人在看管绵羊，还有一人驱赶着六头牦牛。我们在湖岸边扎营，此处标高只有一万五千二百英尺。洛布桑和塔布吉斯走到邻近的一顶帐篷，一名老汉走出来询问：

"你们要做什么？你们往哪里去？"

"去萨嘎宗。"他们回答。

"说谎！老实说吧，你们是替一个欧洲人做事的。"

两名手下垂头丧气地回来，不过科林姆运气比较好，他买到一只绵羊和一些鲜奶。

第二天我们打算继续前进，可是已经刮了三十天的风暴现在增强为飓风，这时要拔营前进是不可能的事，空气里弥漫着飞舞的尘土，河谷的出口在哪里？道路中有无山脉阻挡？我们全都看不见。邻居过来拜访了，那位傲慢的老人听说我们愿意出三十八个卢比买十二只绵羊，心肠立时软化，这笔生意顺利成交；至于我，则躲在帐篷里没有露面。强风愤怒地咆哮着，天气沁冷，我感觉有一股变得迟钝、瘫痪的强烈倾向。

待风势减弱以后，我们继续往前走，现在我们的牲口包括三匹马、六头驴子、十二只绵羊；绵羊也须驮运行李，因为五只羊的驮运量相当于一头骡子。当我们走到一片突出的山丘上，忽然有两只狗笔直冲过来，我们并未注意到那里有两顶帐篷；主人卖给我们一些绵羊，现在我们自己已累积到十七只羊了，希望不久那些疲倦的驮兽就可以不必再吃苦。

强风不断追赶我们，在这种天气里骑马真是种酷刑。劲风在地上刻蚀出一条条深沟，呼呼的风声好似用高压水柱浇灌燃烧中的屋子，也像是隆隆的火车驶过，又仿佛是重炮车队压过碎石街道。三月六日，我们在一座咸水湖边扎营，由于风力又强又猛，搭建帐篷的困难度可说前所未有。我的帐篷终于搭建完成，但是在飞沙走石的轰炸下，帐篷几乎被强风的力量掀爆。拉达克手下已经没有力气搭建自己的大顶帐篷了，我让其中一些人爬进我的帐篷，其他人则躺在帐篷外面的背风处等待。穿越西藏高原的旅途确实谈不上愉快！

第二天我骑在队伍前面，库德斯和古兰姆陪我一起走，前方出现一条结冰的水道挡住我们的去路，冰块清澈得像玻璃。我们在河道远端的小罅隙里生起火堆，等候其他人到来；当他们跨过那条冰带时，我们最好的一头骡子滑倒了，它扭伤一条后腿，再也站不起来，我们用尽所有办法帮助它，但是完全没有效果，最后只好忍痛结束它的生命。次日早晨，我们向南方行进，小黄和大黄尚逗留在死去的骡子旁边，饱餐一顿温热的骡肉。

来到未知疆域的北端——洞错湖畔

这一天我还是和古兰姆、库德斯领头先走；古兰姆走在前面，以便发现帐篷时先行警告。风暴依然狂啸！忽然，古兰姆打了个手势要我们停步，透过烟霭我们看见几百步外有处峡谷，峡谷的右手边隐约可见一栋石屋、两间草棚和一堵墙，若非调头已嫌太迟，我们当真会往回走，因为这么走下去很可能被当地首领逮个正着，进而阻止旅队继续向南前进。我们经过这些

我们赶着驮载东西的绵羊群

屋舍时没有看见任何人或狗。此地有一座突出的悬崖，崖顶上有两座舍利塔和一堵经墙，我们悄悄掩近悬崖底部的罅隙观察情况。

在弥漫空中的尘雾往上腾升的当下，我们发现河谷另一侧相当近的地方有一顶黑色的大帐篷。后面的队伍抵达了，又损失了一匹马——出发时的四十头牲口，只剩下两匹马和五头骡子了。科林姆和孔曲克走到那顶大帐篷一探究竟，知道里面只住着一位行医的喇嘛，帐篷内的陈设像是一间小庙，这位喇嘛是邻近游牧民族的精神导师。我们如今所处的这个地区叫纳果荣，首领葛兹随时可能回家；我们真是幸运，这会儿他刚好出门了！手下们很快就和首领的妹婿建立起良好关系，他卖给我们五只绵羊、两只山羊、两驮白米、两驮青稞和一些烟草。

三月十日天亮时，来了两个兜售绵羊的藏族人，我们相当乐意地买下绵羊。我很尽职地扮演仆人的角色，将脸涂成棕色，并且和塔布吉斯与其他两人走在旅队前面，赶着三十一只驮载东西的绵羊。藏族人站在一旁观看，他们一定注意到我完全没有赶羊的天分，这是我这辈子第一次扮牧羊人，只能有样学样地舞着棒子、吹吹口哨，和其他人发出一样的怪声，可是绵羊一点都不尊重我，它们随心所欲地胡乱走，我在后面追得上气不接下气。等到走出帐篷的视线外，我赶紧在一条罅隙里躺下来等候旅队，心里很高兴能够再度骑马。

我们骑经一条带状的飘沙堆，顶着当头的暴风朝西南方前进，沙粒吹到我的毛皮外套上产生摩擦，使得毛皮上充满了静电，只要一碰到马鬃，立刻激起噼啪的火花。当天晚上，我们在一处羊栏边扎营。

小狗被留在冰寒的西藏荒野

小黄和大黄始终没有出现在纳果荣。自从他们留在死去的骡子旁之后，就没有人见过它们的踪影。我希望它们能像以前的多次经验，循着旅队的足迹找到我们，也许是强风吹毁了我们的足印，妨碍了它们的嗅觉，总之它们就这样消失无踪了。无数个夜晚我清醒地躺在帐篷里，以为我的老旅伴小黄正掀起棚帐爬进来，如同以前一样睡在角落的那个老位置，可是每次都发现自己被风戏弄了；我想象自己看见那条垂头丧气的狗绝望地日夜奔跑，在我们经过的山谷里寻找旅队的足迹，却一无所获；我仿佛看得见小黄的脚受伤了，坐在荒地里对月悲嚎，它的一生都在我的旅队里度过，现在却失去了我们。我对小黄的朝思暮想持续了很长一段时间，甚且想象不论自己到哪里，都会有一条狗的鬼魂跟着，我仿佛看见这条可怜、孤独、被遗弃的狗哀求着帮助。可是小黄的下落一直是个谜，它是否和大黄一起被游牧民族收养了？还是在筋疲力尽之后成为狼群的祭品？我永远都无法得知。

三月十五日，我们在洞错的西岸扎营，这座小湖为纳因·辛于一八七三年所发现，标高只有一万四千八百英尺。此刻我们的位置就在未知疆域的最北端，假如能够顺利向南走到雅鲁藏布江，便能穿越地图上大片空白的中央。从现在开始，我们必须谨慎出牌。

科林姆拜访了两顶帐篷，和两名男子有了下面的对话：

"你们有几个人？"他们问。

"十三个。"

"有几把步枪？"

"五把。"

"你们来的时候，另一个人骑马走在前面，你是走路的，骑马的那个人是欧洲人吧。"

"欧洲人不会在冬天旅行，我们是拉达克来的，要买羊毛。"

"拉达克人从不走这条路，至少冬天不可能走这条路。"

"你们叫什么名字？"科林姆问他们。

"纳丘堂度和纳丘胡伦度。"

"你们有没有牦牛和绵羊要卖？"

"你们出什么价钱？"

"你们要多少钱？把牲口带来看看。"

就这样，第二天早上我们买了两头牦牛和六只绵羊。我们所在的位置是邦戈巴昌玛区的北界，离该区首长喀尔玛的营地还有六天行程。

每天我们都会经过好几处帐篷，只要一进入他们的视线，而牧羊人必须和游牧民族的羊群擦身而过时，我就必须假装赶羊，久而久之，我的一些赶羊的技巧也开始娴熟。有一次，塔布吉斯射了七只山鹧鸪，一个藏族人注意到此事不寻常，因为只有欧洲人吃山鹧鸪，不过塔布吉斯向他保证科林姆也深好此味。

凶猛的看门狗塔卡尔

我们走的路径经年有人穿梭来往。三月十八日，我们在一个山口下扎营，第二天早上准备拔营时，来了三个藏族人，我忙不迭地走出帐篷，以便和洛布桑、塔布吉斯一起赶羊。我们在路上遇到一个骑白马的藏族人，他身后跟着一条硕大的看门狗，这条黑狗身上有两块白斑；后来科林姆和旅队赶上我们，他花了八十六个卢比买下那匹白马，两个卢比买了那条狗，这条狗属于塔卡尔种，所以我们就叫它"塔卡尔"。塔卡尔凶猛不下于野狼，藏族人帮我们在它颈上套了一圈绳子，绳子长长的两头交给孔曲克和萨迪克抓着，两人让大狗走在中间，以防被咬到。

越过山口，我们往下走进一座峡谷，里面有许多帐篷、牲

动用两个人才能捉得住塔卡尔

口和骑士，数量之多足以提醒我们这是另一次军队动员。我们在原地扎营；塔卡尔也许觉得自己不过是换了主人的奴隶，但是当它看见白马时似乎感到很欣慰。自从失去小黄和大黄以后，我们的确需要一只看门狗，为了防止塔卡尔误伤队员，我们想出一个办法，在它颈子上系了一根木棍，这样它就不能把绳子咬断。只要有人接近，塔卡尔就跳起来对着来人龇牙咧嘴，赤红着双眼，一副非咬断人喉咙不可的样子，因此手下扔了一张厚毛毯盖住它，然后四个人压坐在它身上，其他人赶紧用一条粗绳子将狗颈子绑在木棍上，再将棍子固定在地上，这下子，塔卡尔终于没辙了。这一场行动结束之后，塔卡尔还想扑上四散逃开的众人，我心想："有它看着营地倒是不错。"

现在我们每天都会遇上游牧民族，当四下不见帐篷时我可以骑马，可是只要一见到有人或帐篷。我就得赶紧下马赶羊；我们的羊群数量逐渐增加，仅剩的马匹和骡子的负担相对减轻。不过绵羊还有另一个用途，就是充当我们的食物。到了半结冰的康山藏布，我们历尽艰难才渡过这条起源自夏康山的河流。

据游牧民族说，七天之后我们将会抵达宗本札什 ① 的营地，他是拉萨来的一个商人，冬天邻近地区的人都向他购买茶砖。

接下来的几天，我们翻越两座险恶的山口，有时路过帐篷和成群的牲口，有时只见到山里的野绵羊和平原上的瞪羚。在通过一处陡峭的山口时，两头消瘦的骡子已经走不动了，于是我们予以放生，希望路过的牧民能够照顾它们。每到一处，人们嘴里总是挂着宗本札什的名字，他就住在这片广大的未知之境深处，我充满无比的渴望与期待，我能如愿以偿吗？每天早上我把手脸涂成褐色，而且从不洗掉，身上穿着肮脏的毛皮外套、羊皮帽和靴子，式样全都与手下所穿戴的相仿，可是我必须时时警戒，因此老是觉得自己像个贼，这种感觉很讨厌。走在前面的古兰姆只要把手臂打直，我就知道必须跳下马开始赶羊，再让科林姆跳上我的坐骑。当我回到帐篷时，简直与囚犯无异，塔卡尔总是拴在我的帐篷入口。

这只新伙伴的脾气坏透了，没有人能接近它，甚至只要有人走出帐篷，它就会嘶声狂吠。塔卡尔对孔曲克最凶狠，以前孔曲克只肯让小黄接近他，现在他主动想和塔卡尔玩耍，偏偏这条大狗一点也不领情。

行进的路线上耸立着一座又一座山脉，我们必须一一征服。其中一座山脉的南麓有口出水丰盛的泉水，涌出来的水汇

---

① 宗本为西藏的地方官名，相当于中国内地的县官。

塔卡尔被拴在我的帐篷入口处

聚成透明澄亮、流动缓慢的小溪，两侧丰美的水草夹岸；我们在溪里捕到一百六十条美味的鱼。另外在一潭幽深的水池里，池水波纹不兴，池底事物清晰可见，仿佛池底是干涸的。小狗贝比一辈子只见过清如水晶的冰块，以为这座水池的表面也像冰层一样可以支撑它的重量，因此一头跳了下去，没想到身子却突然往下沉，贝比大吃一惊，感到非常惊讶、失望与和困惑。

有个牧羊人走过来，告诉我们不到一天就能抵达宗本札什的帐篷，我心想："这会儿又要旧事重演了。"我们当真要靠奇迹才能顺利躲过他。

第六十二章
再度沦为阶下囚

三月二十八日是极为重要的一天。我吹着口哨赶羊，科林姆和另外两名队员走向据称是宗本札什的大帐篷，我们认为不入虎穴焉得虎子，偷偷摸摸反而可能坏事。沿路我们经过几处营地，有些人跑出来问我们是谁，阿布杜拉在其中一个营地以一匹垂死的黑马换来两只绵羊和一只山羊。据说那里的一顶大帐篷是该地"噶本"所有，另一顶则住着门董寺（位于当惹雍错西岸）的住持；除了藏族人之外，全世界包括我在内的人都不曾听说过这座寺庙。地区首长喀尔玛也住在附近，所以我们的处境可说是被高官所包围，随时都可能被拦截下来成为囚徒，因此保持警戒非常重要，最好看起来像贫穷的乞丐；事实上，带着四匹马、三头骡子、两头牦牛和十来只绵羊的我们确实是衣衫褴褛，绝对没有人会相信，一个欧洲人竟然有这么寒伧、衰颓的护卫队。

我们在宗本札什和寺庙住持的帐篷之间扎营，不过离两顶帐篷都保持相当远的距离。科林姆很快就回来了，他买了白米、青稞、酥油和糌粑，全部粮食装载在科林姆买来的一匹马上。宗本札什是个老好人，他深信科林姆编造的故事，还警告我们此区南边常有盗匪出没；科林姆还答应让宗本札什用低廉的价格买下我们的一匹马——正是阿卜杜拉已经卖掉的那匹。接下来，我们这位表现可圈可点的领队走到"噶本"的帐篷，却被告知"噶本"因为怠忽职守，而被门董寺住持开除职务，现在被软禁在自己的帐篷里。我们心想："好极了，除掉一个心腹大患了。"

第二天早上，宗本札什笔直地走向我们的帐篷，我火速将手脸涂黑，也把所有可疑的东西藏在一只米袋底下。这一回拉萨来的商人态度和先前大不相同，他暴跳如雷：

"你们说好要卖我的那匹马在哪里？说谎，你们这群流氓！我要检查你们的帐篷和东西，把狗绑好！"

我们把狗绑起来，宗本札什走进科林姆的帐篷，这顶帐篷一如平常扎在我的帐篷旁边，当他走过来检查我躲藏的帐篷时，简直像只被激怒的蜜蜂，幸好古兰姆在这个时候放掉塔卡尔，宗本札什一出现在帐篷门口，塔卡尔咻地冲了上去，宗本札什急忙往后逃开。

科林姆吼着："库德斯，你带哈吉巴巴去找那匹走失的马儿。"

库德斯赶紧走到我身旁，拉着我跑向最靠近的山区。

"那是谁？"宗本札什问道。

"哈吉巴巴，我的仆人。"科林姆眼睛眨也不眨地回答。

"我要等在这里，直到哈吉巴巴把马儿找回来为止。"宗本札什说。

科林姆很有外交手腕地对付这位不速之客。我们从山脊上的藏身处张望，看见宗本札什在塔卡尔再度被绑之后悻悻然走向住持的帐篷，不巧的是住持的帐篷正好在我们回营地必经的路上，库德斯和我紧盯着地面匆匆走过，佯装是在寻找马儿的足迹，我们终于顺利通过那顶帐篷，内心真是雀跃。不久旅队迎了上来，我赶紧走到赶羊的位置。这一路上必须经过二十顶帐篷，爱看热闹的群众一如往常跑出来瞧着旅队，我们一走出这个黄蜂窝，便选在山谷里的平原扎营。

第六度跨越外喜马拉雅山

我如释重负地叹了口气，这里没有邻居，塔卡尔像往常一样绑在我的营帐前面；我坐在帐篷里，将今天的事情写在日记本上，同时绘画景物。这是个晴朗的夜晚，春风似的微风吹拂过平原，塔卡尔纡尊降贵地陪贝比玩耍，突然间它跳到我面前，定定地看着我。我问它："怎么啦？你要什么？"它把头歪向一边，开始用前爪搔我的手臂，我用双手捧起它毛茸茸的头，拍拍它，现在我们算是彼此了解了。塔卡尔开心地号叫与狂吠，又跳到我身上，仿佛在暗示："来嘛，和我一起玩，别一个人坐在那里生闷气。"我把它颈上的绳结解开，除去自从它变成俘虏以来就沉压着它的臭棍子，可是，塔卡尔一动也不动地站在那里，最后我为它抹去眼角结块的尘土，这一来它快乐得无以复加，重重甩着身体，把毛上的灰尘抖得四处飞扬，几次玩耍性质的前扑几乎将我撂倒在地上。塔卡尔跳着舞着，似乎认为我基于对它的信心而还它自由是一件值得光荣与喜悦的事，之后它箭矢一般冲向平原，我心想："现在，它大概要跑回前任主人那里去了。"可是它没有，一分钟之后又见它以全速冲了回来，而且推了贝比一下，使得小狗在地上滚了好几圈，这把戏一再重复，直到贝比头晕了才停止。我的手下看到塔卡尔这么快就被驯服，我可以像小狗一样安全无虞地和它玩在一起，都感到惊异不已。

在这段自愿囚禁的时期内，我每天晚上都和这个新朋友——小黄的继承人——玩耍，不论白天或晚上。塔卡尔是我们的最佳守护者，它发展出对所有藏族人的暴力仇视心态，绝不容忍任何藏族人靠近帐篷；它的攻击快如箭矢，许多和善的游牧人被塔卡尔撕毁衣服、咬出伤口，害我付了好些银卢比赔偿他们的损失。此外，塔卡尔也帮助我掩饰真面目，因为它不许任何人靠近我的帐篷，所以当我们想对付好刺探的邻居时，只消将塔卡尔绑在我的营帐前，就能够确保我不受骚扰。

后来我能第六度成功攀越外喜马拉雅山，塔卡尔居功厥伟，因此我在内心对它的回忆总是温情满怀。

接下来几天的行程意外平静，我们走上淘金人前往藏西的必经之路，买了一匹马和更多绵羊，还发现一座湖——春尼错；沿路不时遇见运盐的商队和牦牛旅队，站在可轻易越过的尼马伦拉山口上，欣赏南边外喜马拉雅山脉中最重要的一脉。我们走进一座光秃秃的狭窄河谷，一只山角鸦栖息在我们的帐篷上，喀哩哩地啼叫着，洛布桑说这只鸟是在警告旅人提防小偷和强盗。

时序进入四月初，我们循着一条以前不认识的河流毕多藏布江往南走，河岸上有很多游牧民族扎营，其中一些人告诉我们，这条河流注入西北边七日行程外的塔若错；南偏东南方有两座壮丽的雪峰，都属于冷布岗日山脉。接着我们抵达美丽的圆形谷地，白雪与冰河分布的山脉围成半圆形，山里流泻下来的水一律汇入毕多藏布江。

我们用两头疲惫的牦牛向善良的游牧民族换九只绵羊。四月十四日，我们遇见一队运盐的商旅，成员包括八个人和三百五十头牦牛，这些人对我们兴趣浓厚，问了许多令人不悦的问题。

第二天我们登上萨木叶山口，标高一万八千一百三十英尺，这是我第六度翻越外喜马拉雅山的主要山脊，也就是西藏内陆和印度洋水系的分水岭。在东边的安格丁山口和西边的策提喇辰山口之间，我已经成功建立了一条新路线，刚好穿过地图的大片空白区域；在这番探索之后，我很明白这片与喜马拉雅山平行、位于喜马拉雅山北边的广大山系，未来应该称之为外喜马拉雅山。

正当我坐在萨木叶山口素描，并对这项地理新知感到欣喜若狂时，库德斯低声说道：

"有牦牛来了。"

下方的山谷里出现一支牦牛旅队，像条黑蛇般对着山口蜿蜒走来，我们可以听见旅队驭手的口哨声和尖锐的呼喊声。于是我们反向走下南侧山谷，一想到这条流过碎石的小溪会在某个时间注入印度洋修成正果，我不禁再次感到喜悦满足。

一整天我们没有经过任何一顶帐篷，因为这里的山路地势太高，只遇到两名骑士，科林姆和他们周旋许久，总算买到其中一人的坐骑。没多久，我们又遇上驮运盐巴的绵羊商队，他们的目的地是帕萨古克。在前往去年路过的恰克塔藏布江途中，我们遇到一些游牧民族，他们警告我们提防一伙强盗，这十八个抢匪个个配备枪支。我们避过帕萨古克和萨嘎宗，改走一条穿过山区的后路到达拉嘎地区，这条路线盗匪猖獗。晚上，我听见旅队里的穆斯林又唱起献给真主安拉的悲歌。

四月二十一日，游牧民族的帐篷又多了起来，我再次扮起牧羊人。旅队很快就来到堪巴的大帐篷，这人拥有一千头牦牛和五千只绵羊。四月二十二日，我的一名手下走访一些牧民，问他们愿不愿意出售马匹；这天雪下得很密，我即使骑上一大段路也不会引人注意。另外两名手下前往堪巴的帐篷购买粮食，这个富有的牧人不在家，当夜他的两名仆人骑马来到我们营地，卖给我们一头白色骏马，索价一百二十七卢比。

四月二十三日，我们继续向东走，来到盖布克拉山口。很幸运地，我们发现一位照顾马匹的老人，他充当向导陪我们走了一段；这个老人有点大嘴巴，他告诉我们很多事，其中一件是去年这一带来了个欧洲人，身边跟着一个高大、强悍的领队，可是领队在途中暴毙，葬在萨嘎宗。

第三九〇号营地建在通往金辰拉山口的河谷出口处。大雪下了整个晚上，我们再度陷入隆冬的气候中。

大伙儿的焦虑与日俱增，每走一步就离危险线更近一些，再走两天我们就会遇到主要商队路线——札桑道，而路上也即将出现警戒的官员。未来情况将会如何演变？我们又该如何克服阻难？这些目前都是谜团。我有好几项因应计划，但必须视实际情况才能决定选用哪一项。即使我们再次被藏族人俘虏，我也感到满足了，因为这次我成功穿过邦戈巴区，也就是外喜马拉雅山的中心地带，在此之前，它仍是未被探勘过的疆域。

四月二十四日，旅队在灿烂的阳光下出发穿过雪域，我心想：今天会怎么结束？我们为眼前广阔的珠穆琼山群赞叹不已，我像往常一样停下来勾勒山口的全景，这次是海拔一万七千八百五十英尺的金辰拉山口；站在山口上可以见到东北方雄伟的积雪山脉，西方是冷布岗日山，东南东方则是喜马拉雅山雪白的山脊。这里没有人打扰，我画完素描后便循着旅

从营地眺望外喜马拉雅山

队的足迹赶路。第三九一号营地扎在一处相当狭窄的峡谷中，周围的草地、燃料、水源绰绰有余。

告别牧羊人生涯

我们都预感大事即将发生，因此事先采取一些积极的防范手段。我的欧洲毛毯、皮制仪器匣和所有可能启人疑窦的东西都埋起来或烧掉；科林姆接收我的帐篷，我则在他的大帐篷里占了一方狭小的密室，我们两顶帐篷总是背对着背，如此我能从一顶帐篷溜到另一顶，而不被外面的人看见。在重新安排下，藏族人尽管搜索两顶帐篷也不会发现我，因为我躲在分离的密室里。

这天晚上我坐着写东西，科林姆探头进来，口气严肃而凝重地说：

"一群人刚刚从山口下来了！"

帐篷较长的两侧布幅上各有一个窥视孔，我从面对山口的那个窥视孔望出去，果然如科林姆所言！来人有八个，还领着九匹马，其中两匹驮载物品，这些人不是普通的游牧民族，因为他们穿着红色和深蓝色的皮外套，头戴红色头巾，身上配有步枪和长剑。

我将可疑的东西全部收进平时藏东西的米袋里，命令古兰姆把塔卡尔拴在我的营帐入口，然后在皮肤上加重涂抹褐色颜料，缠上肮脏的拉达克头巾。三个陌生人把马牵到离塔卡尔不

我走出帐蓬向藏族人自首

到三十步的地方，大狗凶狠地咆哮起来；这些人就在那里卸下物品和马鞍，收集燃料生起火堆，并拿一把锅子取了些水，夜里就在原地安顿下来。

其他五人连招呼也没打就走进科林姆的帐篷，其中两人显然是位阶颇高的官员，他们与科林姆展开活泼但压低声音的对话，我听见他们提到我的名字，科林姆发誓旅队里没有欧洲人，于是他们走出去，围坐在火堆前喝茶。

我悄悄爬进科林姆的帐篷，旅队的所有成员都坐在那里，看起来好像刚刚被宣判死刑。外面那群人的首领对他们说："刚从北方下来的运盐商队向萨嘎宗首长报告，首长怀疑赫定大人躲在你们中间，我奉命来此彻底搜查，因此我将检查你们所有的行李，把每个袋子翻过来，最后还要检查你们身体的每一寸。假如你们所言不虚，没有欧洲人藏在旅队里面，你们就可以随便到任何地方。"

手下都觉得眼前的处境毫无希望，库德斯建议天一转黑他就和我逃进山区，一直躲到搜查结束为止，古兰姆低声说："没有用，他们知道我们有十三个人。"

我也补上一句："没有用，现在这么做无济于事，我们算是被逮到了，我自己出去向藏族人自首。"

科林姆和其他人开始啜泣，以为我们的末日到了。

我站起来走出帐篷，藏族人一言不发地盯着我瞧；我在塔卡尔身旁站了一会儿，拍拍它，大狗热情地哼着鼻子。接着我慢慢走向藏族人，大拇指插在腰带上，他们都站起身来；我比了一个高傲、纡尊降贵的姿势叫他们坐下来，然后自己坐在两个最有派头的人当中。右手边这位是朋巴，我一见面就想起去年曾经见过他。

"你认得我吗，朋巴？"我问他。

他没有回答，只是把头转向我，意在言外地看着他的同伴；他们都十分腼腆、不发一语。

"没错，"我继续说道，"我就是赫定大人，你现在要拿我怎么办？"

趁他们交头接耳之际，我交代库德斯取来一盒埃及香烟，轮流传给这些藏族人，他们全都抽起香烟来了。这时为首的那个人重拾勇气，只见他掏出一封信，是拉萨政府写给首长的，信中明令我不得再往东踏出一步。

"明天你跟我们到萨嘎宗。"

"绝不！"我回答，"我们在那里留下一座坟墓，我绝对不回那里去。去年我想要去萨嘎宗北边的山区，被你们阻止了，现在我不是走过被禁的区域吗？所以你们挡不住我的，我在贵国的力量还胜过你们。现在我要去印度，可是路线由我自己来决定。"

"这点由萨嘎宗首长裁夺，你可愿意到雅鲁藏布江畔的赛莫库去见他？"

"求之不得。"

他们立刻派遣一名信差去通报首长。

我们接下来的交谈就比较自在了。首领率先发问：

"去年我们强迫你去拉达克，现在你又跑回来。你为什么要回来呢？"

"因为我喜欢来西藏，我喜欢西藏人。"

"如果阁下也一样喜欢住在自己的国家，我们会觉得比较妥当。"

我们就这样坐着聊天、抽烟，直到太阳西下。此刻，我们已经结成好朋友，我的手下对这场意外以和平收场都感到既兴奋又惊奇，当科林姆叙述我们假扮成羊毛买主的有趣故事时，藏族人听得哈哈大笑，不过他们相信我必然拥有某种神奇力量，才能够安然穿过羌塘，避开强盗袭击。藏族人的首领叫仁切朵齐，大家只叫他仁朵，不论我说什么他都照单全收，再逐字禀报首长。

从此我们的漫游展开新的局面，重获自由的滋味真舒服，我再也不必躲在帐篷里了。大伙儿把我的帐篷装饰得尽可能吸引人，把米袋等杂物都搬出去，由于时间不够，我们一些有用的东西并未完全烧光，这一点倒值得庆幸。首先，我好好洗了个温水澡，一共换了四次水才总算洗干净，然后开始修剪胡子，这时我真想念被丢掉的刮胡刀和其他盥洗用具；话又说回来，只要有水和肥皂，其他额外的享受都可以省去。

争取新路线

四月二十五日，我们骑马前往在两天路程之外的赛莫库，我们的队伍看起来像在押解一班囚犯，前进时，我的左右两边各有六名藏族人。首长已经等在会面地点，在场的有多尔伽、他的同僚昂班和他的儿子欧汪。多尔伽高高的个子，四十三岁，穿着中国丝绸制成的衣服，头戴一顶瓜皮帽，脑后蓄了一根长辫子，足蹬丝绒靴子，还戴着耳环、戒指等饰物。多尔伽走进我的帐篷，面带笑容，谦恭地说：

"阁下一路还顺当？"

"还好，谢谢你，就是冷了点。"

"去年阁下被逐出敝国，为何又返回此地？"

"因为我很想见识贵国的一些地方。"

"去年阁下到过尼泊尔，去了库别岗仁峰，拜访各处湖泊，以及圣山周围的每间寺庙，最后抵达印度河发源地。我对阁下的路程了若指掌，今年这种事不可能再发生，拉萨政府已经颁布新命令，我也通知政府阁下再次来到此地，现在阁下必须朝北方原路折返。"

我刚翻越的萨木叶山口以东和以西仍然是大片空白，充满待解的地理谜题；再者，我心中升起无可抗拒的渴望，期待完成这项先驱使命，发掘整块尚未绘入地图的大地，而把细枝末节留给未来的探险家。我也明白，除非运用巧妙的外交手腕，否则这片疆域的大门是无法为我开启的。因此我开始尝试，表达我希望路过江孜返回印度。

"绝不可能！阁下万不可能获准走那条路线。"

"我也想写信给连大人和我的家人。"

"我们不替人转信。"

就这样，我无法通知连大人和印度的友人我还活着；我的父母直到九月才得知我的下落。他们担心我可能已经魂归九霄，许多人认为我已命丧黄泉。

多尔伽尽职地坚持我必须走北方回去。

"就算你杀了我，也强迫不了我跨越萨木叶山口。"我回答。

"既然如此，我准许阁下走去年的路线回拉达克。"

"不了，多谢好意！我从来不走自己已经走过的路，那违反我的信仰。"

"阁下的信仰未免太奇怪了！那么你要走哪一条路？"

"跨过萨木叶山口东边，然后抵达扎日南木错和更西边的地区。"

"这绝对行不通！阁下是否愿意随我们到堪巴的帐篷再作商议？"

"当然愿意。"

离开之前我列了一张清单，把沿路所需的衣物和粮食都写下来，由多尔伽派遣信差到西藏南方边境城宗嘎的商人处采购，那里离赛莫库有两天行程。多尔伽爱上了我的瑞典左轮手枪，希望我卖给他，我说那是非卖品，不过如果他让我自己选择路线，我愿意以此枪为谢礼。

我身着西藏装

"实在很奇怪，"他说，"阁下的穿着比你的仆人都寒伧，但却拥有这么多钱！"

我们花一百卢比买来的一匹棕马被野狼袭击而且尸骨无存，藏族人对此反应平淡，可是当塔布吉斯开枪射杀野雁时，他们却疯狂得近乎失措。年轻的欧汪泫然欲泣地跑进我的帐篷，哀伤地说：

"这是谋杀！你们难道不明白，杀了这只野雁，它的伴侣会悲伤而死？你们爱杀什么动物都可以，就是别碰野雁。"

我们接着拔营出发，越过四座山口。当我们在南木臣扎营时，南方的商人带着我们购买的东西来了。我的手下全部换上新衣，科林姆为我穿上地道的藏族人服饰，厚重的红袍和普通藏族人所穿的没有两样。我买了一顶滚毛皮边的中国帽子、一双优雅的靴子，还在脖子上挂了一串念珠，又买了一柄银鞘长剑，上面镶着绿松石和珊瑚，我将它悬在腰间。在旅队的补给方面，我们添置白米、青稞、面粉、糌粑、茶叶、糖、石蜡烛、香烟等，足够用两三个月；另外还添购几匹马和骡子。当我的帐篷地毯上堆起小山似的银币时，藏族人的眼睛都睁得又圆又大。

一切进行得相当顺利，只剩下路线争议而已。我们在多尔伽的帐篷里会商了几个小时。

"除了萨木叶山口以外，其他的路都不能通行。"他们说。

"有的，"我回答，"还有桑莫山口 ①。"

"那条路糟透了，即使有人要走那条路，我们也不租牦牛给他。"一名牧人插嘴道。

"那我就买下牦牛。"

"我们不卖。"

"那个地区有大批盗匪出没。"首长补充一句。

"既然如此，你就有义务护送我。"

"我手下的士兵属于萨嘎宗的守军。"

"不然我们分成两组，科林姆带领大部分旅队穿过萨木叶山口，我另外带一小支队伍走东边的路，然后我们在毕多藏布江更往下游处会合。你派遣十个人护送我，每人每天有两卢比薪水，这样你们就可以监视我的行动，确保我不会到别处长途旅行，因为我每天都要付这么多钱。"

多尔伽沉思半晌，走出去和他的心腹私下商量，等他回来

---

① 位于萨木叶山口的东北方。

时，我的条件终于被接受了，
他只要求我签下一份文件，保
证我为一切后果负起完全的
责任。

护卫队首领倪玛

他们立刻介绍我认识护卫
队首领倪玛，他穿着一袭膨大
的皮外套，看起来是个好人；
我们的向导则是堪巴的哥哥潘
丘儿，他是个五十五岁的牦牛
猎人，满脸皱纹，一个不折不扣的大坏蛋。

五月四日，大伙儿全都到了堪巴的帐篷，那地方更像是建
在山谷里的帐篷村；我们曾经在四月二十二日经过那里，因此
这趟行程刚好绕了珠穆琼山群一圈。当天晚上堪巴偷偷潜进我
的帐篷，他向我透露潘丘儿会带我和护卫队去任何我们想去的
地方，他自动坦承他和整个地区的强盗关系良好，并且说："我
是所有盗匪之父。"

五月五日是旅队分手前的最后一天，当晚我们为多尔伽和
他的手下举办饯别宴会，我和一干首领坐在帐篷门口喝茶，外
面生起一大圈营火。我的随从大跳拉达克舞蹈，尽情享受这一
刻，其中有两人在身上蒙着一条毯子，抓起两支棍子当作犄角
扮演一头猛兽，他们悄悄靠近火堆，最后被一位埋伏在旁边的
猎人给撂倒。向来富有喜感的苏恩用一支手杖代替一名女子，

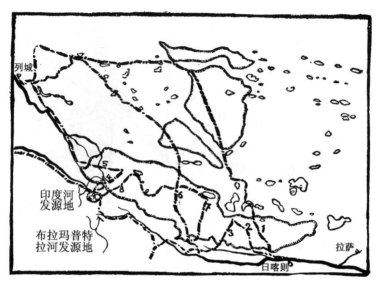

西藏的大片空白显示直至一九〇六年尚未探勘的疆域
地图上所标示一至八号，说明我八次穿越外喜马拉雅山的路线

开始对着这根手杖表演求爱的舞蹈，观众有节奏地击掌助兴；
拉达克人唱歌时，藏族人围成密实的一圈，愉快地放声吼叫。
多尔伽向我保证，他们一辈子没有这么开心过。这个时候，天
上开始下起浓密的大雪，营火的浓烟和飞舞的雪花也加入舞蹈
行列，这是个诗情画意、成果丰硕的夜晚。过了午夜，客人散
去，营火也逐渐熄灭。

第六十三章
穿越未知之境

　　五月六日早上，旅队分道扬镳，陪伴我的有古兰姆、洛布桑、库德斯、塔布吉斯和孔曲克，我们全部骑马；护卫队的倪玛和九名士兵也以马代步。我们购买牦牛驮运行李，沿途也买了一些绵羊。另一方面，科林姆带着其他六位队员取道萨木叶山口，我交代他们在塔若错附近等候我们。由于我希望小队装备越轻便越好，结果犯了一个大错，因为我把大部分的钱都交给科林姆保管，金额达两千五百卢比。

　　我们向北方的未知之境前进，翻越壮阔的康琼岗日山脉，抵达以前路过的恰克塔藏布上游，来到四周高山环绕的拉普琼错湖畔扎营。外喜马拉雅山主脊的巨大雪峰耸立在我们眼前；山径通往更高的位置，对我来说，这些由山脉、河谷、溪流、湖泊组成的复杂迷宫，浮现益加清晰的图像。这片高原极难攀登，我们走在青苔遍布的岩石上，除了野牦牛外，这条小径罕有人迹，不过我们还是征服了海拔一万九千一百英尺高的桑莫山口；这是我第七度跨越外喜马拉雅山系。从山口往下走，又进入内陆水系的区域。

　　倪玛和他的手下很害怕强盗，只要一看见远处有几名骑士，就以为即将遭到攻击，这时护卫队就会开始闹别扭，吵着要掉头回去。不过在我提醒他们每晚都可以拿到二十卢比以后，士兵便安分地待了下来。潘丘儿喜欢讲盗匪故事来娱乐我们，还说伊萨的坟墓一到了晚上就闹鬼。

　　这片土地上孕育丰富的野生动物，包括瞪羚、羚羊、野绵羊、野牦牛和野驴。我们经常路过一些帐篷，有一次扎营时，竟有多达六十个爱管闲事的藏人把我们团团围住。

　　渡过梭马藏布之后，我们来到小型山口帖塔拉，站在山口的起点上，可以远眺美不胜收的扎日南木错景色；这座盐湖的水色青绿有如绿松石，四周环绕着光秃秃的山，泛溢出紫罗

一群藏人

兰、黄、红、粉红、棕色等各色层次。西北方向矗立着夏康山，东南方有塔哥岗日山，南边和西南边则是外喜马拉雅山——所有的山峰全覆盖着刺眼的雪原。我在这些令人神魂颠倒的广阔美景前一坐就是几个小时，为扎日南木错全景勾勒彩色的图画。印度学者纳因·辛曾于一八七三年听说过扎日南木错，可惜的是无缘亲眼目睹；有幸成为第一个亲眼看见它、证实它存在的探险者，我内心油然升起满足感。扎日南木错的海拔为一万五千三百六十英尺。

前往扎日南木错

伫立帖塔拉山口，透过望远镜可清楚地看见塔哥岗日山的全景——山峰上的雪原与冰河；我心中一直盼望亲睹圣湖当惹雍错——正位于塔哥岗日山山脚——的那股渴望又回来了。这里离当惹雍错只有几天路程，我在扎日南木错湖畔的营地上与倪玛、潘丘儿交涉，允诺付给他们一大笔酬赏，可是他们不敢答应，在担心我会违抗他们的意愿、设法前往当惹雍错的情况下，他们找上一位去年在圣湖南岸附近吓阻过我的首领塔格拉。塔格拉带领二十位全副武装的骑士抵达营地，骑士们都配备长矛、长剑、步枪，头上戴着白色的高帽子。塔格拉自己则身穿豹皮衣和红袍子，肩上的一条缎带系着六个银色的"嘎乌"；他是个脾气温和、机灵聪颖的人，我们在扎日南木湖边共度愉快的四天，尽管如此，他仍然固执己见，我无法动摇他的意志。塔格拉的最后通牒是我不得再往东边踏出一步，也不准去扎日南木错西边的门董寺参观，唯一对我开放的路线是通往塔若错的路，也就是我将与科林姆等人会合的地点；如此一来，我必须第三度放弃当惹雍错之旅。几年之后，杰出的英国地质学家海登爵士曾亲访这座湖泊，可惜他最近攀登阿尔卑斯山时不幸罹难。就我所知，海登是继我之后，唯一深入雅鲁藏布江北方未知之境的欧洲人，令人遗憾的是，他还未来得及发表该次探险的观察结果就饮恨离世了。

五月二十四日，我们挥别善良的塔格拉和他的士兵，继续沿着扎日南木错（藏文原意是"皇山天池"）南岸向西推进，虽然被禁止，我们还是抵达门董寺，并在该地扎营；这是一间

塔格拉酋长与他的手下

红白色彩的小庙，僧人与比丘尼都住在帐篷里。在嘎乌山口西侧，我们发现一座奇特的湖泊嘎仁错，湖的四周被纠结的山脊与岩岬所环绕。几天之后我们再次进入邦戈巴地区，来到毕多藏布边扎营。六月五日，护卫队表示他们已经完成任务，随后与我们道别，在潘丘儿的伴随下回到萨嘎宗。这一来我们又自由了，加上雇了两名直率的牧民当向导，所以我们想去哪里都行！然而目前最重要的还是找到科林姆的支队，可是附近没有人知道他们的下落，我们只好沿着毕多藏布往西走向塔若错。

虽然时序已进入六月，然而空前的大雪仍然把这里妆点成银色天地，外喜马拉雅山的峰峦传来隆隆的雷声，其中最雄壮的山脊恰好矗立在毕多藏布河谷的西南方。小狗贝比从来没有听过雷声，吓得夹着尾巴窜进我的帐篷，然后趴在营帐里对着响亮的雷声嗥叫、狺吠；至于经验老到的塔卡尔，对雷声则置若罔闻。

毕多藏布畔的营地景色优美非凡，我真想在这里多盘桓一段时间，别的不提，光是观察野雁和黄色的雏鸟在河上戏水的姿态，就足以令我心生快慰。最后我们来到塔若错南岸扎营，可是到处都找不到科林姆和旅队的踪影，反而是本区的两名首领与一些骑士主动来拜访。我向他们打听旅队下落，他们表示从来没有听说过，不过答应为我寻找科林姆等人。这些人宣称目前只有一条路线为我开放，也就是穿过隆格尔山口（位于塔若错西南方），抵达赛利普寺（位于塔若错西方），这条路刚好是我想要走的，因为它恰好穿越地图上至今"尚未探勘"的最大片空白区。

于是我们在六月九日继续前往暂时关闭的小庙隆格尔寺，然后攀上标高一万八千三百英尺的隆格尔山口，从山口顶峰可以远眺塔若错与景色秀美无比的产盐湖泊塔比池。

我们在这个地区遇到的游牧民族与部族首领都很友善，乐于助人，来到新发现的湖泊帕龙错（在塔比池西南方）旁，瑞奇洛玛的"噶本"前来向我们致意，并为我们打点所需的补给品。此处外喜马拉雅山系的庞大外环山脉由北向南纵走，我们跨越海拔一万九千一百英尺的苏拉山口，这里四周尽是巨大无比的拱形或尖形雪峰，蓝色冰河闪闪发光。接着我们往下进入裴登藏布河谷，河水在此转折北流；现在我们的右手边是苏拉山脉，山谷前端则是白雪罩顶的山峰。想到自己是第一个踏上这片土地的白人，心中不禁兴起一股难以形容的满足感，觉得自己俨然君临天下。未来这里必定会有更多探险活动，毕竟从山岳志和地质学的观点来看，这里都是地球上最值得一探究竟之处；未来几个世纪，这些山峰将和阿尔卑斯山一样名气响亮。这可是我首次发现的，这个事实将永垂不朽。

科林姆销声匿迹

科林姆究竟在哪里？他凭空消失了，没有留下任何踪迹，难道是遭到强盗攻击了吗？我安慰自己，至少从德鲁古布出发以来，所有重要的探险成果都保存在我这里，包括搜集品、日记和地图，问题是，我身上只剩下八十卢比了。

裴登藏布领着我们走到休沃错——一座新发现的湖泊，它的湖盆也一样被群山环绕。东北方的"采金路线"穿过喀拉山口。六月二十三日，我们攀越泰耶帕瓦山口时，眺望前方的大盐湖昂拉仁错闪耀着蓝绿色水光，四周围绕着砖红色和淡紫色的山脉——这里的风景令人陶醉，瑰丽的色彩更是神奇。峡谷里连一棵树、一丛灌木也没有，只有偶尔可见的稀疏野草，这幅景致就和西藏高原上其他东西一样贫瘠、荒芜。大约四十年前，蒙哥马利上尉的一名幕僚曾听说过这座湖，替它命名为"噶拉林错"，但是他本人或其他人却未曾见过这座湖的真面目。

赛利普寺的住持

我们在昂拉仁错的岸边安顿下来，之后多次在注入该湖的桑敦藏布岸上扎营。这一带有很多野狼出没，我们必须小心看管牲口；有一群野狼甚至在大白天逼近到离我们不远的地方。洛布桑在桑敦藏布边抓到一只凶狠的小狼，我们用绳子将它绑在营地旁，塔卡尔和小狗贝比都对它敬而远之。一天小狼在无人看管时挣脱绳子逃走了，它跳进江中，想要游泳到对岸，也许塔卡尔觉得这样的行程太过分了，便发出一声长嗥，跃入水中，把小狼拖到水底下，直到它溺死才罢休，然后叼着小狼游回我们这边，连皮带骨吃个精光。

六月二十七日，我们抵达赛利普寺，寺里的住持嘉木泽非常热忱地款待我们。为了减缓我们对科林姆失踪的担忧，嘉木泽翻阅他的圣典，很肯定地说我们的队员都还活着，现在人在南方，我们在二十天之内就会与他们重逢。我的荷包里仅剩二十卢比，早已经有心理准备，必要时可以出售步枪、左轮枪和怀表，这一来我们就有足够的钱抵达托克钦和玛那萨罗沃池，然后再派遣信差到嘎托向友人求援。

先前我们在休沃错时曾经遇到一支庞大的牦牛商队，这会儿他们也来到赛利普寺扎营；这支商队是当惹雍错的一位地区首长所有，他正要前往圣山冈仁波齐峰朝圣，手下有一百人，牲口包括四百头牦牛、六十匹马和四百只绵羊。我与这位首长和他的两个兄弟结为朋友，他们到我的营帐拜访，随后与他们共进晚餐。首长的名字是肃纳木，长相十分引人侧目，古铜色的脸孔上有只宽大的塌鼻子，黑色头发像狮鬃般浓密（里面无疑是藏污纳垢），身穿一袭樱桃红袍子；他和两个兄弟分享两位妻子——换句话说，每人拥有三分之二个太太，我看看两位夫人的长相，嫌这数目还太多，因为她们又老又丑又脏。

我试着卖给他们一把精良的瑞典手枪，肃纳木出价十个卢比，我说三百银卢比才肯卖；一只金表价值两百卢比，肃纳木显得十分惊奇，他对于人类做得出如此精致的小东西感到不可思议，不过反正十二点钟和六点钟对他来说都一样，太阳就是他免费的计时器，所以肃纳木忍住没有出价。他又出价六十卢比想买我们最后一把瑞典陆军左轮手枪。

"不行，真的不行！"我回答，"我可不是乞丐，六十卢比对我来说根本不算什么。"事实上，我当然在说谎，因为我已经穷得跟乞丐没有两样，情况仿如二十二年前在克尔曼沙赫时那样囊空如洗、走投无路。不过肃纳木送给我们白米、糌粑和糖，让我们可以继续走到托克钦，所以我把金表送给他作为回报。

赛利普的"噶本"十分滑稽，他带了一伙游手好闲的人来到我的帐篷，以当官的口吻盘查我是个什么东西。他听说有个欧洲人来到此地，等到发现五个货真价实的流浪汉围着一个身穿西藏衣服的陌生人，着实大吃一惊；这个棘手问题超出他的智力范围，我也不打算为他解围，他只得带着谜团离去。

最后行程

我们在六月三十日离开，当晚在拉则平原上扎营，从这里可以远眺外喜马拉雅山锯齿状的积雪山脊，景色壮阔无比。日落时洛布桑来到我的帐篷，表示有四个人和四头骡子正往我们的方向靠近，我拿望远镜跑出去瞭望，好家伙！那是科林姆带着两名队员和一名向导，其他的人晚几天才到。我几乎忍不住要怒责我们的领队，不过后来只稍微责怪他一下，部分原因是银两原封未动，部分原因是他们真的遭到匪徒攻击，科林姆带一匹马、一头骡子安然逃逸；最后一个原因是他们碰上敌意甚深的地区首长，硬是强迫科林姆等人走塔若错北边艰难的路线。

现在只要再一次跨越未知疆域，我的旅程便算大功告成了。最后一趟行程获得许多重大的发现，但受限于篇幅无法在此细述。我们翻越标高一万九千三百英尺的丁格山口（位于冈仁波齐峰东北方），也是此趟西藏之旅最崇峻的山隘；接着越过海拔一万七千三百英尺的苏尔格山口（也是内陆分水岭），然后于七月十四日抵达托克钦。

我一共攀越外喜马拉雅山八次，每一次都穿过不同的山口，截至当时，唯有卓科山口是外界所知晓的。从最西边的卓科山口到最东边的喀兰巴山口，总长度为五百七十英里，过去从未有欧洲人涉足其间，而最新出版的英国地图上，这个区域也只标明"尚未探勘"。这片广袤山系的东边与西边虽然早已为人熟知，但我有幸填补了东西间的大片空缺，心里着实欢喜不已；抵达托克钦之后，这次探险总算克竟全功。

世界上最高的山脉全拢聚在这片地球上最庞大的高地上，其中西藏盘踞最广的面积。这些山脉包括喜马拉雅山、外喜马拉雅山（西端与喀喇昆仑山融合为一）、昆仑山（包含阿克山）

等，至于我才探勘完成的外喜马拉雅山，粗略来说，山口平均比喜马拉雅山的山口要高五百米，但是峰顶则低于喜马拉雅山一千五百米。落在喜马拉雅山上的雨水最后都流入印度洋，而外喜马拉雅山则是印度洋水系与内陆水系的分水岭。只有印度河的发源地位于外喜马拉雅山的北坡，切过此山系，也切过喜马拉雅山。[1]

我返回家乡后，若干英国地理学家反对我为雅鲁藏布江北边的山系命名为"外喜马拉雅山"，理由是十九世纪五十年代康宁汉爵士已经用过这个名字，当时他命名的对象是喜马拉雅山西北方的一座山脉。印度方面则提议将这座山系依我的名字命名，我婉拒了这项美意。对亚洲地理最博学的寇仁勋爵撰文叙述我在邦戈巴的发现，曾经写下一段话，在此请恕我原文引用：

在这项行经数百英里才获得的伟大发现之外，（赫定）确认了这圈雄伟的山脉，或称山系，在山岳志上明确的存在地位，依我所见，他为此山系命名为外喜马拉雅山实属恰当。多年来，世人早已揣测这一整群山脉确实存在，利特代尔与当地观测员也曾越过其东西极点，然而真正造访全区、在地图上画下这群山脉完整地貌的，则是赫定博士的功劳……他的发现对人类知

---

[1] 关于外喜马拉雅山的细节，以及在我探险之前世人对此山系的了解，请参考拙作《西藏南方》第三册与第七册（斯德哥尔摩，一九一七及一九二二年）。——原注

识贡献良多，使吾等明白世界上存在如此庞大之山群。至于赫定博士命名的外喜马拉雅山，之所以亟欲为此项崭新、重要的地理发现冠上此名，我仅提出如下看法：（一）可能的话，重要地理的发现者有权为他的发现命名；（二）所命之名不应难以发音、难以书写、过分深奥或模糊；（三）可能的话，所命之名最好具有某些描述性价值；（四）所命之名不应违反任何已知的地理命名法则。外喜马拉雅山之名综合上述所有优点，这种命名方式过去也有前例，即中亚外阿莱山与阿莱山（位于吉尔吉斯境内，属于天山山系的一部分）的模式，同理，外喜马拉雅山与喜马拉雅山也可沿用此一模式。有人士指出此名业已为其他山脉所用，这点我难以苟同，因为将该山脉冠以此名称实属不当，注定无法长久保有此一名称。以我之见，试图以其他名称替代目前提出的妥切名字，终将以失败收场。

——《地理杂志》，一九〇九年四月号

第六十四章
前往印度

　　由于托克钦地区首长的冥顽不灵，让我们在此地多耽搁了九天。事实上，这批官员都和善、有礼，可是因为去年我擅自在此游荡为他们惹来麻烦，所以这次他们不肯再为我背黑锅。我没有护照，他们不肯让我走任何路线离开，除了原路之外——而那条路线上的大小官员都得为我的通行负责。托克钦官方不准我租用牦牛，也不能买补给粮食，不过只要我愿意走原路回赛利普，他们十分愿意提供一切援助。

　　藏族人实在很奇怪！去年我运用各种手段想进入雅鲁藏布江以北的未知境地，但终告失败，最后被迫牺牲一年的时间，以及四十头牲口，数千卢比，才总算完成我的目标。现在当我多次穿梭往来这片未知之境以后，心里只渴望直接回到印度，他们反而意图强迫我回头走到雅鲁藏布江以北！

　　我的耐心在最后都被磨尽了，于是在没有援手的情况下，我带了十二名手下和十匹马离开托克钦。我们顺着玛那萨罗沃池的北岸前进，还拜访我们的老友——朗保那寺的年轻住持和吉屋寺孤独的泽林唐度普喇嘛。到了提尔塔普利寺，我将旅队分成两组，留下洛布桑、库德斯、古兰姆、苏恩、塔布吉斯和孔曲克随我前往印度，其余人员则在科林姆的带领下直接回拉达克。

沿着萨特莱杰河前进，并渡过其深邃支流的旅行，是我在亚洲最有趣的行程之一，因为我们横切过喜马拉雅山。言语无法描述我们眼前景观的伟大，只消看上一眼，就会对萨特莱杰河谷四周崇峻的山峰、眩人的雪原、陡峭的岩壁，留下一生一世的回忆，甚至还能在回忆中听见滔滔河水的雄壮呼喊。

惊险刺激的两件事

从提尔塔普利到西姆拉一共花了一个半月时间。关于这条穿过世界最高山脉的公路，在此我只记述两件事情。

在奇云伦寺旁，萨特莱杰河上架着一座摇晃不定的木桥，结构是两条横梁上架着木板，桥面宽四英尺、桥长四十二英尺，两边并无扶手或栏

受到惊吓的马从桥上跳进汹涌的河水

栅。桥面几英尺下的萨特莱杰河以令人晕眩的速度挤过狭窄的悬崖，滔滔奔流的河水冒着滚水似的泡沫，河面在下游几百步外变宽了，水流声音也转成空洞、沉闷的巨响。萨特莱杰河尖锐的岩石河床非常深邃，过桥的人难免胆颤心惊；我的手下扛起行李轻松过桥，但是两匹马却给我们带来很大的麻烦，我向堪巴买来的白马坐骑陪我走了四百八十英里路，现在轮到最后一个过河。我翻身下马，解下它的鞍辔，白马被汹涌的河水吓坏了，它这辈子从来没见过一座桥，全身颤抖不止；我们在它的鼻子周围绑了一条绳子，然后由两个手下拉它过桥，其他人拿着马鞭催促它迈开步子，一切似乎进行得十分顺利，四肢不断颤抖的白马慢慢走到桥中央，不料它从桥面上看见底下翻滚着白沫，突然惊慌起来，只见它停下脚步在桥上横转，头部对着河流上游。白马的耳朵直竖、两眼目光炽烈、鼻翼扩张、鼻息忽忽，之后便不顾性命往河里笔直跳了下去。

我的第一个反应是："完了，它会被岩石撞得稀烂。"一想："真幸运我没有骑马过桥！"令人惊异的是，白马居然浮出木桥下方的宽大河面，轻快地游到对岸，才一会儿工夫，白马已站起身来

从西藏西部来的男孩

吃草，仿佛刚才这一幕都没有发生过！

我们必须渡过萨特莱杰河的所有支流，它们都极为深邃，好像美国的科罗拉多峡谷，只不过规模小得多。尽管如此，渡河的人万万不能掉以轻心，例如在昂里藏布峡谷边缘过河时，巨大的河流便在峡谷正下方，我们徒步爬下几百个险峻的之字形弯道，来到二千七百二十英尺下的河边，过河之后再往上攀爬到对岸同样险峻的高度。走几英里路总得花上大半天。

在什普奇山口（萨特莱杰河畔的山口）附近，我们跨越了西藏和印度的边界，这也是我们最后一次站在海拔一万六千三百英尺以上的高度。我对西藏投以悠长的凝视，这片不友善的疆域留有我的胜利，也有我的哀伤。人为因素和大自然因素都为旅人带来重重障碍，从那令人头晕目眩的高原上，旅人尽管遭遇艰辛困顿，却也带回来整整一个世界难以遗忘的珍贵回忆。

从河边攀上山口，短短几英里路高度就爬升了五千六百二十英尺。我们已经从高地上寒冷、多风的气候，下降到温暖宜人的夏季和风中，微风拂过杏树，飘来阵阵香气。我们在萨特莱杰河左岸；印度国境内的第一个村落——浦村坐落在右岸的山坡上，四周尽是茂盛的植物。浦村里有个成立多年的摩拉维亚传教会，至今仍由德国传教士主持。

现在我们该怎么渡过这条大河？因为在这一点上，河面缩窄成垂直山岩间的狭隘河道，整条河潜伏着滚滚泡沫的漩涡。

河岸上见不到一丝生物迹象，对岸的浦村显得朦朦胧胧，联系两岸的只有一条大拇指粗细的钢索，下面一百英尺处就是怒吼的深渊。以前那里有座桥，后来毁坏了，只留下两头的石墩和曾经是桥头的断梁。我们最后的一位向导卢尔普晓得该怎么做，他用一条绳子在钢索上缠了好几圈，然后打一个活套把自己缚住，接着抓紧钢索把

利用钢索横越深渊到对岸

自己拉到对岸。到岸后，他立刻跑去浦村，一会儿带了两位传教士和几名土著回来，他们带来一只木头轭，将轭上的卡榫对上钢索，用绳索环绕其上，其他绳子的作用是顺着钢索前后拉动轭；接下来我们开始渡河，骡、马、狗、箱子和人，都以这种方式逐一拉到对岸。轮到我的时候，我把双脚穿进绳圈里，紧紧抓住轭，再把另一条绳索绕过腰部，对岸的人开始将我拉过深渊；这实在是惊险万状的过程，两脚悬空的我在天地之间摆荡，到钢索中央的距离只有一百五十英尺，可是感觉上好像永无止境。我溜过河右岸的桥头，确定自己安全了，才松了一口气。

这天是一九〇八年八月二十八日，前来迎接我的马克士先生等传教士，是我自一九〇六年八月十四日以来第一次遇见的欧洲人。我在浦村和他们相处数日，星期天也参加他们为初生的土著婴儿所举办的弥撒。

我们从浦村往下走到海拔更低的地方，气温一天比一天温暖，塔卡尔浓密的黑毛让它热得受不了，舌头垂在外面滴口水，从这处阴影跑到那处阴影，只要碰到小溪，它马上趴在水里纳凉。记得半年前塔卡尔加入我们旅队时，西藏风暴卷起的雪花正飞舞在我们的棚帐四周，它最后一次呼吸家乡的鲜冷空气、最后一次见到牦牛是在边界的什普奇山口，而现在我们却把它带到一块酷热的土地上。塔卡尔沉思默想，意识到自己是个被松绑的奴隶：先前我们将它强行从游牧民族手中买下来，如今又引诱它来到暑气难当的低地，塔卡尔在我们之间越来越觉得像个陌生人，经常整天不见踪影，要到凉爽的晚上才又出现在我们的营地。它感觉孤单、被人抛弃，也注意到我们将铁石心肠地离它而去。有一天晚上，塔卡尔没有在营地出现，从此我们就再也没有见过它，毫无疑问地，它是回到西藏去了——回到穷困的游牧民族身边和蚀人心骨的暴风雪里。

第五百号营地

九月九日，在皋拉收到信件，九月十四日到达法固扎营；

几天前，我领着整支旅队先走。九月十五日，我抵达西姆拉，在日记上写下"第五百号营地"。

第二天，我参加了明托勋爵府上豪华的正式派对——不久前，我还像个乞丐四处流浪，甚至当了牧羊人！我从总督官邸的卧室窗口往外看，喜马拉雅山赫然在望，在那些雪峰的背面，静静卧着我的梦土西藏，现在通往那片禁地的大门又关上了。

我从西藏返回西姆拉的路线，正是当年莫利和英国政府禁绝我通行的道路，只是方向正好相反。如今西姆拉的英国人待我如同征服者，热忱的情意从四面八方涌来，我到英国政府贵宾室演讲，叙述我这次克竟全功的旅行，在座的听众包括明托夫人、基钦纳勋爵、政府官员、幕僚长、印度"大君"，还有西姆拉的外交使节团。

与旅队最后六名成员和最后一只牲口小狗贝比分别，是令我最感痛苦的一刻，我不仅感谢他们，也感念先行回家或已捐躯的伙伴，如果不是他们和所有牺牲的骡马，以及全能上帝的保佑，我又怎能顺利完成此行？现在，我的最后一支旅队即将返回列城的家乡，除了给他们丰厚的报酬和新衣服以外，我将旅队仅剩的牲口也送给他们，另外还把他们在旅途中的支出四倍奉还。明托勋爵对他们致词，感谢他们堪为表率的忠心表现；后来瑞典的古斯塔夫国王也颁发勋章，已先行离去的队员也有份。当我的队员穿过总督官邸的园林离去时，每个人都哭得很伤心。但是最伤痛的泪水是我挥别小狗贝比时所流下的；打从它出生就和我一起生活在帐篷里，贝比在喀喇昆仑山的冰河下来到这个世界，如今古兰姆答应好好照顾它，也很高兴能保留这次探险之后一项活生生的纪念品。在永远割断我们之间的关系前，我坐着拍抚这只忠实的小狗，久久才停手，然后眼睁睁看着它跑开，消失在园林的树木之间。

明托勋爵和夫人前往山区旅行，基钦纳要我搬去斯诺登，也就是这位大元帅在西姆拉的华宅。我在那里度过难忘的一周。我不是吹牛，这几天，我与基钦纳非常亲近，我们两人都未婚，住在这座豪华宫殿里完全不受打扰，用餐时也只有两位副官同桌。基钦纳曾经以武力征服非洲，而亚洲则被我收服；对于亚洲广大内陆的事情，他不厌其烦地追问各种细节，碍于政治因素，目前他本人无法涉足那片土地。假如我记录下基钦纳所叙述的生平故事，光是用他自己的言语，就可以写成一本书。他告诉我他之前的经历——在特拉布宗与萨瓦金的日子、在巴勒斯坦的地形侦测、营救英国将领戈登的经过、对抗伊斯兰教救世主及托钵僧的战役、在恩图曼的战役与在南非的战争等，最后到印度着手整顿印度陆军。后来我们靠飞越四块大陆的书信往来，从他的亲笔函上，我还能为他的生平添加精彩的故事。每天傍晚，我们沿着马路散步很长一段距离，话题总会转到西藏，这时便可见他真情地吐露一些事情。

基钦纳一向保持硬汉风格，但偶尔也会流露出少见的体贴。我刚搬到他的官邸时，他亲自带领我到房间；房间装饰高雅，花瓶里插满鲜花，副官告诉我，这些花是基钦纳亲自从花园里摘来的，我问副官为什么，他的回答是基钦纳要花色协调。我卧房里的桌上堆满了关于西藏的书籍，因为主人希望借此让我有宾至如归的感觉。基钦纳很注重某些小节，这在大部分将军眼里恐怕是不值一提的，例如每次举办大型晚宴时，他会亲自监督仆人摆设餐桌，并且像在准备作战似的吹毛求疵。他会在长桌的另一头坐下来，倾身向前，眯起一只眼睛，确定所有的酒杯、汤匙、刀叉都摆对地方，而且全部排成一条直线。如果稍嫌不对，他会一直移动餐具，直到每样东西完美无瑕才罢休。

他喜欢偶尔做些改变，因此他搬进官邸之后，斯诺登彻底整修了一番。据说他在印度发现一处卫兵戍守的哨站，由于地势太低，便下令在那里填堆一座小山。斯诺登坐落在一处突起的高地上，基钦纳派人把一座小山铲平以建造网球场。他随时都有新点子，而且自己画蓝图，不只是建筑和屋舍如此，连艺术装潢也不假他人之手。

三天过去，他问我：

"呃，你还满意吗？有没有任何能为你效劳之处？"

"一切都很好，"我回答，"只缺一样东西。"

"是什么？"他惊愕地询问。

"女人！自从我来到斯诺登之后，还没有见过一个女人。"

"好吧，明天我们就办个晚宴，但是客人由你来挑，记住——只请女人！"

先前我在西姆拉已经见过许多迷人的淑女，因此很快就把邀请名单拟好。斯诺登以前从来没有这样的场面，那次的宴会是我参加过最愉快、最狂欢的晚宴之一。基钦纳幽默绝伦，但是，那天他讲述的一些故事应该更适合男士专属的晚宴。

有一天晚上，我强邀他一起去戏院，我相信以前他从未涉足此处，全场观众见到他都十分惊讶。

光阴似箭，十月十一日，基钦纳开车送我到火车站，我与他和挚友邓洛普-史密斯互道珍重。

第六十五章
终曲

此刻我在亚洲旷野的旅程将告一个段落了，接下来的只是简单记录一下近几年来生命中的重大阶段。

踏上归乡之路

我停留印度期间，就收到来自东京的地理学会一封极为客气的邀请函，希望我去日本发表以西藏为题的演说，于是我从孟买搭上"德里号"汽船，经由科伦坡、槟榔屿、新加坡、香港抵达上海。在知名的亚洲探险家布鲁斯上尉主持的演说会上，为群集在上海剧院的听众演讲。然后，我搭乘日本籍客轮"天佑号"抵达神户，一支日本学者代表团在码头迎接我，并陪我前往横滨，一场更盛大的欢迎会已经在等着我，地理学会会长菊地男爵向我表达欢迎之意，接下来是一连串华丽的宴会与荣誉表扬仪式。我在瑞典公使瓦伦贝格府上叨扰，受到他热忱的款待；我也受邀到英国大使麦克唐纳爵士府上对外交使节团演说。在特地为我举办的宴会中，最令我印象深刻的是十二位日本将军作东的晚宴，宾客只有我和瑞典公使团，这些主人是在日俄战争中扬名世界的将军。年高德邵的奥将军以悦耳的日语向我致词，再由一位翻译译成英语，而海军上将十河、陆军上将山形、野木将军等人都令我难忘。在日本友人当中，高津小谷伯爵邀我到他京都的府上停留数日，另外还有德川子爵和其兄长王子，以及小川教授、山崎教授、堀教授、井上教授、大森教授等多人。其中大森教授是日本最著名的地震学家，一九二三年十月初我在很特殊的情况下与他重逢，那次我同样搭乘"天佑号"从旧金山前往横滨，到了檀香山，上船的旅客中赫然有大森教授，原来九月一日的大地震将他从澳洲召了回来。大森病得厉害，躺在头等舱没办法起床，到了横滨，人们用担架将他抬上岸，等到抵达惨遭地震蹂躏的东京之后，大森不幸病逝。

而我此行见到的最伟大的日本人就是，勇敢打破旧有偏见、开放国家以因应新时代的明治天皇。天皇的个子比他的子民高出一个头，非常谦冲、友善，而且兴趣广泛，他在东京的皇宫中接见我，在表达对敝国国王身体健康和我的行程等客套的问候之后，巨细靡遗地询问西藏的状况。他最后的一段话特别深入我心坎：

"阁下数度穿越西藏已然成功，不妨就此打住吧，因为阁下若是再度返回那片高山地区，也许无法再像此次顺利。"

我在汉城待了四天，伊藤亲王邀请我在他府上做客，他以令人惊讶的坦白态度直言对日本政治前途的看法，只是他所说的话不宜在此重述，而且世局也已改变！伊藤亲王也邀请我参观旅顺港，我在专家的引导下，享有难得的机会研究旅顺之围的过程[①]。在汉城期间，我结识指挥官大岛将军，以及日本驻斯德哥尔摩第一公使日下部，拜访日下部先生当天是圣诞节，他的家中装饰了一棵瑞典圣诞树。

　　在沈阳郊外，我参观了中国皇陵和著名的战场；火车在哈尔滨暂停两个小时，等候海参崴来的接驳火车。一群俄国军官为我带路，我们来到候车室，桌子被沉重的香槟酒瓶压得吱吱响，大伙儿开心玩乐，还有人发表堂皇的演说。我问一位高个子、神情愉悦的将军，现在赶到城里买一顶皮帽还来得及吗？因为到西伯利亚也许用得上这么一顶保暖的皮帽，他向我保证所有商店都关了，说着便把他自己头上的一顶大皮帽戴在我头上。我戴着这顶帽子一路到圣彼得堡，可是这位将军忘了把他那蓝底银十字的将军徽章取下，后来这段路上，每到一处西伯利亚车站，我肩上披着一袭俄国毛皮外套，头戴这顶妙极了的将军帽出现在月台上，所有官兵都转身向我敬礼，我也对他们还以军礼。没被逮到真是幸运！

　　到了莫斯科，两位瑞典友人来车站接我，这次我又有缘在

---

　　① 　一八九八年，中国将旅顺港租借给俄国，一九〇五年爆发日俄战争，日军包围旅顺港长达八个月后攻占该港。

第六十五章　终曲　　　　373

克里姆林宫与特列季亚科夫艺廊漫步。抵达圣彼得堡时，瑞典公使卜仁斯妥姆将军特地设宴为我接风，宴席来宾包括瑞典大公、地理学家、普尔科卧观测站的巴克伦教授、诺贝尔博士等。这次我旧地重游，到沙斯科依赛罗谒见沙皇，利用大幅地图向沙皇详述我的探险路线。

几天之后，我于一九〇九年一月十七日回到斯德哥尔摩，欣喜若狂地与亲爱的家人团圆。

一连串的演说

从那时候开始，我的生活和在西藏旅行时一样耗费力气，只是形态不同而已。欧洲所有大规模的地理学会竞相邀请我去演讲，我在柏林对皇帝与皇后陛下演说；在维也纳与老皇帝约瑟夫重逢；在巴黎，一群杰出的地理学家与其他领域学者聚集一堂，聆听我在索邦大学的大演讲厅发表演说；伦敦的皇家地理学会邀我于女王厅演说，听众包括勇敢的探险家斯科特爵士，不幸数年后他在南极探险的回程中罹难。皇家地理学会有个规矩，听众中要推举一人向演说者致谢，而这次竟然是主管印度事务的国务大臣莫利！阻止我从印度前往西藏，并且对明托勋爵的一切陈情均冷淡响应的，正是这位尊贵、高尚的大臣；而现在我为这次探险发表演说之后，居然是他来表达谢意。莫利所说的这段话，至今仍然是我对皇家地理学会最珍贵的回忆。①

　　唯有君子能有如此真知灼见，真正的爵士深知如何分辨认真的科学研究和政治上气量狭小的排挤。也许是出于莫利的建议，英国的爱德华国王封我为爵士。秋天时，爱德华国王希望我到伦敦接受他亲自授勋，可是我无法从命，因为当时我正在德国、奥地利和匈牙利演讲，因此英国驻斯德哥尔摩公使斯普林-莱斯代我接受勋章。斯普林-莱斯后来出使华盛顿，担任驻美国大使，他是我见过最善体人意、最有才华的人士之一。

　　一九一〇年二月，我到罗马的意大利地理学会发表演说，当主席准备致赠金质勋章给我时，他转呈意大利国王请他为我授勋，国王又把勋章交给皇后，因此我是从皇后迷人的手中接受这项殊荣。我并非天主教徒，无意打扰上了年纪的教宗庇护十世，不过这时发生了一件不寻常的事，教宗对古时天主教传教会在西藏的活动相当熟悉——尤其是奥多利科·德波登诺涅修士的传教任务——表达希望我前去拜访他。见面之后，我发现教宗是位和蔼的长者，我们愉快地聊了一个小时。

---

　　① 莫利的讲词印于一九〇九年四月号《地理杂志》；另外，莫利子爵在他的《回忆录》第二册第二九五页里写下这段话："上周一我与赫定和解，至为欣慰。赫定演说前，我们在晚宴上聊得颇愉快，到场聆听的观众极多，我提议向他致谢，以赞誉弥补我拒绝他自印度出发旅游之憾，并推崇他在我的阻挠下仍然勇往西藏。这位勇者对此相当快慰，他在数百位地理学家面前握住我的手，公开宣誓自此展开恒久友谊。斯堪的那维亚人如此完美的性格总是令我吃惊，另一个例子是南森。"

同年五月，美国总统老罗斯福来到斯德哥尔摩，我与他有数面之缘。我们在威廉王子的住处首次碰面，那次的经验相当有趣。当时我与几位教授和诺登斯科德制造的"维加号"船长帕兰德上将站成一个半圆形，王子向罗斯福介绍我们，轮到我时，王子说："这是赫定博士。"我的头衔并没有引起这位总统的任何注意，可是当王子叫出我的受洗名字（即斯文）时，罗斯福挺直身子，握紧拳头伸到我的面前，张牙露齿地一个字一个字高喊："你该不是说，这就是那位赫定吧！我太高兴见到你了，我拜读过你的作品，晚饭后我们要好好长谈。"

之后我们的确长谈一番，而且不只这次，后来又有好几次这样的长谈机会，我心目中对老罗斯福总统充满景仰，他是那种坚毅强悍、不屈不挠的人。他积极说服我同年秋天去美国公开演说。

他说："我帮你安排一切。"

我开玩笑地回答："噢，假如有罗斯福总统担任经纪人，一定会很叫座。"

"你只要在抵达前三个月发电报给我，一切就交给我来办。你放心，一定很成功！"

可是那一年我并没有到美国。

从西藏回家之后的前几年，我动笔写下旅行故事，发表之后被翻译成十二种语言；此外，我也开始动手撰写《西藏南方》，这部科学性质的书一直到一九二二年十二月才全部完稿。

一九一一年五月我在伦敦，正值英国加冕热潮的高峰①，我与许多来自印度的友人重逢，其中最早叙旧的是担任皇家地理学会会长的寇仁勋爵。我与妹妹阿尔玛在塞西尔饭店举办一场小型餐宴，排场当然比不上当时那些豪华宴会；我们一共有十三个人，其中有七位已经仙逝。这些宾客包括瑞典王储、明托勋爵、基钦纳勋爵、瑞典公使弗兰格尔伯爵、巴登-鲍威尔爵士、邓洛普-史密斯爵士、荣赫鹏爵士，以及从西藏返回的罗林上尉。我自己绘制邀请卡，并针对每位客人的专长赞誉一番，这天晚上的餐叙气氛好极了。

　　同年七月，科索尔爵士在前往北角②途中路过斯德哥尔摩，他邀请我与其他两位绅士加入他的行列。我们乘船穿过远北那些富含金属的山脉幽深的罅隙，看见午夜的太阳，并且从纳尔维克横渡黑暗的极地海浪，抵达欧洲最北方的角落，然后再沿着挪威海岸线回家。

　　在那期间，瑞典不时可听闻俄国间谍。一九一二年一月，我出版一份名为《警语》的小册子，抨击俄国这种恶意行为，这本小册子印行了一百万册；我很清楚，如此一来，我和俄国将永远一刀两断，也会引起沙皇的不悦，他一向对我极为仁慈，因此我亲自前往圣彼得堡的沙斯科依赛罗谒见沙皇，与他进行一次长谈，我坦白陈述自己的忧虑，并告知我提出的警告将在

---

　　① 英王乔治五世于一九一〇年登基。

　　② 位于挪威北方的大西洋上，是欧洲的最北端。

一星期内出版。沙皇专注听我发言，现在透露他当时的反应已经无所谓了，毕竟他已故去，而且老王朝也已消逝。沙皇当天是这么说的：

"瑞典完全不必害怕俄国。"

"不，陛下，也许不是直接地害怕，但是贵国将海军扩充至如此规模，已足以令敝国感受到加强国防的需要。"

"我们的造船计划不是针对瑞典，这点我向你保证。"

"没错，可是战争一旦爆发，没有人知道情势将如何演变。"

"我向你透露，只有爆发全面战争，瑞典的情势才会危急；在若干情况下，我国也许会不顾自由意志，必须对贵国采取不友善的态度。无论是哪一种情况，瑞典应该将海岸线防卫好，这才是明智之举。"

那是我最后一次见到沙皇。小册子出刊的当天我回到斯德哥尔摩，而其中的警语就像是雪崩一样迅速扩散到全国，沙皇阅读这本册子以后，对瑞典公使卜仁斯妥姆将军表示他很遗憾见到这本册子出刊。在俄国，这件事对我造成最直接的影响是被俄国皇家地理学会除名。直到一九二三年十二月再度抵达圣彼得堡时，我才又受邀在该学会演说，当然，这个学会已经根据新情势重新改组过，而我也受到极为热忱的欢迎，真是此一时也，彼一时也。

一九一二年和一九一三年相对而言平静多了，我继续撰写《西藏南方》以及绘制该书的地图。一九一三年，我乘汽车在瑞典旅行了三千英里，终于有机会好好看看我土生土长的国家。那年秋天，防卫运动的声势逐渐增强，整个国家陷入一股新气氛；一九一四年二月六日，三万个农民手持自己家乡的旗帜，徒步走到皇家城堡，对国王宣示愿意为国防效力，我自己对这次防卫运动的贡献是发表好几回演说。

大战爆发

一九一四年夏天，我与父母、姐妹在斯德哥尔摩附近的岛屿上度假，天气极为炎热，奥国王储在萨拉热窝被刺身亡的消息传来，当天的天空瞬即变色。七月二十五日，法国共和总统在一支舰队护送下，迅速通过我们的堤岸附近，正要前往斯德哥尔摩；他刚刚在圣彼得堡见过俄国沙皇，当晚瑞典国王与王后在皇宫举办一场庆祝晚宴，法国总统在席间问了我一些关于西藏的问题，想来这个话题在当天是不可能吸引他的兴趣。晚宴在十点钟结束，法国总统匆匆赶回巴黎，接下来便是黑色星期，大战紧接着爆发。

我们不难理解，未来几十年的整个政治与经济发展，完全系于这次世界大战的结局，因此我难以抗拒想要在火线下观察战争的欲望。研究战场上的现代战争是一次很有价值的经验，至少我们可以学习到憎恶战争，也学习到正确评断各国领袖不负责任的瞒天大谎。

除了德意志皇帝之外，没有人能批准外国人参观德方前线。德国驻斯德哥尔摩公使莱切诺转达了我的要求，结果皇帝的答复是肯定的，因此我从九月中旬便在西线战场上，一直停留到十一月中旬才离开，回家之后我写了一本观察此次战争的书。

一九一五年，我抵达兴登堡和鲁登道夫战线访问，亲眼目睹德军对抗俄军的重要战役；此外我也走访奥匈陆军，随同军队穿过波兰，走到烽火连天的布雷斯特。针对那次战役，我又写了一本书。

一九一六年战火延烧到亚洲。这一年我有七个月时间在亚洲访问，经由小亚细亚、美索不达米亚、叙利亚、巴勒斯坦和西奈沙漠，不过大部分时间，我都在观察这些著名国家和它们的人民、文物，而对战争行动不太注意。寇德威教授为我解说巴比伦遗址，我在那里花了好几天时间，这是我此行印象最深刻的地点之一。有两个星期，我拜访了耶路撒冷，在美国殖民区域中找到安全的栖身之所，许多瑞典侨民都住在这个地区。回到家里，我写了一本关于巴格达和巴比伦的书，还有一本关于耶路撒冷和圣地的书。和从前多次经验一样，仍然由我年迈的父亲抄写文稿，母亲为我校对，可是这次父亲太虚弱了，并没有完成这两本书；他于一九一七年辞世，留下我们无限的追思。

一九一七年秋天，我观察了对抗意大利的战役，同时也拜访波罗的海的城镇库尔兰和里加，主要是搜索一批瑞典古文件，以便了解三百多年前加入波斯军队的瑞典旅行家奥克森谢纳男爵，他在东方世界有过非常出色的旅行。

接下来的几年间，我完成了《西藏南方》这部书，一共是九册文字、三册地图。在一九二二年秋末之前，这部书占据了我所有的时间，也消磨了我大半精力，同时让我养成久坐的习惯。为了抖掉书籍、地图、手稿里的灰尘，同时在乌烟瘴气的欧洲之外呼吸新鲜空气，我于一九二三年二月一日，搭行驶于德国汉堡与美国之间的轮船"汉莎号"，前往美国。未来有机会我会详述对美国的印象——如果我有足够的闲暇和冲动的话。从美国回家的路上，我取道太平洋、日本、中国、蒙古、西伯利亚、俄国和芬兰，之前我从来没有环绕过全世界，现在终于明白地球真的是圆的了。

此刻我正坐在避暑别墅里，位置和一九一四年大战爆发前夕的座位一模一样，我心里纳闷这个世界是不是比从前更和平、更有容忍精神；经过这样的十年，一个凡人也会变成某种形态的哲学家吧！在此我便结束这本《我的探险生涯》，至于未来余生将如何发展，且看全能的上帝摆布了。

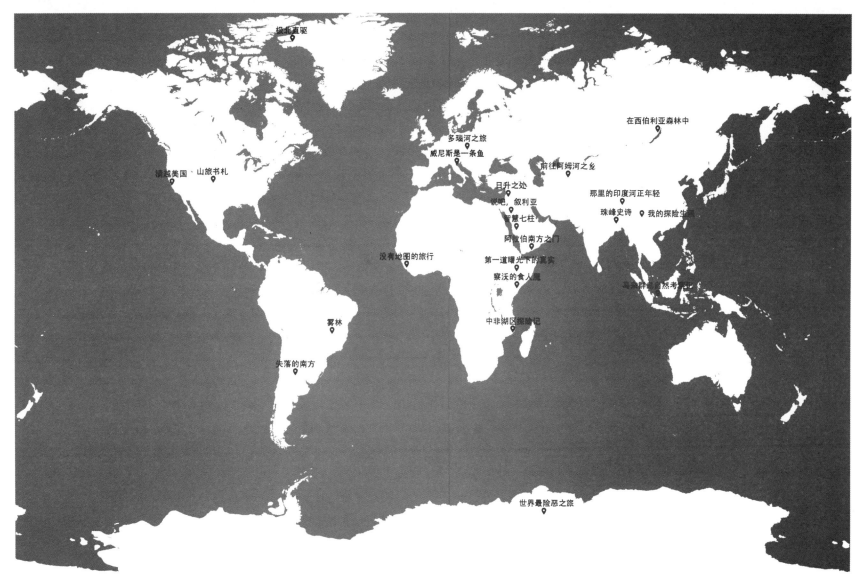

世界是一本书，不旅行的人只读了一页。

极北直驱	山旅书札	世界最险恶之旅
察沃的食人魔	墨西哥湾千里徒步行	智慧七柱
横越美国	没有地图的旅行	日升之处
马来群岛自然考察记	在西伯利亚森林中	那里的印度河正年轻
前往阿姆河之乡	失落的南方	我的探险生涯
中非湖区探险记	多瑙河之旅	雾林
阿拉伯南方之门	威尼斯是一条鱼	第一道曙光下的真实
珠峰史诗	说吧，叙利亚	